Aktuelle Forschung Medizintechnik – Latest Research in Medical Engineering

Editor-in-Chief:
Th. M. Buzug, Lübeck, Deutschland

T0184521

Unter den Zukunftstechnologien mit hohem Innovationspotenzial ist die Medizintechnik in Wissenschaft und Wirtschaft hervorragend aufgestellt, erzielt überdurchschnittliche Wachstumsraten und gilt als krisensichere Branche. Wesentliche Trends der Medizintechnik sind die Computerisierung, Miniaturisierung und Molekularisierung. Die Computerisierung stellt beispielsweise die Grundlage für die medizinische Bildgebung, Bildverarbeitung und bildgeführte Chirurgie dar. Die Miniaturisierung spielt bei intelligenten Implantaten, der minimalinvasiven Chirurgie, aber auch bei der Entwicklung von neuen nanostrukturierten Materialien eine wichtige Rolle in der Medizin. Die Molekularisierung ist unter anderem in der regenerativen Medizin, aber auch im Rahmen der sogenannten molekularen Bildgebung ein entscheidender Aspekt. Disziplinen übergreifend sind daher Querschnittstechnologien wie die Nano- und Mikrosystemtechnik, optische Technologien und Softwaresysteme von großem Interesse.

Diese Schriftenreihe für herausragende Dissertationen und Habilitationsschriften aus dem Themengebiet Medizintechnik spannt den Bogen vom Klinikingenieurwesen und der Medizinischen Informatik bis hin zur Medizinischen Physik, Biomedizintechnik und Medizinischen Ingenieurwissenschaft.

Editor-in-Chief:
Prof. Dr. Thorsten M. Buzug
Institut für Medizintechnik,
Universität zu Lübeck

Editorial Board:
Prof. Dr. Olaf Dössel
Institut für Biomedizinische Technik,
Karlsruhe Institute for Technology

Prof. Dr. Heinz Handels
Institut für Medizinische Informatik,
Universität zu Lübeck

Prof. Dr.-Ing. Joachim Hornegger
Lehrstuhl für Mustererkennung,
Universität Erlangen-Nürnberg

Prof. Dr. Marc Kachelrieß
German Cancer Research
Center, Heidelberg

Prof. Dr. Edmund Koch
Klinisches Sensoring und Monitoring,
TU Dresden

Prof. Dr.-Ing. Tim C. Lüth
Micro Technology
and Medical Device Technology,
TU München

Prof. Dr.-Ing. Dietrich Paulus
Institut für Computervisualistik,
Universität Koblenz-Landau

Prof. Dr.-Ing. Bernhard Preim
Institut für Simulation und Graphik,
Universität Magdeburg

Prof. Dr.-Ing. Georg Schmitz
Lehrstuhl für Medizintechnik,
Universität Bochum

Bärbel Kratz

Reduktion von Metallartefakten in der Computertomographie

Entwicklung und Evaluation Fourier-basierter Strategien

Mit einem Geleitwort von Prof. Dr. Thorsten M. Buzug

Bärbel Kratz
Universität zu Lübeck, Deutschland

Dissertation Universität zu Lübeck, 2013

Aktuelle Forschung Medizintechnik – Latest Research in Medical Engineering
ISBN 978-3-658-08420-2   ISBN 978-3-658-08421-9 (eBook)
DOI 10.1007/978-3-658-08421-9

Die Deutsche Nationalbibliothek verzeichnet diese Publikation in der Deutschen Nationalbibliografie; detaillierte bibliografische Daten sind im Internet über http://dnb.d-nb.de abrufbar.

Springer Vieweg

Gedruckt auf säurefreiem und chlorfrei gebleichtem Papier

Springer Fachmedien Wiesbaden ist Teil der Fachverlagsgruppe Springer Science+Business Media (www.springer.com)

Vorwort des Reihenherausgebers

Das Werk Reduktion von Metallartefakten in der Computertomographie - Entwicklung und Evaluation Fourier-basierter Strategien von Dr. Bärbel Kratz ist der 18. Band der Reihe exzellenter Dissertationen des Forschungsbereiches Medizintechnik im Springer Vieweg Verlag. Die Arbeit von Dr. Kratz wurde durch einen hochrangigen wissenschaftlichen Beirat dieser Reihe ausgewählt. Springer Vieweg verfolgt mit dieser Reihe das Ziel, für den Bereich Medizintechnik eine Plattform für junge Wissenschaftlerinnen und Wissenschaftler zur Verfügung zu stellen, auf der ihre Ergebnisse schnell eine breite Öffentlichkeit erreichen.

Autorinnen und Autoren von Dissertationen mit exzellentem Ergebnis können sich bei Interesse an einer Veröffentlichung ihrer Arbeit in dieser Reihe direkt an den Herausgeber wenden:

Prof. Dr. Thorsten M. Buzug
Reihenherausgeber Medizintechnik
Institut für Medizintechnik
Universität zu Lübeck
Ratzeburger Allee 160
23562 Lübeck
Web: www.imt.uni-luebeck.de
Email: buzug@imt.uni-luebeck.de

Geleitwort

Im Werk Reduktion von Metallartefakten in der Computertomographie - Entwicklung und Evaluation Fourier-basierter Strategien von Dr. Bärbel Kratz geht es um Artefakte in der CT. Artefakte sind Bildfehler, die durch die Art der Rekonstruktion - das ist heute in der Praxis die gefilterte Rückprojektion (FBP) - oder durch den Einsatz spezieller Technologien oder Anordnungen bei der Messwerterfassung entstehen. Die Kenntnis der Ursachen von Artefakten ist die Voraussetzung für Gegenmaßnahmen. Diese Gegenmaßnahmen sind umso wichtiger, da es in der Natur der gefilterten Rückprojektion liegt, Artefakte über das gesamte Bild zu verschmieren und so den diagnostischen Wert des gesamten Bildes zu reduzieren oder ganz zu vernichten.

Wenn Materialien mit hohen Schwächungskoeffizienten im zu untersuchenden Objekt vorhanden sind, dann ergeben sich starke streifenförmige Artefakte, die sich über das gesamte Bild ausbreiten. Dies ist typischerweise bei metallischen Implantaten wie z.b. künstlichen Hüftgelenken aber auch schon bei Zahnfüllungen aus Amalgam der Fall. Insbesondere dann, wenn es aufgrund der Dicken der Materialien praktisch zu einer Totalabsorption der Röntgenstrahlung kommt, gehen sehr helle Streifen strahlenförmig von diesem Objekt aus, so dass das Bild diagnostisch unbrauchbar wird. Bärbel Kratz gibt einen breiten Überblick über Methoden zur Qualitätsbeurteilung von CT-Bildern. Sie stellt hier insbesondere eine Studie vor, die im Rahmen der eigenen Forschung entworfen und durchgeführt wurde. Dabei handelt es sich um eine Expertenbefragung bezüglich der Bildqualität von metallbeeinflussten CT-Bildern sowie Ergebnissen verschiedener Metallartefaktreduktionen. Die Antworten der radiologischen Experten wurden dann als Referenzbewertung interpretiert, was einen Vergleich mit den Ergebnissen neuer Methoden zur Qualitätsbewertung ermöglichte. Darüber hinaus stellt Bärbel Kratz zwei grundsätzlich neue Bewertungsmethoden vor, die keine Referenz für eine Qualitätsaussage benötigen.

Einen Überblick bisher bekannter Ansätze zur Reduktion von Metallartefakten gibt das vorliegende Werk anschließend. Darüber hinaus wird dann von Bärbel Kratz eine neue Strategie zur Datenneubestimmung auf Basis von Fouriertransformationen für die Metallartefaktreduktion vorgestellt. Das

Werk behandelt dabei auch Details, wie zum Beispiel eine adäquate Randbehandlung von nicht periodischen Daten oder wie eine sinnvolle Integration
von Vorwissen in den Berechnungsschritt betrachtet werden kann. Außerdem erläutert Bärbel Kratz, warum diese Schritte für eine möglichst gute
Bildqualität des Ergebnisses von zentraler Bedeutung sind.

Das Werk von Bärbel Kratz ist in vielerlei Hinsicht als sehr gut zu beurtei-
len. Sprachlich schnörkellos und mit hoher Präzision reihen sich Originalbeiträge aneinander. Bärbel Kratz stellt ein Verfahren zur Metallartefaktreduktion vor, das neu ist und den Stand der Technik auf diesem Gebiet wesentlich
verbessert. Die Originalbeiträge von Frau Kratz sind durch hochrangige
Publikationen in Konferenzen und Fachzeitschriften belegt.

Prof. Dr. Thorsten M. Buzug
Institut für Medizintechnik
Universität zu Lübeck

Kurzfassung

Die Computertomographie (CT) ist ein röntgenbasiertes, bildgebendes Verfahren, das insbesondere im klinischen Alltag zur Diagnoseunterstützung verwendet wird. Metallobjekte im aufzunehmenden Bereich beeinflussen die Röntgenstrahlung derart, dass sich inkonsistente Abschwächungswerte ergeben. Die Inkonsistenzen führen wiederum bei der anschließenden Rekonstruktion zum Schnittbild zu Bildfehlern (Artefakten). Zur Reduktion der Artefakte im Bild können zahlreiche Strategien zur Metallartefaktreduktion (MAR) eingesetzt werden, wobei das Verfahren mit der höchsten Fehlerreduktion gesucht ist. Um das optimale Verfahren zu bestimmen, kann ein direkter Vergleich zwischen den Methodenergebnissen und einem gegebenen Referenzdatensatz durchgeführt werden. Dieser Datensatz enthält alle Bildinformationen, jedoch keine Artefakte. Eine solche Referenz ergibt sich durch einen CT-Datensatz des gleichen Objektes jedoch ohne Metalle. Die Entfernung des Metalls ist jedoch nicht immer möglich beziehungsweise sinnvoll. Metallische Hüftimplantate, Zahnfüllungen oder Nägel sind nur einige klinische Beispiele, bei denen eine vorherige Entfernung des Metalls aus dem Körper ohne großen Aufwand und Schmerzen für den Patienten nicht durchgeführt werden können.

Im Rahmen dieser Arbeit werden referenzbasierte Methoden zur Qualitätsbewertung sowie Ansätze ohne eine Referenz betrachtet. Ein im Rahmen dieser Arbeit neu entwickeltes Verfahren beruht auf einem Vergleich der Bilddaten mit einer inhärent gegebenen Referenz. Hierbei wird ausgenutzt, dass die Metallartefakte erst bei der Rekonstruktion des Bildes entstehen. In den ursprünglichen Daten im Rohdatenraum sind noch keine Artefakte außerhalb der Strukturen metallbeeinflusster Rohdaten vorhanden. Durch eine Transformation des CT-Bildes mit Metallartefakten zurück in den Rohdatenraum kann ein direkter Vergleich zwischen den beiden Datensätzen durchgeführt werden. Die Bewertungsmethode verwendet somit ausschließlich verschiedene Variationen des originalen Datensatzes. Anhand einer Expertenbefragung wird gezeigt, dass herkömmliche, referenzbasierte als auch das neue, referenzlose Verfahren Qualitätseinstufungen liefern, die zu den Expertenmeinungen vergleichbar sind. Somit ergibt sich die Möglichkeit einer vollautomatischen, objektiven und reproduzierbaren Bewertung von Bildqualitäten mit und ohne das Vorhandensein einer Referenz.

Außerdem werden in dieser Arbeit Ansätze betrachtet, die zur Eliminierung der Metallartefakte eine Neubestimmung der metallbeeinflussten Rohdaten vornehmen. Eine neue Methode zur Artefaktreduktion basiert auf der Dateninterpolation anhand von Fouriertransformationen. Durch diese Vorgehensweise ist eine Erweiterung der Interpolation auf beliebige Dimensionen möglich, wobei hier ein-, zwei- sowie dreidimensionale Datenneubestimmungen betrachtet werden. Je höher die Dimension gewählt wird, desto mehr Strukturinformationen des Datensatzes können in den Schritt der Datenneubestimmung einbezogen werden. Dadurch kann die Anpassung der neuen Werte an die ursprünglichen, umliegenden Rohdaten verbessert werden. Durch die optimierte Anpassung der Rohdaten verringert sich entsprechend die Artefaktanzahl im rekonstruierten Bild. Mit der Fourierbasierten Methode ist diese Dimensionserhöhung anhand einer entsprechend höherdimensionalen Transformation realisierbar. Außerdem beinhaltet die Fouriertransformierte der Rohdaten bereits inhärent alle Strukturinformationen. Im Gegensatz zu anderen Interpolationsverfahren müssen somit keine weiteren Maßnahmen bezüglich der Umsetzung einer erhöhten Interpolationsdimension sowie den zugehörigen Nachbarschaftsinformationen durchgeführt werden.

Bei der praktischen Umsetzung der neuen Methode muss eine alternative Berechnung anstatt der herkömmlichen Fourieralgorithmen in Betracht gezogen werden. Der Grund liegt in den von den restlichen Daten entfernten, metallbeeinflussten Projektionswerten, wodurch die verbleibenden Stützstellen für die Interpolation nicht länger äquidistant verteilt vorliegen. Eine äquidistante Verteilung ist für den standardmäßig verwendeten Algorithmus (die schnelle Fouriertransformation) jedoch eine notwendige Voraussetzung. Die lückenhaften Rohdaten werden daher im Rahmen dieser Arbeit als nichtäquidistant verteilte Stützstellen interpretiert und anhand von bekannten, nichtäquidistanten Fourieralgorithmen transformiert.

Es wird gezeigt, dass eine höherdimensionale Interpolation gegenüber den anderen Ansätzen von Vorteil ist, da sie in der Regel zu gleichwertigen oder qualitativ hochwertigeren Ergebnissen führt. Neben der Dimensionserhöhung kann bei dem Fourier-Ansatz außerdem anhand einer speziellen Dämpfungen der Transformation zusätzliches Vorwissen in die Datenneubestimmung einbezogen werden. Dafür werden mehrere Vorgehensweisen vorgestellt, wobei sich unterschiedliche Auswirkungen auf die Optimierung der interpolierten Daten ergeben.

Inhaltsverzeichnis

1 Einleitung

In der Computertomographie (CT) werden Bilder eines Objektes und seines inneren Aufbaus unter Verwendung von Röntgenstrahlung erzeugt. Von unterschiedlichen Blickwinkeln wird diese Strahlung ausgesandt, vom Objekt abgeschwächt, erfasst und anschließend aus den abgeschwächten Strahlen ein Schnittbild rekonstruiert. Diese Art der Bildgebung hat sich in den vergangenen Jahrzehnten als fester Bestandteil der medizinischen Diagnostik etabliert. Generell ergeben sich qualitativ sehr hochwertige Bilddaten, auf deren Basis Behandlungsentscheidungen für Patienten getroffen werden können. Unter bestimmten Bedingungen entstehen jedoch schwerwiegende Bildfehler, sogenannte Bildartefakte, die die eigentlichen Bildinhalte überlagern. Diese Artefakte reduzieren den Nutzen der Bilddaten für diagnostische Zwecke, da nur noch bedingt hilfreiche Informationen aus ihnen gewonnen werden können.

Metallische Gegenstände sind eine Ursache für Artefakte in CT-Bildern. Die Anwesenheit solcher Objekte führt zu einer erhöhten, nichtlinearen Abschwächung der Röntgenstrahlung, welche wiederum zu einer Veränderung der mittleren Energie führt [De 01]. Zusätzlich werden Einflüsse wie Streuung [Glo82, Den12], Rauschen [Gua96, Den12] und Partialvolumeneffekte [Glo80, De 01, De 00] deutlich verstärkt. Insgesamt ergeben sich dadurch Projektionswerte, die inkonsistent sind. Während der Rekonstruktion des Bildes führt diese Inkonsistenz zu Artefakten in Form von strahlenförmigen Strukturen, die das gesamte Bild überlagern sowie zu dunklen Schattenartefakten als Verbindungen zwischen mehreren Metallobjekten.

Die vorliegende Arbeit beschäftigt sich mit den Einflüssen von Metallobjekten auf die Qualität des resultierenden CT-Bildes. Dabei sind zum einen die durch Metallobjekte verursachten Artefakte von Interesse. Zum anderen können sich weitere Bildfehler durch Verfahren ergeben, welche zur Metallartefaktreduktion (MAR) eingesetzt werden. Zwar reduzieren die Verfahren in der Regel die initialen Metallartefakte erfolgreich, jedoch ergeben sich gleichzeitig neue Bildfehler. Sie werden durch verbleibende Inkonsistenzen innerhalb der Rohdaten verursacht, die durch die Methoden nicht beseitigt oder sogar erzeugt wurden. In diesem Zusammenhang stellt sich die Frage einer adäquaten Bewertung der Methoden zur Artefaktreduktion. Nur wenn die ursprünglichen Metallartefakte erfolgreich reduziert werden können, ohne dass gravierende neue Artefakte entstehen, handelt es sich um ein zufriedenstellendes Ergebnis. Außerdem ist eine Vorgehensweise wünschenswert, die aus mehreren Methoden diejenige mit der besten Artefaktreduktion bestimmen kann. Dabei handelt es sich um das Verfahren, das den besten Kompromiss zwischen reduzierter Metallartefakte sowie der Vermeidung neu verursachter Artefakte im rekonstruierten Bild liefert.

Eine Möglichkeit, die Qualität von CT-Bildern zu bewerten, ergibt sich anhand einer Klassifizierung durch radiologische Experten. Diese Bewertung ist jedoch subjektiv und daher schwierig zu verallgemeinern. Abhängig vom jeweiligen Fokus des Befragten werden Bildqualitäten unter Umständen unterschiedlich eingestuft [Lei10, Kim10]. Alternativ kann eine zweite CT-Aufnahme des gleichen Objektes ohne metallische Gegenstände als Referenz für ein numerisches Distanzmaß verwendet werden. Bei dieser Vorgehensweise handelt es sich um einen objektiven Vergleich, der in zahlreichen wissenschaftlichen Arbeiten der Vergangenheit Anwendung fand (siehe beispielsweise [Mah03, Ber04, Oeh07, Kra09a, Lem09]). Jedoch ist eine Referenzaufnahme ohne Artefakte nicht für alle Objekte realisierbar. Insbesondere metallische Objekte im menschlichen Körper, wie beispielsweise Hüftimplantate oder Zahnfüllungen, können vor einer CT-Aufnahme nicht entfernt werden. In diesen Fällen wird alternativ eine referenzlose, objektive Qualitätsbestimmung benötigt.

Bisher wurden kaum Verfahren für eine referenzlose Qualitätsbeurteilung von CT-Bildern vorgestellt. In [McG00] wurden verschiedene referenzlose Verfahren für eine Detektion von Bildfehlern beschrieben, die durch Bewegung verursacht wurden. Bei dieser Art von Fehlern handelt es sich jedoch eher um Unschärfen im Bild. Eine Anwendung auf die Bewertung von streifenförmigen Metallartefakten erweist sich daher als nicht sinnvoll [Ens10]. Alternativ wurden in wissenschaftlichen Arbeiten zum Thema MAR die bereits erwähnte Qualitätseinstufungen durch radiologische Experten durchgeführt. Im Rahmen dieser Arbeit werden nun neue Strategien zur Qualitätsbestimmung von CT-Bildern vorgestellt, die keine Referenz benötigen. Dabei wird ihre Anwendbarkeit auf Bilder betrachtet, die durch Metallartefakte oder durch während einer MAR-Methode neu verursachte Fehler, negativ beeinflusst werden. Ein Evaluationsansatz wertet dazu im CT-Bild auftretende Kanten aus [Fer06b, Fer09], wie sie gerade durch Metallobjekte in Form der strahlenförmigen Artefakte verursacht werden [Kae11a, Kae11b]. Ein zweiter Ansatz verwendet die ursprünglichen Projektionswerte, die nicht von Metall beeinflusst wurden, als inhärente Referenz. Dies wird durch eine Transformation des zu bewertenden Bildes zurück in den Radonraum ermöglicht. Die auftretenden Unterschiede zwischen den Originaldaten und diesem zweiten Datensatz lassen sich direkt auf die Bildartefakte zurückführen [Kra11, Kra12a].

Die Reduktion der Metallartefakte an sich ist bereits seit Jahrzehnten ein großes Forschungsfeld. Einige Verfahren nutzen adaptierte Algorithmen zur Bildrekonstruktion, welche die Auswirkungen der metallbeeinflussten Projektionswerte auf das CT-Bild reduzieren [De 00, Lem06, Oeh07, Lem09]. Andere Ansätze basieren auf der Neubestimmung der metallbeeinflussten Projektionswerte noch vor der Berechnung des CT-Bildes [Kal87, Roe03, Wat04, Ber04, Oeh08, Pre10a, Abd11].

In dieser Arbeit wird ein neuer Ansatz vorgestellt, der ebenfalls auf der Neubestimmung der metallbeeinflussten Projektionswerte aufsetzt. Bei einem solchen Vorgehen ist der Erfolg der Methode stark von der Fähigkeit abhängig, bereits existierende Strukturinformationen innerhalb der Rohdaten korrekt in den Metallspuren fortzusetzen. Diese Fähigkeit soll hier durch die Verwendung von Fouriertransformationen für die Datenneubestimmung erreicht werden. Ein weiterer Vorteil ergibt sich bei diesem Ansatz durch die Anpassung an verschiedene Dimensionen, so dass beispielsweise ein dreidimensionaler Datensatz auch mit einem dreidimensionalen Fourier-basierten Verfahren bearbeitet werden kann. Nach der Entfernung der metallbeeinflussten Werte liegen die verbleibenden Rohdaten nicht länger äquidistant zueinander vor. Dadurch kann der Standardalgorithmus für Fouriertransformationen, die schnelle Fouriertransformation, nicht mehr verwendet werden. Alternativ ist die Uminterpretation der lückenhaften Daten in nichtäquidistante Stützstellen möglich. In der Vergangenheit wurden dazu schnelle Algorithmen für beliebig verteilte Stützstellen entwickelt [Pot01], die im Zuge dieser Arbeit für die Reduktion von Metallartefakten Anwendung finden.

Zunächst werden in Kapitel 2 die im Weiteren verwendeten Testdaten vorgestellt. In Kapitel 3 werden Grundlagen der Computertomographie beschrieben, die für das weitere Verständnis dieser Arbeit von Bedeutung sind. Dabei handelt es sich um die Rekonstruktion der CT-Bilder, während der die hier relevanten Metallartefakte erzeugt werden sowie die physikalischen Hintergründe einer Aufnahme anhand von Röntgenstrahlung. Außerdem werden verschiedene, negative Einflüsse auf die Qualität von CT-Bildern vorgestellt, die durch Metallobjekte zusätzlich verstärkt werden.

In Kapitel 4 wird ein Überblick möglicher Methoden zur Qualitätsbeurteilung von CT-Bildern gegeben. Es wird außerdem eine Studie vorgestellt, die im Rahmen dieser Arbeit durchgeführt wurde. Dabei handelt es sich um eine Expertenbefragung bezüglich der Bildqualität von metallbeeinflussten CT-Bildern sowie Ergebnissen verschiedener Metallartefaktreduktionen. Die

Antworten der radiologischen Experten können für diese Daten als Referenzbewertung interpretiert werden, wodurch ein Vergleich mit den Ergebnissen
neuer Methoden zur Qualitätsbewertung möglich wird. In Kapitel 5 werden
dann zwei neue Bewertungsmethoden vorgestellt, die keine Referenz für
eine Qualitätsaussage benötigen. Basierend auf den Referenzeinstufung der
radiologischen Experten werden diese Verfahren in Kapitel 6 bezüglich ihrer
korrekten Aussage ausgewertet und mit häufig verwendeten, referenzbasierten
Verfahren verglichen.

In Kapitel 7 wird ein Überblick einiger bisher bekannter Ansätze zur
Reduktion von Metallartefakten gegeben. Daran anschließend wird eine
Methode zur Detektion der metallbeeinflussten Projektionswerte vorgestellt.
Die Detektion und anschließende Entfernung dieser Daten ist für Redukti-
onsmethoden im Vorfeld notwendig, bei denen die metallbeeinflussten Daten
neu bestimmt werden sollen. Abschließend werden in diesem Kapitel Verfahren zur Reduktion von Metallartefakten vorgestellt, die zum einen für die
Expertenbefragung und zum anderen teilweise als Vergleichsmethoden mit
neuen Ansätzen verwendet werden.

In Kapitel 8 wird dann die Idee zur Datenneubestimmung auf Basis von
Fouriertransformationen für die Metallartefaktreduktion vorgestellt. Dabei
werden unterschiedliche Punkte, wie eine adäquate Randbehandlung von
nicht periodischen Daten oder eine sinnvolle Integration von Vorwissen in
den Berechnungsschritt betrachtet. Es wird außerdem erläutert, warum diese
Schritte für eine möglichst gute Bildqualität des Ergebnisses von zentraler
Bedeutung sind.

In Kapitel 9 werden abschließend die Resultate für die in Kapitel 2 vorgestellten Testdatensätze nach der Anwendung einiger Vergleichsverfahren
sowie der neuen Fourier-basierten Methoden zur Reduktion von Metallartefakten betrachtet. Alle Ergebnisse werden im Rohdatenraum sowie nach
der Rekonstruktion im Bildraum miteinander verglichen. Für die Daten mit
einer Referenz werden außerdem in beiden Räumen referenzbasierte Qualitätsbestimmungen durchgeführt. Für Daten ohne eine Referenz wird das
referenzlose Verfahren verwendet, das in Kapitel 6 die robustesten Ergebnisse
erzielte. Darüber hinaus wird der Vergleich für die Anwendung der Fourier-
basierten Datenneubestimmung im Eindimensionalen, Zweidimensionalen
sowie Dreidimensionalen betrachtet. Daraus kann geschlossen werden, ob
eine höherdimensionale Methode zu einer genaueren Datenneubestimmung
führen kann.

Die Inhalte dieser Arbeit wurden in zwei begutachteten Zeitschriften-
artikeln [Kra11, Kra12b] und auf zahlreichen Konferenzen veröffentlicht
[Kra08a, Kra08b, Kra09b, Kra09c, Kra10, Kra12a, Kra14]. Außerdem wur-

den unter Mitwirkung der Autorin der vorliegenden Arbeit weitere Konferenzbeiträge verfasst [Oeh08, Ens09, Lev10, Lev11, Ens10, Kae11a, Kae11b, Lev11, Ens11, Ham12, Sti13].

2 Material

Im Rahmen dieser Arbeit werden Verfahren zur Reduktion von Bildfehlern in der Computertomographie (CT) vorgestellt und Methoden präsentiert, welche die Qualität von CT-Bildern automatisch bestimmen. Dabei wird der Fokus auf Fehler gelegt, die durch Metallobjekte, die sich im aufzunehmenden Bereich befinden, verursacht werden. Für eine aussagekräftige Bewertung dieser neuen Verfahren sind verschiedene Testdatensätze benötigt. In den folgenden Abschnitten werden die verwendeten Daten vorgestellt und die zugehörigen Rahmenbedingungen, wie Gerätespezifikationen und Aufnahmeparameter, angegeben.

Um CT-Bilder einheitlich darzustellen, kann die sogenannte Hounsfieldskala verwendet werden, deren Werte in der Einheit HU angegeben wird. Diese Einheit ist nach Sir Godfrey Hounsfield benannt, der für die Entwicklung der CT-Technologie mit verantwortlich war. Die Skala ist definiert durch

$$[\text{CT-Zahl}] \, (\mu_{\text{Material}}) := \frac{\mu_{\text{Material}} - \mu_{\text{Wasser}}}{\mu_{\text{Wasser}}} \cdot 1000 \, \text{HU}. \qquad (2.1)$$

Der Abschwächungskoeffizient μ_{Material} eines Materials wird in Relation zum Abschwächungskoeffizienten μ_{Wasser} gesetzt. Wasser bildet somit die Referenz und entspricht $0 \, \text{HU}$. Luft liegt bei ungefähr $-1000 \, \text{HU}$ und Röhrenknochen bei bis zu $1000 \, \text{HU}$ und mehr. Die Intervalle überschneiden sich je nach Gewebeart, wodurch eine Abgrenzung basierend auf HU-Werten nur eingeschränkt möglich ist. Alle folgenden Abbildungen im Bildraum werden in HU-Werten dargestellt. Die HU-Skala ist über einen zu großen Wertebereich definiert, als dass das menschliche Auge die einzelnen Wertevariationen noch differenzieren könnte. Durch eine Fensterung werden HU-Bereiche gezielt eingeschränkt, so dass interessante Regionen sichtbar werden. Die jeweilige Fensterung wird durch die entsprechende Fenstergröße (englisch: „window width", WW) sowie das Fensterzentrum (englisch: „window level", WL) angegeben.

2.1 Notation der Datensätze

Bei einer CT-Aufnahme wird Röntgenstrahlung abgeschwächt und die entsprechenden Restintensitäten der Strahlung erfasst. Diese Werte können

außerdem in Abschwächungswerte transformiert werden, worauf in Abschnitt
3.2.2 noch näher eingegangen wird. In dieser Arbeit werden die Abschwächungswerte auch als Projektionswerte oder Rohdaten $\mathbf{p} = p(\mathbf{r}_i)$ bezeichnet.
Die auf einem äquidistanten Gitter liegenden Koordinaten sind als Vek-
tor mit bis zu drei Einträgen für jeden Projektionswert definiert, gegeben
durch $\mathbf{r}_i = (\gamma_w, \xi_d, \zeta_a) \in \mathbf{R}$, wobei $\gamma_w \in \{0, \ldots, W-1\}$ den Projektionswinkel, $\xi_d, d \in \{0 \ldots, D-1\}$ die Detektorposition, $\zeta_a, a \in \{0, \ldots, A-1\}$
die Position in axialer Objektrichtung vorgibt und die Menge $\mathbf{R}$ alle zuläs-
sigen Koordinatenvektoren $\mathbf{r}_i$ mit $i \in \{0, \ldots, |\mathbf{R}|-1\}$ im Rohdatenraum
beinhaltet. W, D und A geben die Größen der jeweiligen Dimensionen an.
    Im Folgenden werden drei Varianten von Rohdaten betrachtet. Im Eindi-
mensionalen gilt γ_w und ζ_a als konstant, es werden somit alle Detektorelemente für einen festen Projektionswinkel und einer axialen Position betrachtet.
Im Zweidimensionalen werden für eine konstante axiale Position ζ_a alle
Projektionswinkel mit allen entsprechenden Detektorelementen betrachtet.
Im Dreidimensionalen sind schließlich alle drei Koordinaten variabel.
    Für die zugehörigen rekonstruierten Daten im Bildraum gelten weiterhin
die Bezeichnungen $\mathbf{f} = f(\mathbf{b}_o)$, wobei $\mathbf{b}_o = (x_j, y_k, z_l) \in \mathbf{B}$ mit den Positionen $x_j, j \in \{0, \ldots, X-1\}$, $y_k, k \in \{0, \ldots, Y-1\}$ und $z_l, l \in \{0, \ldots Z-1\}$
sind. Die Menge $\mathbf{B}$ beinhaltet alle zulässigen Koordinatenvektoren $\mathbf{b}_o$ mit
$o \in \{0, \ldots, |\mathbf{B}|-1\}$ im Bildraum und X, Y sowie Z geben die Größe der
jeweiligen Dimensionen an. Im Rahmen dieser Arbeit ist im Bildraum zum
einen die zweidimensionale Repräsentation von Bedeutung, bei der z_l konstant ist und zum anderen die dreidimensionale Darstellung, bei der alle
Koordinaten variabel sind.

2.2 Dreidimensionale simulierte Testdatensätze

Zwei Datensätze werden anhand eines dreidimensionalen, anthropomorphen
Softwarephantoms aus [Seg08] erstellt. Die Simulation einer CT-Aufnahme
wird durch eine Radontransformation zweidimensionaler Schichten des Phantoms vorgenommen (siehe Abschnitt 3.2.2). Dazu wird die in [Man02] und
[De 04] vorgeschlagene Vorgehensweise verwendet, wobei eine monoenergetische Linienintegration ohne in der Realität auftretende physikalische Effekte
durchgeführt wird (siehe Kapitel 3).
    Die Datensätze, dargestellt in Abbildung 2.1, sind Körperbereichen mit
häufigen Metallpräsenzen nachempfunden und werden als Hüftprothesen (die
oberen ersten drei Zeilen, im Folgenden als XCAT-Hüfte bezeichnet) und als

metallische Zahnfüllungen (die unteren letzten drei Zeilen, im Folgenden als XCAT-Dental bezeichnet). Die Metalle werden durch entfernte Rohdaten simuliert (die entsprechenden Positionen im Bildraum sind durch Pfeile gekennzeichnet). Die entfernten Werte werden für spätere Bewertungen der Bildqualität als Referenz verwendet. Die Dimensionsgrößen der in Fächerstrahlgeometrie simulierten Rohdaten sind für die Datensätze XCAT-Hüfte $D = 400, W = 200$ und $A = 12$ sowie XCAT-Dental $D = 576, W = 368$ und $A = 12$. Die simulierten Daten sind kleiner als in der Realität üblich. Dadurch ergibt sich eine geringere Laufzeit der im Folgenden vorgestellten Algorithmen.

2.3 Zweidimensionale reale Testdatensätze

Im Rahmen dieser Arbeit wurde eine Befragung radiologischer Experten durchgeführt, um Einstufungen der Bildqualität von artefaktbehafteten CT-Bildern zu erhalten. Die ursprünglichen Datensätze, die dafür verwendet wurden, sind in Abbildung 2.2 dargestellt.

In Abbildung 2.2 (a) ist ein Beispiel eines anthropomorphen Abdomenphantoms zu sehen. Es handelt sich um ein speziell für die Metallartefaktreduktion modifiziertes Phantom der Firma QRM [QRM]. An unterschiedlichen Positionen befinden sich Aushöhlungen mit variierenden Durchmessern, in die Metallzylinder platziert werden können und so zu verschiedenen Artefaktanordnungen führen. Damit ergeben sich zahlreiche Kombinationsmöglichkeiten in Anzahl, Größe und Position der metallischen Objekte innerhalb des Phantoms. Durch eine Aufnahme ohne Metallobjekte und mit den ursprünglichen Materialien in den Aushöhlungen ergibt sich außerdem wie bei den simulierten Datensätzen eine Referenz für einen späteren Vergleich.

Bei den realen Aufnahmen eines anthropomorphen Phantoms handelt es sich zwar um eine bessere Annäherung an die gewünschten medizinischen CT-Bilder als das zuvor vorgestellte Softwarephantom, sie ist jedoch eine deutliche Vereinfachung gegenüber der Aufnahme eines menschlichen Körpers. Ergebnisse von Artefaktreduktionen sowie Qualitätsbeurteilungen von befragten Experten können somit nur unter Vorbehalt von Phantom- auf klinische Patientendaten übertragen werden.

Die klinischen Patientenaufnahmen Dental 1, Dental 2 (aufgenommen bei $120 \, \mathrm{kV}$, $125 \, \mathrm{mAs}$) und Dental 3 (aufgenommen bei $120 \, \mathrm{kV}$, $150 \, \mathrm{mAs}$) sind in den Abbildungen 2.2 (c) bis (e) zu sehen. Wie alle Aufnahmen des Abdomenphantoms (aufgenommen bei $120 \, \mathrm{kV}$, $100 \, \mathrm{mAs}$), wurden sie mit einem Siemens Somatom Definition AS in der Klinik für Radiologie des

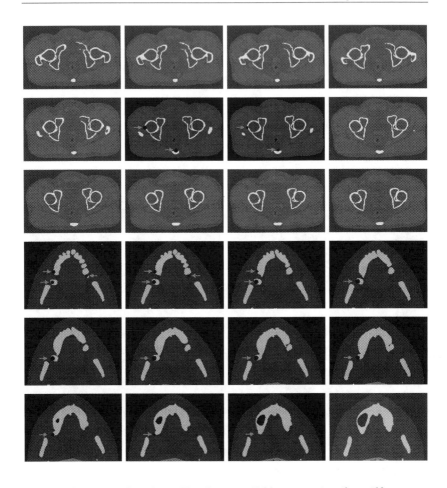

Abbildung 2.1: Simulierte Testdaten im Bildraum an jeweils zwölf unterschiedlichen axialen Positionen: XCAT-Hüfte (die ersten drei Zeilen sind in Anlehnung an [Kra12b]) und XCAT-Dental (letzten drei Zeilen). Die Metallobjekte sind an Positionen simuliert, die jeweils durch Pfeile gekennzeichnet sind (das vorletzte Bild von XCAT-Dental weist eine sehr kleine, kaum noch sichtbare Metallregion auf).

Universitätsklinikums Schleswig-Holsteins in Lübeck aufgenommen. Das Gerät hat eine Fächerstrahlgeometrie mit einem gebogenen Detektor. Es bietet die Möglichkeit einer Einzelschicht- sowie einer Helixaufnahme. Die im Rahmen dieser Arbeit verwendeten Daten des Gerätes wurden jeweils als Einzelschichtaufnahmen erfasst.

Abbildung 2.2 (b) zeigt die Aufnahme eines Torsophantoms (aufgenommen bei 110 kV, 60 mAs), das mit Metallobjekten versehen wurde. Die Aufnahmen wurden mit einem Siemens Somatom Emotion Duo aufgenommen. Mit diesem Gerät entstanden ebenfalls die klinischen Patientenaufnahmen Hüfte 1 (aufgenommen bei 130 kV, 80 mAs), Hüfte 2 (aufgenommen bei 130 kV, 135 mAs) und Aorta (aufgenommen bei 110 kV, 165 mAs) in den Abbildungen 2.2 (c), (g) und (h). Bei diesen Datensätzen handelt es sich um Helixaufnahmen, die anschließend für die weitere Verwendung in eine zweidimensionale Schicht umgerechnet wurden (nähere Informationen zu dieser Umrechnung sind beispielsweise in [Kal05] zu finden).

2.4 Dreidimensionale reale Testdatensätze

Im Rahmen dieser Arbeit werden unter anderem dreidimensionale Methoden zur Artefaktreduktion vorgestellt. Um ihre Effizienz bezüglich der Qualitätsverbesserung der CT-Bilder zu prüfen, werden neben den simulierten Testdaten aus Abschnitt 2.2 ebenfalls klinische Beispiele betrachtet. Dazu werden, den simulierten Daten ähnelnde, Beispiele verwendet. Die Aufnahmen wurden mit dem zuvor erwähnten Siemens Somatom Definition AS erfasst.

Der erste dreidimensionale klinische Datensatz (aufgenommen bei 120 kV, 100 mAs), dargestellt in Abbildung 2.3, zeigt die Kieferregion eines Patienten mit zahlreichen metallischen Zahnfüllungen, deren Größe und Anzahl je nach axialer Position der Aufnahmen variieren. Der zweite Datensatz besteht aus den Aufnahmen einer Hüftregion mit zwei Hüftimplantaten (siehe Abbildung 2.4, 140 kV, 400 mAs). Es handelt sich um Aufnahmen eines Körperspenders, die im Rahmen einer Kooperation des Instituts für Medizintechnik mit dem Institut für Anatomie an der Universität zu Lübeck entstanden. Der Leichnam des Körperspenders wurde unter Genehmigung durch das „Gesetz über das Leichen-, Bestattungs- und Friedhofswesen (Bestattungsgesetz) des Landes Schleswig-Holstein vom 04.02.2005, Abschnitt II, Paragraph 9 (Leichenöffnung, anatomisch)" untersucht. In diesem Fall ist es gestattet, die Körper von Körperspendern/innen zu wissenschaftlichen Zwecken und/oder Lehraufgaben einer CT-Untersuchung zu unterziehen.

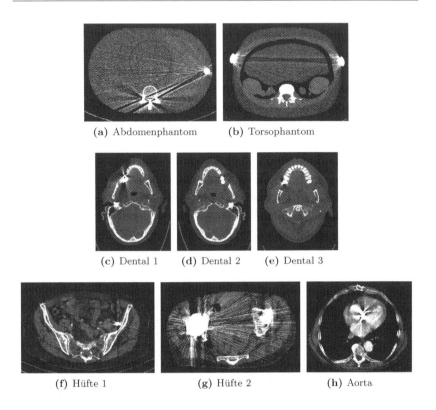

(a) Abdomenphantom   (b) Torsophantom

(c) Dental 1   (d) Dental 2   (e) Dental 3

(f) Hüfte 1   (g) Hüfte 2   (h) Aorta

Abbildung 2.2: Reale CT-Bilder mit den Fensterungen WL=90 HU, WW=300 HU (a) WL=90 HU, WW=400 HU (b), WL=300 HU, WW=1500 HU (c) bis (e) und WL=90 HU, WW=400 HU (f), (g) und (h), (in Anlehnung an [Kra11]).

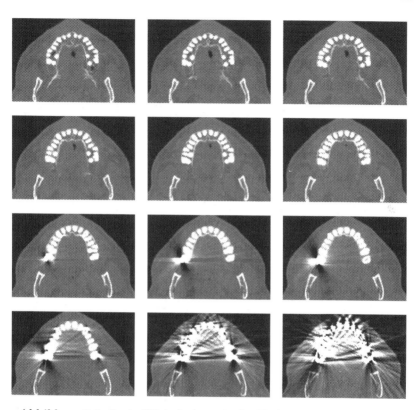

Abbildung 2.3: Reale CT-Aufnahmen in der Kieferregion eines Patienten mit metallischen Zahnfüllungen an variierenden Positionen. Die Schichten zeigen verschiedene Körperbereiche entlang der axialen Richtung (WL=0 HU, WW=2000 HU), (in Anlehnung an [Kra12b]).

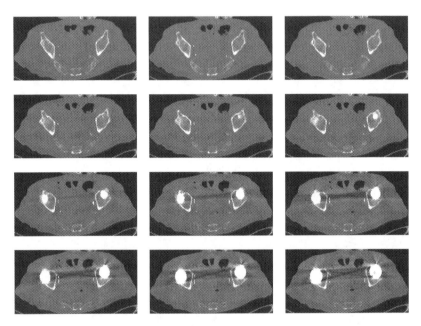

Abbildung 2.4: Reale CT-Aufnahmen in der Hüftregion eines Körperspenders mit zwei Hüftimplantaten. Die Schichten zeigen verschiedene Körperbereiche entlang der axialen Richtung (WL=0 HU, WW=2000 HU), (in Anlehnung an [Kra12b]).

3 Grundlagen der Computertomographie

Im Jahre 1895 entdeckte Wilhelm Conrad Röntgen eine neue Strahlungsart, die von ihm zunächst als X-Strahlung bezeichnet und später im deutschsprachigen Raum nach ihm benannt wurde. Dabei handelt es sich um Strahlung, die für das menschliche Auge nicht sichtbar ist. Wie jede elektromagnetische Strahlung geht Röntgenstrahlung Wechselwirkungen mit Materie ein [Rön95]. Die dadurch abgeschwächte Strahlung kann erfasst werden, woraus sich das sogenannte Röntgenbild des durchleuchteten Objektes ergibt. Stark schwächende Bereiche werden auf dem Bild mit niedrigen Werten dargestellt, da nur wenig Reststrahlung erfasst wurde. Höhere Werte ergeben sich entsprechend für weniger schwächende Bereiche.

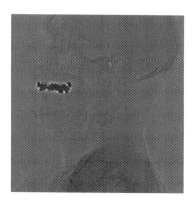

Abbildung 3.1: Röntgenaufnahme eines menschlichen Kopfes. Die Zähne schwächen die Röntgenstrahlen durch ihre höhere Dichte stärker ab, wodurch eine geringere Restintensität nach dem Durchqueren erfasst wird (hier als dunkle Grauwerte dargestellt).

Ein Beispiel einer solchen Röntgenaufnahme ist in Abbildung 3.1 dargestellt. Dabei handelt es sich um eine Übersichtsaufnahme eines Patientenkopfes, die auch als Topogramm oder Scout-Aufnahme bezeichnet wird. Diese Bilder ähneln einer herkömmlichen Röntgenaufnahme und dienen der weiteren Planung, in welchen Regionen beispielsweise eine detailliertere Aufnahme vorgenommen werden soll [Gha12].

In den weiteren Jahren nach der Entdeckung der Röntgenstrahlung ergaben sich verschiedene Anwendungsbereiche. Im Rahmen dieser Arbeit ist dabei die Verwendung in der diagnostischen Radiologie von zentralem Interesse. Eine Weiterentwicklung des konventionellen Röntgens ist die Computertomographie (CT), bei der ebenfalls Röntgenstrahlung verwendet wird. Im Gegensatz zum herkömmlichen Röntgenbild aus einem einzigen Blickwinkel (im Folgenden auch als Projektionswinkel bezeichnet), werden bei einer CT-Aufnahme Projektionen in zeitlicher Abfolge von unterschiedlichen Winkeln um das Objekt herum aufgenommen. Eine anschließende Umrechnung der Daten, die in diesem Kapitel noch näher erläutert wird, liefert hoch aufgelöste Schnittbilder des aufgenommenen Objektes (die räumliche Auflösung heutiger Geräte liegt meist bei unter 0.5 mm, siehe zum Beispiel [Sie10b]). Ein Pixelwert innerhalb des Bildes kodiert die Abschwächung der Strahlung in dem entsprechenden Objektbereich. Insbesondere Knochen und Metalle weisen beispielsweise eine sehr hohe sowie Luft und Wasser eine sehr niedrige Strahlenschwächung auf.

Die ersten Computertomographen wurden in den 70er Jahren des 20. Jahrhunderts produziert. Abbildung 3.2 zeigt exemplarisch das erste CT-Gerät der Firma Siemens aus dem Jahre 1974 für klinische Kopfaufnahmen.

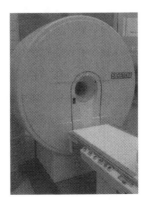

Abbildung 3.2: Der erste Kopfscanner von Siemens, namens Siretom, kam 1974 auf den Markt.

Bei CT-Aufnahmen ergibt sich eine wesentlich höhere Strahlungsbelastung für das Objekt, als bei einer Röntgenaufnahme. Dabei handelt es sich um einen Faktor von bis zu tausend, je nachdem wie viele Projektionswinkel durchlaufen werden. Trotzdem hat sich die Computertomographie als ein wichtiges Bildgebungsverfahren in der medizinischen Diagnostik etabliert, da eine überlagerungsfreie Darstellung des Körperinneren ermöglicht wird. Durch die Optimierung der CT-Aufnahme sowie nachfolgende Algorithmen konnte die Qualität der Bilder im Laufe der vergangenen Jahre immer weiter verbessert werden. Gleichzeitig konnte außerdem die dafür notwendige Strahlendosis reduziert werden.

Im Folgenden werden die Grundlagen der Computertomographie vorgestellt, die für das Verständnis der weiteren Kapitel von Bedeutung sind. Dabei handelt es sich jeweils um kurze Einführungen. Ausführlichere Diskussionen überschreiten den Rahmen dieser Arbeit und werden in einer Vielzahl vertiefender Literatur, wie beispielsweise [Kak01, Nat01, Kal05, Buz08, Hsi09, Her09] bereits gegeben.

Dieses Kapitel ist wie folgt gegliedert. In Abschnitt 3.1 wird zunächst eine allgemeine Einführung in die physikalischen Hintergründe von Röntgenstrahlung gegeben und erläutert, welche in Wechselwirkung mit Materie auftreten können. Daran anschließend werden in den Abschnitten 3.2 und 3.3 einige zwei- sowie dreidimensionale CT-Aufnahmetechniken vorgestellt. Nach der CT-Aufnahme muss die von einem Detektor erfasste abgeschwächte Röntgenstrahlung umgerechnet werden, um das gewünschte Schnittbild des Objektes zu erzeugen. Diese Umrechnung wird auch Bildrekonstruktion genannt und in Abschnitt 3.4 für zweidimensionale CT-Aufnahmen näher beschrieben. In Kapitel 2 wurden bereits die in dieser Arbeit verwendeten dreidimensionalen Daten vorgestellt. Diese bestehen aus mehreren zweidimensionalen Schichten. Daher wird nur ein kurzer Einblick in weitere Möglichkeiten der dreidimensionalen CT-Aufnahme gegeben und auf eine weitere Vorstellung dreidimensionaler Rekonstruktionsalgorithmen verzichtet.

Abschließend werden in Abschnitt 3.5 Einflüsse vorgestellt, die sich negativ auf die resultierende Qualität des CT-Bildes auswirken können. Da das Thema Qualität von CT-Bildern einen Schwerpunkt dieser Arbeit bildet, wird hier zunächst ein Überblick über verschiedene Ursachen einer Qualitätsminderung gegeben. Dabei wird der Fokus auf die Entstehung von Bildfehlern gelegt, die durch Metalle im aufgenommen Objekt hervorgerufen werden. In den folgenden Kapiteln werden daran anschließend Methoden betrachtet, die zu einer Reduktion dieser Fehler und damit zu einer Verbesserung der Bildqualität führen sollen.

3.1 Röntgenstrahlung

Um Röntgenstrahlung zu erzeugen, müssen Elektronen durch eine Spannung beschleunigt und auf eine Metallplatte, Anode genannt, gelenkt werden. Bei dem Zusammenstoß werden die Elektronen abrupt abgebremst, wodurch Energie zu 99 % in Form von Wärme und zu 1 % als Röntgenstrahlung abgegeben wird. Ihre Wellenlängen erstrecken sich über ein breites Spektrum zwischen 10^{-8} m bis 10^{-13} m [Buz04], wobei sich die minimale Wellenlänge aus der anliegenden Spannung ergibt. Bei medizinischen CT-Aufnahmen werden in der Regel Spannungen zwischen 80 kV und 140 kV verwendet. Bei 140 kV ergibt sich eine minimale Wellenlänge von ungefähr $8.857 \cdot 10^{-12}$ m (die Berechnung der minimalen Wellenlänge ist beispielsweise in [Buz04] näher beschrieben). Diese Strahlung ist unabhängig vom Anodenmaterial und wird Bremsstrahlung genannt. Zusätzlich entstehen einzelne Spektrallinien als charakteristische Strahlung in Abhängigkeit des Anodenmaterials [Tra86]. Insgesamt ergibt sich das Gesamtspektrum einer Röntgenröhre (beispielsweise in Abbildung 3.14 dargestellt, wobei sich die charakteristischen Linien der Kurven an den gleichen Positionen befinden).

Die sich ergebene Röntgenstrahlung ist somit nicht monochromatisch sondern polychromatisch, bestehend aus einem Spektrum verschiedener Wellenlängen. Diese Eigenschaft führt zu Problemen bei der CT-Bildrekonstruktion, da standardmäßig eingesetzte Algorithmen von monochromatischer Strahlung ausgehen. Die Problematik der Rekonstruktionsalgorithmen wird beispielsweise in [De 01] näher erläutert und außerdem polychromatische Alternativen zur Bildrekonstruktion vorgeschlagen.

Die Schwächung der Strahlung durch Materie folgt dem Abschwächungsgesetz

$$I = I_0 e^{-\int_0^l \mu(\mathbf{b})\mathrm{d}\mathbf{b}}, \qquad (3.1)$$

mit der Anfangsintensität I_0 und dem Linienintegral über alle Abschwächungskoeffizienten μ entlang der Strecke l und an den jeweiligen Raumpositionen $\mathbf{b}$.

Gleichung (3.1) verdeutlicht, dass die Strahlungsintensität mit zunehmender Strecke l durch abschwächende Materie exponentiell abnimmt. Die Gründe dafür sind verschiedene Wechselwirkungsprozesse zwischen Strahlung und Materie, die die Röntgenstrahlung auf dem Weg durch ein Objekt beeinflussen. Vier Prozesse, die bezüglich einer röntgenbasierten Bildgebung von Bedeutung sind, werden im Folgenden benannt (beginnend mit der niedrigsten Energie, bei der sie auftreten):

- Rayleigh-Streuung: Röntgenstrahlung verläuft in der Nähe eines Atoms und setzt dadurch Elektronen in Schwingung. Dabei wird Strahlung ausgesandt. Einfallende und gestreute Strahlung weisen dabei die gleiche Frequenz auf.

- Photoeffekt: Die Röntgenstrahlung wird von einem Atom absorbiert und dafür ein Elektron aus dem Atomverband abgetrennt. Die entstandene Lücke wird daraufhin durch ein Elektron der nächst äußeren Hülle gefüllt, wobei Röntgenstrahlung freigegeben wird. Die Energie ist dabei niedriger als die der ursprünglich absorbierten Strahlung. Mit steigender Energie nimmt der Einfluss dieses Effekts auf die gesamte Abschwächung immer weiter ab.

- Compton-Effekt: Die Röntgenstrahlung trifft auf ein quasi-freies Elektron, wodurch letzteres Energie vom Photon übernimmt und aus dem Atom freigesetzt wird. Das Photon wird mit reduzierter Energie abgelenkt, jedoch nicht wie beim Photoeffekt komplett absorbiert.

- Paarbildung: Durch Wechselwirkungen zwischen Röntgenstrahlung und einem Atomkern treten Elektronen-Positronen-Paarbildungen im elektrischen Feld des Atomkerns auf (ab Energien größer als 1 MeV). Das Positron wird nach kurzer zurückgelegter Strecke auf ein Elektron stoßen und mit diesem annihilieren, sich also gegenseitig vernichten, wodurch zwei Gamma-Strahlen in entgegengesetzte Richtung also in einem Winkel von ungefähr 180° freigesetzt werden. Auf diesem Effekt basiert die Positronen-Elektronen-Tomographie (PET).

Die Wechselwirkungen sind somit unter anderem abhängig von der jeweiligen Strahlungsenergie. Die Gesamtschwächung an einer Objektposition ist durch die Kombination aller Effekte entlang des Strahlenweges gegeben. In Abbildung 3.3 sind die verschiedenen Wechselwirkungen in Abhängigkeit der Energie exemplarisch für Wasser dargestellt. Die schwarz gestrichelte Kurve repräsentiert die Abschwächung, die sich in Summe ergibt.

Der Abschwächungskoeffizient μ ist somit energieabhängig. Da eine Röntgenröhre polychromatische Strahlung erzeugt, handelt es sich bei Gleichung (3.1) nur um eine Näherung. Diese Ungenauigkeit kann zu Fehlern im endgültigen Bild führen, worauf in Abschnitt 3.5.3 noch näher eingegangen wird. Diese Effekte werden beispielsweise in [Kam94, Den12] ausführlich dargestellt.

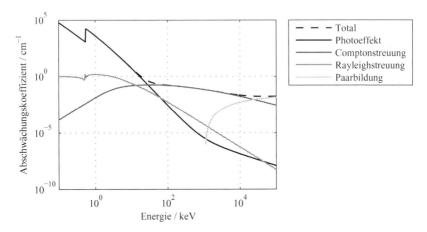

Abbildung 3.3: Auswirkung der einzelnen Wechselwirkungen auf die gesamte Abschwächungskurve für Wasser. In Abhängigkeit der Energie ergeben sich variierende Einflüsse der einzelnen Prozesse.

3.2 Zweidimensionale Aufnahmen

Seit der Erfindung von CT-Geräten wurden die Aufnahmetechniken immer weiter optimiert. Dabei sind insbesondere Parameter wie Strahlendosis, Aufnahmedauer sowie Röhrenbelastung (ein Langzeitbetrieb kann beispielsweise zu einer Überhitzung der Anode führen) von Interesse. Idealerweise sollten diese drei Eigenschaften niedrig gehalten werden.

In Abschnitt 3.2.1 werden zunächst die ersten vier Generationen zweidimensionaler CT-Geräte zusammen mit ihren Vor- und Nachteilen vorgestellt. Daran anschließend wird in Abschnitt 3.2.2 die mathematische Theorie einer zweidimensionalen CT-Aufnahme der ersten Generation vorgestellt, da sich die meisten heute verbreiteten, zweidimensionalen CT-Geometrien genau auf auf diese Generation zurückführen oder transformieren lassen.

3.2.1 Aufnahmegenerationen

Generell wird für eine CT-Aufnahme immer eine Röntgenquelle gegenüber von einer Detektoreinheit positioniert. Zwischen diesen Elementen befindet sich das Objekt, von dem eine CT-Aufnahme gemacht werden soll. Im Weiteren werden diese Einheiten als Quelle-Detektor-System zusammengefasst. Die Quelle sendet Röntgenstrahlung aus, die je nach Generation einen unterschiedlichen Strahlenverlauf durch das Objekt nimmt, geschwächt wird und anschließend von einem Detektor erfasst wird. Bei den erfassten Daten handelt es sich um Projektionswerte für jedes Detektorelement $\xi_d, d \in \{0, \ldots, D-1\}$ für den momentanen Projektionswinkel $\gamma_w, w \in \{0, \ldots, W-1\}$.

3.2.1.1 Erste Generation

Computertomographen der ersten Generation wurden in der sogenannten Nadel- oder Parallelstrahlgeometrie konstruiert. Das Quelle-Detektor-System wird linear an äquidistante Positionen verschoben und Röntgenstrahlung ausgesendet, bis das gesamte Objekt von Röntgenstrahlung durchleuchtet wurde. Vor der Quelle befindet sich eine Lochblende, die einen Nadelstrahl kollimiert, so dass er parallel zu den anderen linear verschobenen Strahlenwegen des aktuellen Winkels γ_w verläuft. Der Detektor besteht aus einem einzelnen Element, das den abgeschwächten Nadelstrahl erfasst. Nach der Verschiebung wird das Quelle-Detektor-System auf die nächste Winkelposition γ_w rotiert, gefolgt von einer erneuten linearen Verschiebung. Dadurch wird das Objekt nach und nach von verschiedenen Projektionswinkeln γ_w durchleuchtet. Eine Aufnahme einer Objektschicht in dieser Aufnahmegeometrie (in Abbildung 3.4 (a) beispielhaft skizziert) dauert etwa fünf Minuten.

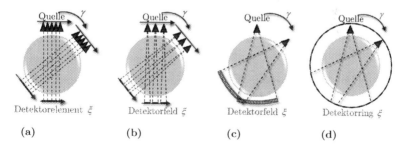

(a)   (b)   (c)   (d)

Abbildung 3.4: Zweidimensionale CT-Geometrien mit dem Quelle-Detektorsystem, dem Rotationswinkel γ, der Position eines Detektorelementes oder auf einem Feld ξ und dem kreiförmigen, aufgenommenen Bereich: Parallelstrahlgeometrie (a), erweiterte Parallelstrahlgeometrie (b), Fächerstrahlgeometrie (c), 360°-Detektor (d) (in Anlehnung an [Buz04]).

3.2.1.2 Zweite Generation

Die zweite Generation zweidimensionaler CT-Geräte basiert ebenfalls auf der Parallelstrahlgeometrie. Um die Rotationswinkelinkremente zu vergrößern, werden nun mehrere Detektorelemente verwendet, die zusammen mit der Röntgenquelle linear verschoben werden. Dadurch wird die Anzahl notwendiger Verschiebungen reduziert und mit jeder Quellenposition können mehrere Abschwächungswerte gleichzeitig erfasst werden. Es liegt kein paralleler Strahlenverlauf mehr vor, wie in Abbildung 3.4 (b) zu sehen ist, da ein kleiner Röntgenfächer ausgesandt wird, um das gesamte Detektorfeld auf der gegenüberliegenden Seite zu erreichen. Es ergeben sich somit für jeden Translationsschritt mehrere Winkelprojektionen, was wiederum in einer Reduktion notwendiger Rotationsschritte insgesamt resultiert. Eine Schichtaufnahme mit dieser Geometrie benötigt noch circa 20 s [Hsi09].

3.2.1.3 Dritte Generation

Eine weitere Möglichkeit für eine CT-Aufnahme ist die Verwendung fächerförmig ausgesandter Röntgenstrahlung als dritte Generation, die als Fächerstrahlgeometrie bezeichnet wird. Typische Fächergrößen liegen bei 40° - 60°. Mit einer Quellenposition pro Aufnahmewinkel wird das gesamte Objekt von einer Detektorzeile erfasst. Ein Vorteil dieser Generation ist somit die vereinfachte Datenakquisition, da das Quelle-Detektor-System nicht linear verschoben werden muss. Die Fächerstrahlaufnahme einer Objektschicht bedarf lediglich etwa 0.5 s. Diese Generation ist bis heute in der klinischen Praxis am weitesten verbreitet. In Abbildung 3.4 (c) ist die Geometrie schematisch skizziert.

Zahlreiche mathematische Algorithmen basieren auf der Parallelstrahlgeometrie beziehungsweise erweisen sich als weniger komplex, wenn ein paralleler Strahlenverlauf angenommen wurde. Zur Verwendung dieser Verfahren können heute überwiegend mit Fächerstrahl aufgenommene Daten zuvor in die Parallelstrahlgeometrie umgerechnet werden. Diese Transformation, Rebinning genannt, ist einfach zu realisieren und kann bei Bedarf durchgeführt werden. Im Rahmen dieser Arbeit liegen alle realen CT-Aufnahmen in Fächerstrahlgeometrie vor, für die zur weiteren Bearbeitung teilweise ein Rebinning vorgenommen wurde (nähere Details wurden in Kapitel 2 gegeben).

Abbildung 3.5 zeigt eine CT-Aufnahme in Fächer- (a) und in Parallelstrahlgeometrie (b). Beide Datensätze enthalten die gleichen Informationen. Sie sind lediglich zueinander gekippt, was sich durch die Fächerstrahlaufnahme ergibt und durch das Rebinning umgerechnet werden kann.

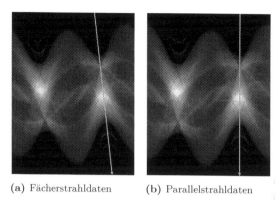

(a) Fächerstrahldaten   (b) Parallelstrahldaten

Abbildung 3.5: CT-Aufnahme in Fächer- (a) sowie nach dem Rebinning in Parallelstrahlgeometrie (b). Beide Daten enthalten die gleichen Informationen und sind gekippt zueinander, wie anhand der markierten Werte zu erkennen ist. Die Dimensionen entsprechen allen Detektorelementen (vertikale Achse) und der Anzahl durchlaufener Aufnahmewinkel (horizontale Achse).

3.2.1.4 Vierte Generation

Die vierte Generation zweidimensionaler Aufnahmegeometrien setzt die Erweiterung der Detektorzeile fort. Die Detektorelemente erstrecken sich über 360° um das aufzunehmende Objekt herum. Somit rotiert nur noch die Röntgenquelle und die abgeschwächte Strahlung wird durch den fixierten Detektorring erfasst. Die Anzahl der Aufnahmewinkel ist nicht länger durch die Rotationsschritte definiert. Die Auflösung ergibt sich nun durch die Anzahl von Detektorelementen. Außerdem ist die Anzahl von aufgenommenen Abschwächungswerten pro Aufnahmewinkel nicht mehr von der Anzahl der Detektorelemente, sondern von deren Abtastrate abhängig. Erklären lässt sich dies durch den sogenannten inversen Fächer. Als Zentrum wird ein Detektorelement definiert. Entsprechend der Häufigkeit des Auslesens des Elementes ergeben sich gegenüberliegende Quellenpositionen während der Rotation. So kann sich ein deutlich feiner aufgelöster Fächer ergeben als es noch in der dritten Generation möglich war. Der Aufbau dieser Generation ist in Abbildung 3.4 (d) dargestellt. Zwar handelt es sich bei dieser Geometrie um eine weitere Innovation gegenüber vorherigen Varianten. Jedoch erweist sich die Fächerstrahlgeometrie in der Praxis als präsenter. Der Hauptgrund liegt in den sehr kostspieligen Detektoren.

3.2.2 Radontransformation

Die zueinander parallel verlaufenden Röntgenstrahlen werden von den Detektorelementen als abgeschwächte Intensitäten I aus Gleichung (3.1) erfasst. Durch Logarithmierung können diese Intensitäten in Projektionswerte p transformiert werden

$$-\ln\frac{I}{I_0} = \int_0^l \mu(\xi,\eta)\mathrm{d}\eta = p(\mathbf{r}). \tag{3.2}$$

Dabei handelt es sich um Raum- beziehungsweise Projektionsintergale entlang der Achse η von 0 bis l. Die Parameter ξ und η entsprechen den Koordinaten des Koordinatensystems, das zusammen mit der Quelle-Detektor-Einheit um das Objekt rotiert, wobei die verschiedenen Positionen auf dem Strahlenweg der Länge s durch η gegeben sind (siehe Abbildung 3.6). Der Parameter $\mathbf{r}$ repräsentiert die Koordinaten der Aufnahmegeometrie, die wie in Kapitel 2 beschrieben, die jeweiligen Koordinaten der zwei- oder dreidimensionalen CT-Aufnahme beinhalten. Die Einheitsvektoren

$$\mathbf{n}_\xi = \begin{pmatrix} \cos\gamma \\ \sin\gamma \end{pmatrix} \quad \text{und} \quad \mathbf{n}_\eta = \begin{pmatrix} -\sin\gamma \\ \cos\gamma \end{pmatrix} \tag{3.3}$$

spannen die Ebene des rotierenden Koordinatensystems auf [Buz04]. Die abgeschwächte Intensität I wird vom Detektor erfasst und kann dann durch die in Gleichung (3.2) angegebene Logarithmierung in die entsprechenden Projektionswerte $p(\mathbf{r})$ transformiert werden. $p(\mathbf{r})$ wird als zweidimensionale Radontransformierte des Objektes bezeichnet, wobei J. Radon diese Integraltransformation in [Rad17] erstmals vorstellte.

Für jeden Winkel γ werden die jeweiligen Intensitäten beziehungsweise Projektionswerte der durchleuchteten Schicht aufgenommen. Die entstehende Datenmatrix für die gesamte CT-Aufnahme einer Objektschicht liegt für die Koordinaten γ und ξ im sogenannten Radonraum vor. Durch die Rotation werden Objekte innerhalb des Schnittbereiches sinusodial im Radonraum abgebildet. Aus diesem Grund werden die zweidimensionalen Radondaten einer Objektschicht auch Sinogramme genannt. Je weiter ein Objekt vom Zentrum der Rotation entfernt ist, desto größer wird die Amplitude der zugehörigen Sinusschwingung. In Abbildung 3.7 ist das Sinogramm einer CT-Aufnahme eines menschlichen Thorax zu sehen.

Für die Projektionswerte $p(\gamma,\xi)$ im Radonraum gelten folgende Eigenschaften

$$p(\xi_d,\gamma) = p(\xi_d,\gamma+2\pi) \tag{3.4}$$

$$p(\xi_d,\gamma) = p(\xi_{D-d-1},\gamma\pm\pi) \tag{3.5}$$

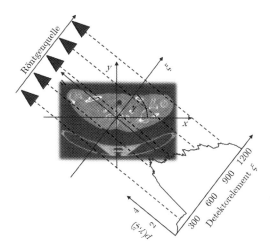

Abbildung 3.6: Zweidimensionale CT-Aufnahme mit Parallelstrahlen. Das durch ξ und η aufgespannte Koordinatensystem rotiert mit dem Winkel γ. Für jedes γ werden die abgeschwächten Intensitäten an der jeweiligen Detektorposition ξ erfasst (in Anlehnung an [Buz04]).

[Sue02]. Nach Gleichung (3.4) ist die Radontransformierte periodisch in ξ mit einer Periode von 2π. Gleichung (3.5) zeigt die Eigenschaft, dass die Radontransformierte zudem in ξ mit einer Periode von π spiegelsymmetrisch ist. Aus diesen Gründen ist es ausreichend, eine Rotation von insgesamt 180° während der Aufnahme durchzuführen. Da es sich über 180° bis 360° lediglich um den inversen Strahlenverlauf handelt, der zuvor unter den Winkeln 0° bis 180° aufgenommen wurde, ergeben sich keinerlei neue Informationen und diese Projektionen können entfallen. Trotzdem werden heutige CT-Aufnahmen teilweise über mehr als 180° erfasst, um beispielsweise Rauscheinflüsse durch die doppelte Anzahl an Informationen über das aufgenommene Objekt zu reduzieren und dadurch die Bildqualität zu verbessern. Insbesondere durch einen geringen Detektorversatz können über 360° noch zusätzliche Informationen gewonnen werden (der sogenannte Detektorviertelversatz wird beispielsweise in [Buz04] näher beschrieben). Ein Bild **f** kann ebenfalls als eine Matrix von Abschwächungswerten μ interpretiert werden. Anhand von Gleichung (3.2) ist es somit möglich, dieses Bild in den Radonraum zu transformieren. Im Rahmen dieser Arbeit wird dieser Schritt als Vorwärtstransformation (englisch: „forward projection", FP) bezeichnet.

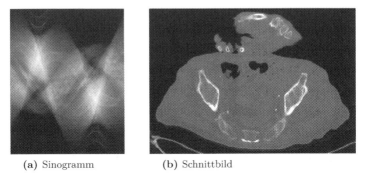

(a) Sinogramm   (b) Schnittbild

Abbildung 3.7: Zweidimensionale CT-Aufnahme im Radonraum über 360° (a) und das Ergebnis der Bildrekonstruktion (b) (WL= 0 HU,WW= 2000 HU). Hohe Abschwächungswerte werden hier hell und niedrige Abschwächungswerte dunkel dargestellt.

3.3 Dreidimensionale Aufnahme

Nach der Entwicklung zweidimensionaler Aufnahmegeometrien wurde das Interesse an dreidimensionalen Bilddaten des aufgenommenen Objektes immer größer. Die einfachste Methode einer dreidimensionalen CT-Aufnahme ist eine Reihe sequentieller Aufnahmen, die aus zweidimensionalen CT-Aufnahmen an unterschiedlichen axialen Positionen entstehen. Dabei ist die Auflösung in die dritte Dimension von der Detektorbreite sowie den einzelnen Schichtabständen abhängig.

Heutige Computertomographen verfügen außerdem häufig über mehr als eine Detektorzeile, so dass mit einer Rotation um den Patienten mehrere Schichten gleichzeitig aufgenommen werden können. Hierbei werden Röntgenstrahlen in einer Kegelform ausgesandt und von den Detektorzeilen erfasst. Sofern es sich um eine geringe Breite des Detektorfeldes handelt, können die Strahlenverläufe noch als fächerförmig auf die Detektorelemente treffend interpretiert werden. Je größer das Feld mit dem auftreffenden Kegelstrahl jedoch im Verhältnis zum Quelle-Detektor-Abstand wird, desto größere Fehler entstehen durch diese Annahme im rekonstruierten Bild. In den äußeren Detektorzeilen treten sogenannte Kegelstrahleffekte in den zweidimensional rekonstruierten Bildern auf [Wan95, Lee02, Sca08]. Abbildung 3.8 zeigt eine schematische Darstellung dieser Problematik. Die zentrale Objektschicht wird von der Röntgenstrahlung vollständig durchleuchtet und kann problemlos zweidimensional rekonstruiert werden (markierter Strahlenverlauf in der

Mitte). Mit steigender Entfernung von der Detektormitte entsteht jedoch eine zunehmende Abweichung der erwarteten Strahlenverläufe, da je nach Rotationswinkel γ unterschiedliche Objektbereiche durchleuchtet werden (schwarzer Strahlenverlauf).

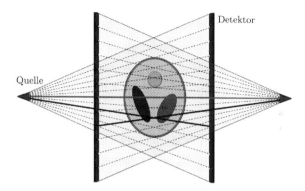

Abbildung 3.8: Das Objekt wird von unterschiedlichen Seiten mit einem kegelförmigen Röntgenstrahl durchleuchtet. Für mittlere Detektorelemente werden unabhängig von den Positionen die gleichen Objektbereiche durchleuchtet (markierter Strahlenverlauf in der Mitte). Mit zunehmender Entfernung von der Detektormitte verändert sich der Strahlenverlauf jedoch deutlich mit variierender Position (schwarzer Strahlenverlauf). Es werden unterschiedliche Bereiche durchleuchtet und bei einer Rekonstruktion liegen nicht genug Informationen für die entsprechende Ebene vor (in Anlehnung an [Sca08]).

Die als Kegel ausgesandte Röntgenstrahlung bildet den Übergang zu einer weiteren dreidimensionalen Aufnahmegeometrie, der Kegelstrahlgeometrie. Die Röntgenstrahlung trifft nach der Abschwächung durch das Objekt auf ein zweidimensionales Feld von Detektorelementen. Anschließend wird das Quelle-Detektor-System in einen neuen Aufnahmewinkel rotiert. Bei dieser Art der Aufnahme wird lediglich die zentrale Schicht komplett aufgenommen und die resultierenden Projektionen liegen nicht länger im Radonraum. Aus diesem Grund werden für die Kegelstrahl-Bildrekonstruktion in der Regel alternative Algorithmen benötigt. Es existiert eine Vielzahl verschiedener Ansätze, wobei sich in der klinischen Routine der Feldkampalgorithmus [Fel84] als dreidimensionale Erweiterung einer schnellen zweidimensionalen analytischen Rekonstruktionsmethode (näher beschrieben in Abschnitt 3.4.2) durchgesetzt hat. Kegelstrahlgeometrien fanden zunächst für Angiographien Anwendung [Rob82] und werden heute außerdem für Dentalaufnahmen

[Sue02, Sca06] oder für Mammographien [Che02] eingesetzt. Im Rahmen dieser Arbeit wird der Fokus jedoch auf zweidimensionale Daten beziehungsweise auf eine Reihe zweidimensionaler Daten gelegt. Daher wird im Folgenden nicht näher auf die Kegelstrahlaufnahme und mögliche Rekonstruktionen eingegangen. Trotzdem spielt der Kegelstrahleffekt im Rahmen dieser Arbeit noch eine wichtige Rolle. Im Zusammenhang mit der in Abschnitt 5.2 vorgestellten referenzlosen Evaluierungsmethode für Bildfehler gilt es zu prüfen, ob bereits eine Sequenz von CT-Aufnahmen aus einem mehrzeiligen Detektor zu Ungenauigkeiten bei dem dort vorgestellten Evaluationsalgorithmus führt.

Die Entwicklung der Helix-CT als dreidimensionale Aufnahmegeometrie ist eine der größten CT-Innovationen der letzten Jahrzehnte [Kal90]. Hierbei handelt es sich um eine dosisarme Möglichkeit, dreidimensionale Aufnahmen innerhalb kürzester Zeit vom Patienten aufzunehmen. Durch diese neue Aufnahmegeometrie ergeben sich Verbesserungen in den wichtigsten Bereichen einer CT-Aufnahme: eine reduzierte Patientendosis, eine beschleunigte Aufnahmezeit sowie eine Reduktion der Röntgenröhrenlast. Die Röntgenröhre dreht sich mit dem gegenüberliegenden Detektor ohne Unterbrechung um das Objekt herum, während dieses entweder statisch gehalten oder durch den CT-Aufnahmebereich gefahren wird. Dadurch ergibt sich zum einen die Möglichkeit, zeitliche Veränderungen (wie zum Beispiel Kontrastmittelverteilung) in einer Schicht darzustellen, oder aber zum anderen mit einer helixförmigen Trajektorie das ganze Objekt zu durchleuchten. Der Vorschub der Patientenliege definiert dabei, wie sehr die Helix gestreckt oder gestaucht ist. Wie bereits erwähnt, werden im Folgenden Reihen sequentieller Aufnahmen als dreidimensionale Datensätze verwendet. Allerdings ist die Erweiterung auf Helix-Aufnahmen direkt möglich, da hier entsprechende Schichten in einem Helixabschnitt durch Interpolation ermittelt werden können. Nähere Informationen zu diesem Vorgehen kann zum Beispiel [Kal05] entnommen werden.

3.4 Bildrekonstruktion

Es existieren zahlreiche Ansätze zur Bildrekonstruktion von CT-Daten, die bis heute einen zentralen Forschungsschwerpunkt bilden (siehe beispielsweise [She82], [Def06] oder auch [Her09]). In den folgenden Abschnitten werden beispielhaft die Methoden vorgestellt, die im weiteren Verlauf dieser Arbeit von Interesse sind. Dabei handelt es sich um das Fourier-Scheiben-Theorem (Abschnitt 3.4.1), welches die Grundlage für den im Abschnitt 8.7 vorgestellten Ansatz zur Rekonstruktion bei einer gleichzeitigen Metallartefaktreduktion bildet. In Abschnitt 3.4.2 wird die standardmäßig zur zweidimensionalen Bildrekonstruktion verwendete gefilterte Rückprojektion vorgestellt, die für alle Rekonstruktionen in dieser Arbeit verwendet wurde.

3.4.1 Fourier-Scheiben-Theorem

Die in Abschnitt 3.2.2 vorgestellte Radontransformierte ergibt sich nach einer CT-Aufnahme durch eine Logarithmierung der gemessenen, abgeschwächten Intensitäten (siehe Gleichung (3.2)). Die eigentliche Problematik besteht darin, aus diesen Daten die einzelnen Abschwächungskoeffizienten μ innerhalb der Objektschicht zu rekonstruieren, durch die die Röntgenstrahlung verlaufen ist. Es handelt sich somit um eine Invertierung der Radontransformation und es wird eine Lösung für dieses inverse Problem gesucht.

Unter der Annahme, dass das Objekt von nicht schwächender Materie umgeben ist, kann die Radontransformierte mit erweiterten Integralgrenzen und unter dem Winkel $\gamma_w = 0$ wie folgt beschrieben werden

$$p(0, x) = \int\limits_{-\infty}^{\infty} f\,(x, y)\,\mathrm{d}y. \tag{3.6}$$

Dabei symbolisiert $f(x, y) = \mu(\xi, \eta)$ das gesuchte Schnittbild und x sowie y repräsentieren die Koordinaten innerhalb von $\mathbf{f}$. Die Position kann ebenfalls durch das gedrehte Koordinatensystem mit den Koordinaten ξ und η angegeben werden, welches entsprechend dem Quelle-Detektor-System um γ rotiert wird. Dies ist im Falle von $\gamma = 0$ jedoch äquivalent zur Ausrichtung des (x, y)-Koordinatensystems (siehe Abbildung 3.6). Die Fouriertransformation von Gleichung (3.6) ist nun gegeben durch

$$P(0, u) = \int\limits_{-\infty}^{\infty} p\,(0, x)\,e^{-2\pi i u x}\,\mathrm{d}x. \tag{3.7}$$

Aus Gleichung (3.6) und (3.7) ergibt sich dann

$$P\,(0, u) = \int\limits_{-\infty}^{\infty} \left(\int\limits_{-\infty}^{\infty} f\,(x, y)\,dy \right) e^{-2\pi i u x}\,\mathrm{d}x \tag{3.8}$$

$$= \int\limits_{-\infty}^{\infty} \int\limits_{-\infty}^{\infty} f\,(x, y)\,e^{-2\pi \mathrm{i}(ux + 0y)}\,\mathrm{d}x\mathrm{d}y = F\,(u, 0)\,. \tag{3.9}$$

Gleichung (3.9) entspricht den Werten einer zweidimensionalen Fouriertransformation entlang der ersten Koordinatenachse u. Nun ist im Allgemeinen
eine Drehung der ursprünglichen Funktion äquivalent zu einer Drehung ihrer
Fouriertransformierten [Kop97]. Dadurch lässt sich der Fall $F(u, 0)$ auf alle
Projektionswinkel γ sowie alle Wertepaare $F(u, v)$ verallgemeinern. Durch
die Drehung um das Zentrum des Koordinatensystems wird der zweidimensionale Fourierraum radial mit Werten gefüllt. Die inverse Radontransformation
beziehungsweise die Rekonstruktion des Bildes $f(x, y)$ kann somit in drei
Schritten vollständig durch Fouriertransformationen formuliert werden:

1. Bestimme für alle Projektionen $p(\gamma, \xi)$ über jeden Winkel γ die eindimensionale Fouriertransformierte $P(\gamma, q)$.

2. Trage $P(\gamma, q)$ im zweidimensionalen Fourierraum radial als Gerade durch
   den Ursprung ein mit dem Winkel γ zur ersten Koordinatenachse.

3. Führe eine zweidimensionale inverse Fouriertransformation durch, um
   das Schnittbild $f(x, y)$ zu rekonstruieren.

Diese drei Schritte werden als Fourier-Scheiben-Theorem bezeichnet und
sind in Abbildung 3.9 noch einmal grafisch veranschaulicht.

3.4.2 Gefilterte Rückprojektion

In der praktischen Umsetzung des vorgestellten Theorems ergibt sich folgende
Problematik. Die Fourierkoeffizienten $P(\gamma, q)$ werden radial im Fourierraum
aufgetragen. Für die anschließende inverse, zweidimensionale Fouriertransformation zur Bestimmung von $f(x, y)$ werden allerdings gleich verteilte Daten
benötigt, um den herkömmlich verwendeten, effizienten Algorithmus der
schnellen Fouriertransformation (englisch: „fast Fourier transform", FFT)
korrekt durchführen zu können [Coo65]. Dies erfordert eine Umrechnung
der polaren Koordinaten auf ein kartesisches Gitter, beispielsweise durch
Interpolation. Mit größer werdenden Koordinaten steigt jedoch der Interpo-
lationsfehler (siehe Abbildung 3.10). Dies führt wiederum zu Verfälschungen
hochfrequenter Bildinhalte wie beispielsweise Objektkanten.
    Das Problem des vorgestellten Fourier-Scheiben-Theorems liegt also im
Wechsel von polaren zu kartesischen Koordinaten bei der zweidimensionalen
inversen Fouriertransformation. Es ist jedoch möglich, basierend auf dieser
Rekonstruktionsstrategie eine alternative Methodik zu entwickeln, die diese
Problematik umgeht.
    Seien dafür u und v als kartesische sowie q und γ als polare Koordinaten
definiert, zwischen denen der Koordinatenwechsel durchgeführt werden soll.

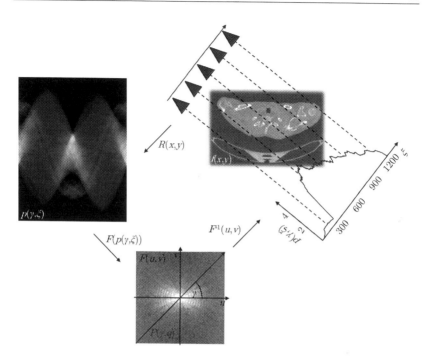

Abbildung 3.9: Für die Projektionen $p(\gamma, \xi)$ werden die eindimensionalen Fouriertransformationen $P(\gamma, q)$ bestimmt und in den Fourierraum $F(u, v)$ aufgetragen. Eine zweidimensionale inverse Fouriertransformation führt zu dem Bild $f(x, y)$ (in Anlehnung an [Buz04]).

Ausgehend von der zweidimensionalen Fouriertransformierten $F(u, v)$ können die kartesischen Koordinaten u und v wie folgt durch die polaren Koordinaten formuliert werden

$$u = q\cos(\gamma) \quad \text{und} \quad v = q\sin(\gamma). \tag{3.10}$$

Weiterhin gilt, dass die Flächenelemente $dxdy$ mithilfe der Jacobi-Funktional-Determinante durch $Jdqd\gamma$ beschrieben werden können [Bur01, Pre02,

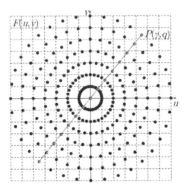

Abbildung 3.10: Problematik des Fourier-Scheiben-Theorems: Die fouriertransformierten Projektionswerte $P(\gamma, q)$ werden radial im zweidimensionalen Fourierraum $F(u, v)$ eingefügt (dargestellt durch Punkte). Sie liegen nicht auf dem kartesische Gitter vor. Der Fehler zwischen polaren und kartesischen Koordinaten wird mit steigenden Frequenzen u und v immer größer (in Anlehnung an [Buz04]).

Wal02]. J kann dabei unter Verwendung der Substitutionen aus Gleichung (3.10) folgendermaßen ermittelt werden

$$J = \frac{\delta(u, v)}{\delta(q, \gamma)} = \begin{vmatrix} \frac{\delta u}{\delta q} & \frac{\delta v}{\delta q} \\ \frac{\delta u}{\delta \gamma} & \frac{\delta v}{\delta \gamma} \end{vmatrix} = \begin{vmatrix} \cos(\gamma) & \sin(\gamma) \\ -q\sin(\gamma) & q\cos(\gamma) \end{vmatrix} \qquad (3.11)$$

$$= q \underbrace{\left(\cos^2(\gamma) + \sin^2(\gamma)\right)}_{=1} = q. \qquad (3.12)$$

Die Flächenelemente $dxdy$ lassen sich also anhand von $qdqd\gamma$ darstellen. Somit ergibt sich unter Verwendung der Gleichungen (3.12) und (3.10) für die zweidimensionale inverse Fouriertransformation

$$f(x, y) = \int\limits_{0}^{2\pi} \int\limits_{0}^{\infty} F(q\cos(\gamma), q\sin(\gamma))e^{2\pi i q(x\cos(\gamma)+y\sin(\gamma))}qdqd\gamma. \qquad (3.13)$$

Die neuen Integralgrenzen ergeben sich dabei durch die jeweiligen Definitionsbereichen der polaren Koordinaten für den Radius $q \in [0, \infty[$ sowie den Winkel $\gamma \in [0, 2\pi[$.

Das Integral über γ kann nun in zwei Integrale von 0 bis π und von π bis 2π geteilt werden

$$f(x,y) = \int\limits_{0}^{\pi} \int\limits_{0}^{\infty} F(q\cos(\gamma), q\sin(\gamma))e^{2\pi i q(x\cos(\gamma)+y\sin(\gamma))}q\mathrm{d}q\mathrm{d}\gamma$$

$$+ \int\limits_{0}^{\pi} \int\limits_{0}^{\infty} F(q\cos(\gamma+\pi), q\sin(\gamma+\pi)) \qquad (3.14)$$

$$\cdot\, e^{2\pi i q(x\cos(\gamma+\pi)+y\sin(\gamma+\pi))}q\mathrm{d}q\mathrm{d}\gamma.$$

Mit der Eigenschaft der zweidimensionalen Fouriertransformation, dass

$$F(q, \gamma+\pi) = F(-q, \gamma) \qquad (3.15)$$

gilt, können die beiden Integrale dann wie folgt zusammengefasst werden

$$f(x,y) = \int\limits_{0}^{\pi} \int\limits_{-\infty}^{\infty} F(q\cos(\gamma), q\sin(\gamma))e^{2\pi i q(x\cos(\gamma)+y\sin(\gamma))} |q|\, \mathrm{d}q\mathrm{d}\gamma. \qquad (3.16)$$

Durch das Fourier-Scheiben-Theorem ist nun bekannt, dass

$$F(q\cos(\gamma), q\sin(\gamma)) = P(\gamma, q) \qquad (3.17)$$

gilt. Abschließend folgt somit

$$f(x,y) = \int\limits_{0}^{\pi} \int\limits_{-\infty}^{\infty} P(\gamma, q) |q|\, e^{2\pi i q \xi}\mathrm{d}q\mathrm{d}\gamma \qquad (3.18)$$

$$= \int\limits_{0}^{\pi} h(\gamma, \xi)\mathrm{d}\gamma, \qquad (3.19)$$

wobei

$$\xi = x\cos(\gamma) + y\sin(\gamma) \qquad (3.20)$$

gilt. Die Funktion $h(\gamma, \xi)$ beinhaltet die Multiplikation der Fouriertransformierten Projektionen mit $|q|$. Durch diese Multiplikation wird eine Hochpassfilterung der Projektionen durchgeführt, da das Spektrum linear ansteigend gewichtet wird.

Die als gefilterte Rückprojektion bezeichnete Vorgehensweise ergibt sich zusammenfassend aus den folgenden Schritten:

1. Bestimme für $p(\gamma, \xi)$ die eindimensionale inverse Fouriertransformatierte $P(\gamma, q)$.

2. Bestimme $h(\gamma, \xi)$: Filtere $P(\gamma, q)$ und führe eine Fouriertransformation durch.

3. Führe die Rückprojektion durch, wobei $\xi = x\cos(\gamma) + y\sin(\gamma)$ gilt:
$$f(x, y) = \int\limits_{0}^{\pi} h(\gamma, \xi)\mathrm{d}\gamma.$$

Es gibt verschiedene Möglichkeiten, die Hochpassfilterung im Fourierraum durchzuführen, worauf hier jedoch nicht weiter eingegangen wird (nähere Details sind in den Standardwerken zu finden, die zu Beginn dieses Kapitels erwähnt wurden). Im Rahmen dieser Arbeit wird die gefilterte Rückprojektion immer mit der herkömmlich verwendeten Filterung in Form des Rampenfilters $|q|$ durchgeführt.

Die gefilterte Rückprojektion (englisch: "filtered back projection", FBP) ist in der Vergangenheit aufgrund ihrer simplen und schnellen Anwendbarkeit sowie der guten Bildqualität zur Standardrekonstruktion in der Computertomographie geworden. Allerdings zeigen sich Schwächen unter anderem bei Rekonstruktionen inkonsistenter Rohdaten (verursacht beispielsweise durch metallische Objekte), bei denen das Rekonstruktionsergebnis deutlich in der Qualität vermindert wird und Bildartefakte entstehen. Ebenfalls erweisen sich limitierte Winkelaufnahmen als problematisch. Entsprechende Alternativen zur Bildrekonstruktion wurden und werden noch heute intensiv erforscht. Ein Überblick dazu wird in Abschnitt 7.1.6 gegeben. Da der Schwerpunkt dieser Arbeit jedoch die Entwicklung und Evaluation neuer Interpolationsalgorithmen zur Datenneubestimmung darstellt, werden alle Bilder mit der herkömmlichen FBP präsentiert.

3.5 Einflüsse auf die Bildqualität

Die Qualität eines CT-Bildes kann durch verschiedene Gegebenheiten negativ beeinflusst werden. Der Fokus dieser Arbeit bilden Fehler im rekonstruierten CT-Bild, die durch Metallobjekte innerhalb des aufgenommenen Bereiches hervorgerufen werden und daher auch als Metallartefakte bezeichnet werden. Hierbei handelt es sich jedoch um einen Überbegriff für eine Reihe verschiedener Probleme, die generell auftreten und durch die Anwesenheit des stark schwächenden Metalls noch weiter verstärkt werden.

3.5.1 Inkonsistente Daten

In dieser Arbeit wird oft von inkonsistenten Daten die Rede sein, womit in der Regel aufgenommene CT-Rohdaten im Radonraum gemeint sind. Damit CT-Daten in sich konsistent sind, müssen verschiedene Bedingungen erfüllt werden. Beispielsweise muss das aufgenommene Objekt in sich abgeschlossen sein, also über einen endlichen Radius verfügen und von einem Bereich kaum schwächender Materie umgeben sein. So wird gewährleistet, dass bei jeder Winkelposition während der CT-Aufnahme immer die gleiche Materie durchleuchtet wird. Ein Beispiel für einen inkonsistenten Rohdatensatz ist dazu in Abbildung 3.11 zu sehen.

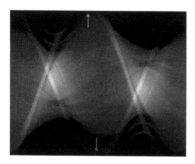

Abbildung 3.11: An den durch Pfeile markierten Winkelpositionen der Rohdaten ist das Ausmaß des Objektes größer als der Detektor, wodurch Objektteile teilweise abgeschnitten werden.

Es handelt sich um eine Aufnahme über 360°, bei der das Objekt unter bestimmten Winkelpositionen nicht vom gesamten Detektor erfasst werden konnte (durch Pfeile markiert). Für konsistente Daten dürfen keine Objektbereiche nur zu bestimmten Winkelpositionen der Aufnahme in den durchleuchteten Bereich gelangen. Die Summe aller Projektionswerte bei einem Projektionswinkel muss mit den jeweiligen Summen aller anderen Projektionswinkeln übereinstimmen. Diese Voraussetzung ist bei einer realen Aufnahme selbst bei vollständig erfassten Objekten in der Regel nicht gegeben. Grund dafür sind verschiedenste Rauscheinflüssen sowie Probleme, die sich durch die Verwendung eines polychromatischen Röntgenspektrums ergeben, worauf im Folgenden noch näher eingegangen wird.

Einige Beispiele sind dazu in Abbildung 3.12 dargestellt. Dabei handelt es sich (unten links) um die aufsummierten Projektionswerte der jeweiligen Winkel für sechs verschiedene Aufnahmen. Oben links ist der Rohdatensatz und rechts die entsprechende Rekonstruktion beispielhaft für den schwarz durchgezogenen Kurvenverlauf dargestellt. Bei den fünf weiteren Kurven handelt es sich um die Summen von direkten Nachbarschichten, wobei die durchgezogenen Kurven viel bis wenig Metall beinhalten und die gestrichelten Kurven kein Metall aufweisen. Deutlich ist zu sehen, dass die Summen der einzelnen Winkel variieren, wobei dies für die metallbeeinflussten Daten noch deutlich verstärkt wird.

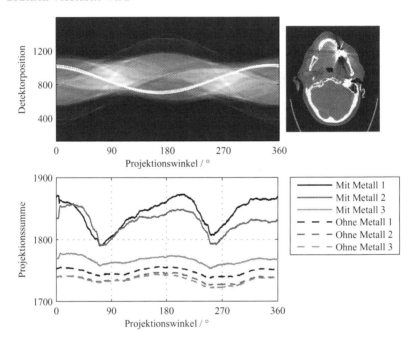

Abbildung 3.12: Beispiele für die Variation der Projektionssummen. Zu sehen sind für sechs verschiedene Aufnahmen die Projektionssummen aller Projektionswinkel (unten links), die von dem gleichen Objekt direkt hintereinander aufgenommen wurden. Exemplarisch ist der Rohdatensatz (oben links) sowie die Rekonstruktion des Schnittbildes (oben rechts) für die schwarz durchgezogene Kurve dargestellt.

Außerdem muss sich das Objekt während der gesamten Aufnahme immer an der gleichen Position befinden. Dadurch entsteht eine gleichmäßige, sinusoidale Struktur im Radonraum für jede Struktur aus dem durchleuchteten

Objekt. Während des Verlaufs der Strahlung durch das Objekt muss an einer Position immer die gleiche Abschwächung stattfinden, was in der Theorie einem konstanten Abschwächungskoeffizienten μ entspricht. Der Koeffizient μ ist in der Realität jedoch von den Wellenlängen des verwendeten Röntgenspektrums abhängig und daher variabel.

Diese Eigenschaften konsistenter Daten werden in der Regel bei einer realen CT-Aufnahme verletzt. Da die FBP, wie die meisten Rekonstruktionsalgorithmen, jedoch von korrekten Radondaten ausgeht, führen diese Verletzungen zu Fehlern, die durch die Rückprojektion von $h(\gamma, \xi)$ über das gesamte Bild $f(x, y)$ zurück verschmiert werden. In den Abschnitten 3.5.2 bis 3.5.6 werden alle für diese Arbeit relevanten Einflüsse beschrieben und abschließend in 3.5.7 die Gesamtproblematik von Metallartefakten betrachtet. Für visuelle Beispiele sei auf die Arbeit von Bruno De Man [De 01] verwiesen. Durch Simulationen physikalischer Prozesse werden dort die jeweiligen Einflüsse auf die Bildqualität anschaulich dargestellt.

3.5.2 Rauschen

In der Computertomographie beeinflusst insbesondere Quantenrauschen die Aufnahme [Gua96]. Dieses Rauschen wird bei der Bildrekonstruktion zu feinen Streifenartefakten transformiert, die das gesamte Bild überlagern [Den12]. Die Rauschintensität ist durch verschiedene Rahmenbedingungen beeinflussbar [Due79, Sue02]. Eine Erhöhung der Stromstärke der Röntgenröhre führt zu einer Erhöhung des Signal-Rausch-Verhältnisses, da die Anfangsintensität I_0 erhöht wird und mehr Strahlung den Detektor erreicht. Gleichzeitig führt dies jedoch ebenfalls zu einer erhöhten Patientendosis und einer verstärkten Röhrenlast. Die Verwendung unterschiedlicher Rekonstruktionsfilter, wie der Hochpassfilter bei der FBP, kann das Rauschen ebenfalls beeinflussen. Eine Reduktion der Objektgröße, zum Beispiel durch eine Patientenumlagerung, reduziert die Abschwächung und erhöht die Photonenanzahl am Detektor, wodurch sich wiederum das Signal-Rausch-Verhältnis verbessert. Gleichzeitig werden entsprechende Körperbereiche von der Strahlung verschont.

3.5.3 Strahlaufhärtung

Ein weiterer Effekt ergibt sich daraus, dass der Abschwächungskoeffizient μ nicht nur, wie in Gleichung (3.2) dargestellt, von den räumlichen Koordinaten ξ und η abhängig ist. Die Abschwächung variiert außerdem je nach Energie der Strahlung. Abbildung 3.13 zeigt beispielhaft die energieabhängigen

Abschwächungskoeffizienten der Materialien Wasser, Knochen und Kupfer.
Deutlich ist die Varianz der Koeffizienten je nach Energie zu erkennen.

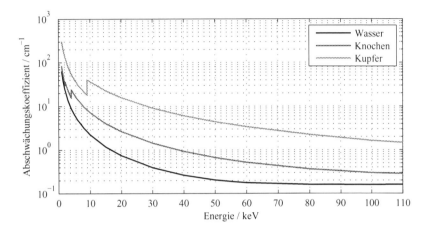

Abbildung 3.13: Variierende Abschwächungskoeffizienten für Wasser,
Knochen und Kupfer in Abhängigkeit der Photonenenergie [NIS12]. Bei
den sprunghaften Anstiegen für die Kurven von Knochen und Wasser im
niederenergetischen Bereich handelt es sich um Absorptionskanten (nähere
Erläuterungen dazu sind beispielsweise in [Kri09] zu finden).

Es ergeben sich somit für bestimmte Objektbereiche unterschiedliche Abschwächungen, je nachdem welcher Strahlenweg unter dem momentanen
Winkel γ zurückgelegt wird. Abhängig von der durchlaufenen Materie wer-
den die Bereiche des Gesamtspektrums nicht einheitlich geschwächt und
es kommt zu einer Veränderung der mittleren Restintensität I, die am
Detektor erfasst wird. Dieser Effekt wird als Strahlaufhärtung bezeichnet.
Höherenergetische Strahlung wird durch Materie weniger geschwächt als
niederenergetische Anteile des Gesamtspektrums. Dadurch entsteht eine
Filterung der Strahlung und eine Zunahme der mittleren Intensität, die am
Detektor durch die gleichwertige Integration aller eintreffenden Quanten
bestimmt wird. So ergeben sich unterschiedliche Intensitätswerte für die
einzelnen Projektionswinkel.

Die Strahlaufhärtung ist in Abbildung 3.14 durch drei Spektren einer
Wolfram-Anode verdeutlicht. Sie wurden durch 5 mm (dunkelgrau), 10 mm
(mittel6grau) und 15 mm (hellgrau) dickes Aluminium abgeschwächt. Die
schwarzen Markierungen entsprechen außerdem der mittleren Energie des

jeweiligen Spektrums. Deutlich ist eine Verschiebung dieses Wertes in höher energetische Bereiche für die stärker abgeschwächten Spektren zu erkennen. Da energiereiche Strahlung auch hart genannt wird, wird dieser Vorgang als Aufhärtung bezeichnet. Durch eine hohe Betriebsspannung kann harte, sehr durchdringende Strahlung und durch eine Reduzierung weiche beziehungsweise weniger durchdringende Strahlung gewonnen werden [Due78].

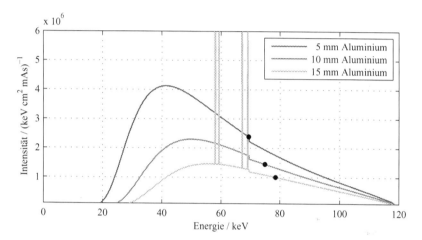

Abbildung 3.14: Spektrum einer typischen Röntgenröhre nach 5 mm, 10 mm sowie 15 mm durch Aluminium. Die schwarzen Markierungen stehen für die mittlere Energie des jeweiligen Spektrums [Pol07b, Pol07a, Pol09]. Die hohen Intensitäten um 60 keV entsprechen der charakteristischen Strahlung und sind für die hier dargestellten Kurven identisch.

3.5.4 Streuung

Streuungsvorgänge können sich negativ auf die Bildqualität auswirken, da sie zu Schattenartefakten führen. Bei hintereinander liegenden, stark schwächenden Objektbereichen wie beispielsweise den Schultern ergibt sich ein hoher Streueinfluss auf die insgesamt geringere Restintensität. Dies wiederum führt im rekonstruierten Bild zu Artefakten entlang der zugehörigen Richtung. Durch die Verwendung von Kollimatoren (abschottende Vorrichtungen am Detektorelement) kann Streustrahlung von der Seite reduziert werden [Glo82, Den12].

3.5.5 Partialvolumeneffekte

Durch das Eintreffen mehrerer Strahlen auf das gleiche Detektorelement ergibt sich eine Mittelung der verschiedenen Abschwächungen zu einem Gesamtdetektorwert. Dies kann insbesondere bei stark unterschiedlichen Werten, also bei Materialübergängen, zu Problemen führen, die in Partialvolumenartefakten resultieren. Ausgehend von zwei Röntgenstrahlen, die nach der Schwächung durch Materie in I_1 und I_2 resultieren, ergibt sich der mittlere Messwert für ein Detektorelement durch

$$\bar{p} = -\ln \frac{I}{I_0} = -\ln(\frac{\frac{I_1}{I_0} + \frac{I_2}{I_0}}{2}). \tag{3.21}$$

Ein Rekonstruktionsalgorithmus erwartet im Allgemeinen den gemittelten Projektionswert

$$\frac{p_1 + p_2}{2} = \frac{1}{2}(-\ln \frac{I_1}{I_0} - \ln \frac{I_2}{I_0}) = -\ln \sqrt{\frac{I_1}{I_0}\frac{I_2}{I_0}}. \tag{3.22}$$

Da jedoch

$$\frac{\frac{I_1}{I_0} + \frac{I_2}{I_0}}{2} \geq \sqrt{(\frac{I_1}{I_0}\frac{I_2}{I_0})} \tag{3.23}$$

gilt, ist der Wert aus (3.21) eine Unterabschätzung des eigentlichen mittleren Projektionswertes [De 01]. Der Logarithmus der linearen Mittelung stimmt nicht mit der Summe der Logarithmen beider Teilintensitäten überein. Sie sind somit nicht additiv, da

$$\ln(x + y) \neq \ln(x) + \ln(y) \tag{3.24}$$

gilt und damit sind die Daten nichtlinear [Bur01]. Diese Unterabschätzung wiederholt sich mit variierendem Winkel γ, wobei die mittleren Projektionswerte $\bar{p}$ jeweils nicht miteinander übereinstimmen. Die Inkonsistenz der Daten führt während der Rekonstruktion zu unscharfen Objektkanten und zu Streifenartefakten zwischen mehreren Objekten [De 00, Sue02]. Diese Problematik tritt insbesondere entlang der axialen Dimension des Patienten auf. Der Grund dafür ist, dass bei den meisten CT-Geräten die Detektoren in diese Richtung länger konstruiert sind. Dadurch wird ein breiterer Bereich beziehungsweise eine dickere Schicht pro Aufnahme erfasst und auf dem einzelnen Detektorelementen gemittelt [Glo80].

3.5.6 Bewegung

Bewegt sich das aufzunehmende Objekt während der Aufnahme, ergeben sich ebenfalls inkonsistente Rohdaten. Die Intensitäten, die während der FBP-Rekonstruktion rückprojiziert werden, passen nicht zueinander, da das Objekt je nach Rotationswinkel γ unterschiedliche Positionen angenommen hat. Durch diese Verletzung der Datenkonsistenz entstehen im rekonstruierten Bild streifenförmige Artefakte, die in Richtung der stattgefundenen Bewegung verlaufen [Glo81].

3.5.7 Metalle

Alle zuvor vorgestellten Einflüsse erhöhen sich durch stark schwächende Objekte. Insbesondere bei Metallobjekten mit einem sehr hohen Abschwächungskoeffizienten μ ergibt sich somit das Problem inkonsistenter Daten. Während der Bildrekonstruktion führen die nichtlinearen Projektionswerte zusammen mit einem erhöhten Einfluss von Streuung, Rauschen und Partialvolumeneffekten in den Metallbereichen zu Artefakten, die das gesamte Bild überlagern. Es ergeben sich zwei Arten auftretender Fehler: strahlenförmige Streifen sowie Schatten um ein Metallobjekt herum und zwischen mehreren Metallobjekten in einer Objektschicht. Diese Art von Fehlern im CT-Bild werden im weiteren Verlauf dieser Arbeit als Metallartefakte bezeichnet. Sie reduzieren die Bildqualität, wodurch eine Verwendung der Daten beispielsweise für weitere diagnostische Schritte oft nicht möglich ist.

Zwei Beispiele von Bildern mit Metallartefakten sind in Abbildung 3.15 (a) und (b) gegeben. Zu sehen sind die Aufnahmen eines menschlichen Kiefers an unterschiedlichen axialen Positionen. In Abbildung 3.15 (a) befindet sich eine einzelne metallische Zahnfüllung innerhalb der aufgenommenen Schicht. Dadurch entsteht ein strahlenförmiges Schattenartefakt um die Position des Metalls. Abbildung 3.15 (b) zeigt ein Schnittbild mit zahlreichen Metallfüllungen. Die resultierenden Artefakte verlaufen strahlenförmig über das gesamte Bild sowie als Verbindungsartefakte zwischen den einzelnen metallischen Füllungen. Das gesamte rekonstruierte Bild wird so sehr von Artefakten überlagert, dass es kaum noch oder gar nicht mehr zu diagnostischen Zwecken verwendet werden kann.

Weitere Ausführungen zum Thema Artefakte in der Computertomographie sind in [Kac98], [Buz04] und [Loe06] zu finden. Die hier erwähnten qualitativen Einschränkungen des CT-Bildes zeigen die Notwendigkeit, auftretende Artefakte zu verringern und dadurch die resultierende Bildqualität zu verbessern.

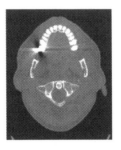 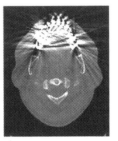

(a) Wenig Artefakte   (b) Viele Artefakte

Abbildung 3.15: Tomographische Schnittbilder eines menschlichen Kiefers, in (a) in einer Schicht mit einigen und in (b) in einer Schicht mit sehr vielen Zahnfüllungen (WL=0 HU, WW=2000 HU).

4 Klassische Bildbewertungen in der Computertomographie

Die Computertomographie ist eine weit verbreitete Aufnahmetechnik für die medizinische Diagnose. Normalerweise weisen die dadurch entstehenden Bilddaten die gewünschte Detailgenauigkeit auf, die für weitere Schritte in der radiologischen Diagnose notwendig sind. Befinden sich jedoch metallische Objekte in dem aufzunehmenden Bereich, können schwerwiegende Bildfehler beziehungsweise Bildartefakte auftreten, welche die weitere Anwendbarkeit beeinträchtigen. Eine Maßnahme gegen diese Problematik ist die Anwendung einer sogenannten Metallartefaktreduktion (MAR), die auf unterschiedliche Arten durchgeführt werden kann. In den Kapiteln 7 und 8 dieser Arbeit werden verschiedene Ansätze vorgestellt, die eine Artefaktreduktion durch die Neubestimmung der metallbeeinflussten Projektionsdaten noch vor der Bildrekonstruktion vornehmen. Die auf diese Weise neu bestimmten Daten enthalten jedoch immer gewisse Restinkonsistenzen. Der Grund liegt in der Verwendung der hier verwendeten Interpolationsverfahren, die bestimmte Annahmen für die Berechnung der fehlenden Daten machen, die in der Regel nicht exakt den real passenden und unbekannten Daten entsprechen werden. Bei einer anschließenden Bildrekonstruktion können die ursprünglichen Metallartefakte in den meisten Fällen zufriedenstellend reduziert werden. Die erwähnten Restinkonsistenzen führen aber zu neuen Bildfehlern, die im Folgenden als MAR-Artefakte bezeichnet werden, wodurch die Bildqualität ebenfalls negativ beeinflusst wird.

Eine offene Frage ist daher, wie neue MAR-Methoden am besten hinsichtlich ihrer Fähigkeit, Metallartefakte zu reduzieren und gleichzeitig wenig neue MAR-Artefakte zu verursachen, bewertet werden können. Es wird somit eine Methodik gesucht, auf deren Basis entschieden werden kann, welche MAR-Vorgehensweise insgesamt zur besten Bildqualität führt.

Die Qualitätsevaluation von CT-Daten bildet neben MAR-Methoden einen Schwerpunkt dieser Arbeit. Dabei wird der Fokus auch hier auf metallbeeinflusste Daten sowie MAR-Ergebnisse gelegt. Die Qualitätsbestimmung ist eine wichtige Fragestellung, die mit der Entwicklung neuer Methoden zur Artefaktreduktion einhergeht. Nur wenn sich die Qualität des Bildes belegbar durch eine MAR-Anwendung verbessert, erscheint eine Übernahme in die klinische Routine sinnvoll. Die Beantwortung der Verbesserung ist jedoch hochgradig nichttrivial und bis heute existiert kein standardisiertes Vorgehen, das für die Bewertung neuer Methoden verwendet werden könnte. Im Folgenden wird zunächst in Abschnitt 4.1 eine Übersicht von Evaluationsmethoden gegeben, die in den vergangenen Jahren zur Prüfung neuer Verfahren für die Qualitätsverbesserung verwendet wurden. Da im Rahmen dieser Arbeit metallbeeinflusste CT-Daten von Interesse sind, werden hier ausschließlich bekannte Methoden aus dem MAR-Forschungsfeld betrachtet. Im Abschnitt 4.2 werden herkömmliche, numerische Distanzmaße detaillierter vorgestellt, die in Kapitel 6 mit den neu entwickelten Methoden aus Kapitel 5 verglichen werden. So kann geprüft werden, ob die neuen Ansätze den Antworten bisher verwendeter Auswertungsmethoden entsprechen. Da die Verwendung von Distanzmaßen als Qualitätskriterium eine fehlerfreie Referenz als Vergleichsbasis benötigen, sind ebenfalls Vorgehensweisen ohne solch einen Datensatz notwendig. In der Vergangenheit haben in der Regel radiologische Experten die Qualität der Bilder bewertet. Als Grundlage für die Entwicklung neuer Evaluationsmethoden wurde daher im Rahmen dieser Arbeit eine Expertenbefragung durchgeführt, die eine Aussage über die Einstufung von Metall- sowie MAR-Artefakten liefert. Dazu wurde ein Test mit verschiedenen CT-Daten entwickelt, der von Personen mit unterschiedlicher radiologischer Erfahrung durchgeführt wurde. Die konkrete Umsetzung dieser Studie wird in Abschnitt 4.3 beschrieben. Auf Basis dieser Antworten ist es möglich, einen Vergleich mit den numerischen Verfahren durchzuführen. Nur wenn diese Verfahren zu ähnlichen Ergebnissen wie die Expertenantworten führen, erscheint ihre weitere Anwendung als sinnvoll. Die Antworten der Radiologen können somit in Kapitel 6 bei der Ergebnisbetrachtung aller Evaluationsmethoden als Referenzergebnisse verwendet werden.

4.1 Stand der Forschung

Um neue MAR-Verfahren bewerten zu können, wurden in der Vergangenheit verschiedene Vorgehensweisen verwendet, die hier kurz vorgestellt werden sollen. In den weiteren Abschnitten 4.2 und 4.3 werden dann die herkömmlichen Verfahren zu Evaluation genauer betrachtet, die in Kapitel 6 als Vergleichsmethoden hinzugezogen werden.

4.1.1 Distanzmaße

Eine Möglichkeit ist die Verwendung eines zweiten Bildes des gleichen Objektes, in dem allerdings keinerlei Metall- oder MAR-Artefakte mehr vorhanden sind. Dieser zweite Datensatz wird in der Regel durch eine Simulation oder eine erneute CT-Aufnahme des Objektes ohne Metallobjekte gewonnen. Die resultierenden Daten, die im Folgenden als Referenzdatensatz bezeichnet werden, repräsentieren die optimale Bildqualität. Diese Qualität soll mit MAR-Methoden angenähert werden, wobei es sich um das optimale Verhältnis zwischen möglichst vollständig reduzierten Metallartefakten sowie einer geringen Anzahl neu verursachter MAR-Artefakte handelt. Ein Beispiel eines Datensatzes mit Metallobjekten und der entsprechenden Referenz ist in Abbildung 4.1 für das Abdomenphantom dargestellt.

 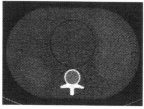

(a) Metalldatensatz   (b) Referenzdatensatz

Abbildung 4.1: CT-Bild eines anthropomorphen Abdomenphantoms (a) mit zahlreichen Metallfüllungen und (b) ohne metallische Objekte (WL= 90 HU,WW= 300 HU).

Unter Verwendung so eines Referenzdatensatzes können dann beispielsweise verschiedene numerische Distanzmaße angewendet werden. Dabei handelt es sich um eine Funktion $\mathrm{dist}(\mathbf{f}_1, \mathbf{f}_2), 0 \leq \mathrm{dist} \leq 1$, die einen numerischen Vergleich zwischen den beiden Datensätzen $\mathbf{f}_1$ und $\mathbf{f}_2$ durchführt. Für größere Abweichungen ergibt sich ein höherer Wert, weshalb dist als Maß der Abweichung interpretiert werden kann [Han02]. Ein Distanzmaß erfüllt dabei zusätzlich die folgenden Eigenschaften:

$$\mathrm{dist}((\mathbf{f}_1, \mathbf{f}_1)) = 0 \quad \text{und} \tag{4.1}$$
$$\mathrm{dist}((\mathbf{f}_1, \mathbf{f}_2)) = \mathrm{dist}((\mathbf{f}_2, \mathbf{f}_1)). \tag{4.2}$$

Nach Gleichung (4.1) ergibt ein Distanzmaß somit bei einem Vergleich eines Datensatzes mit sich selbst den Wert 0 und nach Gleichung (4.2) ergeben sich die gleichen Werte für vertauschte Eingaben [Fah96]. Die Definition der Distanz zwischen zwei Datensätzen kann dabei unterschiedlich definiert werden, woraus sich verschiedene Möglichkeiten für die Funktion dist ergeben. Auf einige Varianten, die im Rahmen dieser Arbeit als Vergleichsverfahren verwendet werden, wird in Abschnitt 4.2 näher eingegangen.

Die referenzbasierte Qualitätsbestimmung bildet die heute am weitesten verbreitete Evaluationsstrategie für MAR-Methoden, wie beispielsweise anhand der Arbeiten [Oeh07], [Kra09a], [Ber04], [Lem09] oder auch [Mah03] zu sehen ist. Bei der Distanzbestimmung handelt es sich um einen objektiven und reproduzierbaren Ansatz, denn die Berechnung von einer Distanzvariante wird immer auf die gleiche Art und Weise durchgeführt. Jedoch ergeben sich einige andere Probleme bei diesen Methoden, die es zu beachten gilt.

Zum einen beinhaltet der Referenzdatensatz durch die zweite Aufnahme in der Realität einen veränderten Rauscheinfluss. Zum anderen ist eine absolut identische Objektpositionierung für beide Aufnahmen notwendig. Je nachdem wie viel Zeit zwischen den beiden Aufnahmen liegt, sind kleinere Bewegungen des Objektes jedoch sehr wahrscheinlich. Bereits eine minimale Veränderung der Objektposition zwischen den beiden Aufnahmen führt dazu, dass die Daten nicht mehr optimal zueinander passen. Dadurch entstehen bei einem pixelweisen Vergleich Abweichungen zwischen Referenz und dem zu evaluierenden Datensatz, die nicht auf die gesuchten Artefakte zurückzuführen sind, die jedoch den endgültigen Fehler künstlich erhöhen werden. So eine Differenz zwischen den beiden Bildern aufgrund von Bewegung erfordert dann in der Regel eine entsprechende Registrierung [Mod04, Fis08] der beiden Bilder vor einer Qualitätsevaluation [Wan06], um zusätzliche Abweichungen zwischen Referenz und aktuellem Bild zu vermeiden.

Ein Beispiel so einer Differenz, hervorgerufen durch eine minimale Bewegung des Objektes zwischen den beiden Aufnahmen, ist in Abbildung 4.2 zu sehen. Die Bewegung zwischen den beiden Aufnahmen wird durch die erhöhten Differenzen an den Objekträndern deutlich. Im Gegensatz zur ebenfalls leicht erkennbaren Patientenliege, sind je nach Bereich die Werte des ersten Bildes (helle Bereiche am oberen Objektrand) oder des zweiten Bildes (dunklen Bereiche am unteren Objektrand) sichtbar. Die Differenzen der Liege hingegen lassen sich auf die Variabilität des verwendeten polychromatischen Röntgenspektrums und der damit veränderten Einwirkung von Strahlaufhärtung in jeder Aufnahme zurückführen.

Der gravierendere Nachteil bei der Verwendung einer Referenzaufnahme äußert sich jedoch darin, dass so eine metallfreie Referenz in der Regel insbesondere bei klinischen Daten nicht gegeben ist.

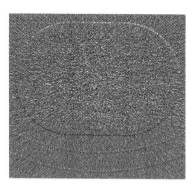

Abbildung 4.2: Differenz zweier CT-Bilder des gleichen Objektes von zwei unterschiedlichen Aufnahmen. Zwischen den Aufnahmen hat eine minimale Bewegung stattgefunden, was an den größeren Differenzen im Bereich des Objektrandes zu erkennen ist (WL=0 HU, WW=200 HU).

4.1.2 Auswertung interessanter Bildregionen

Eine weitere Evaluationsstrategie ist die Analyse kleiner Regionen innerhalb des Bildes, die von besonderem Interesse sind (englisch: „region of interest", ROI). Diese Bereiche sollten manuell gewählt werden und stellen in der Regel homogene Bildregionen dar. Basierend auf den Mittelwerten und den Standardabweichungen jeder ROI kann dann eine Aussage über das Verhalten innerhalb dieser homogenen Region getroffen werden.

In Abbildung 4.3 werden rechts beispielhaft drei verschiedene ROIs für das anthropomorphe Abdomenphantom gezeigt. Diese gewählten interessanten Regionen ergeben sich aus den zugehörigen Bildern vor und nach einer MAR-Anwendung (links in Abbildung 4.3). Eine Möglichkeit bilden dabei Bereiche, in denen innerhalb des originalen CT-Bildes Metallartefakte verlaufen (erste ROI). Weiterhin sind Bereiche interessant, in denen durch eine MAR-Anwendung neue Bildfehler entstanden sind (zweite ROI). Außerdem kann es sinnvoll sein, Bildregionen ohne visuell erkennbare Unterschiede vor und nach einer MAR-Anwendung mit zu betrachten. An einer dieser Stellen (dritte ROI) kann geprüft werden, ob dieser visuelle Eindruck sich ebenfalls in den ermittelten Werten widerspiegelt oder aber durch die gewählte Fensterung Fehler in diesen Regionen nur nicht erkennbar sind.

Leider führt auch die Vorgehensweise der ROI-Betrachtung nur zu aussagekräftigen Ergebnissen, wenn eine Referenz zum Vergleich hinzugezogen werden kann [Lem09, Vel10].

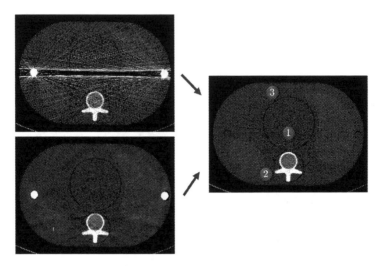

Abbildung 4.3: Anhand der drei manuell platzierten ROIs kann eine
detailliertere Bildevaluation durchgeführt werden, indem zum Beispiel
die entsprechenden Mittelwerte und Standardabweichungen der ROIs
bestimmt werden (WL= 90 HU,WW= 300 HU).

4.1.3 Expertenbefragung

Um den teils gravierenden Nachteil der benötigten Referenz zu vermeiden,
sind außerdem referenzlose Evaluationsstrategien von Interesse. Eine Möglichkeit ergibt sich mithilfe einer Klassifizierung durch Experten. Im Rahmen
dieser Arbeit handelt es sich dabei um Personen mit der entsprechenden
radiologischen Erfahrung. Diese Evaluation spiegelt die Meinung der Ziel-
gruppe wider, für die überhaupt eine Artefaktreduktion durchgeführt werden
soll. Jedoch hat sich ebenfalls gezeigt, dass es sich um eine sehr subjektive
und dadurch schwierig zu verallgemeinernde Bewertung handelt. Jeder Ex-
perte, der ein Bild betrachtet, stellt dieses in der Regel in den Kontext einer
konkreten Fragestellung, die anhand der Bilder beantwortet werden könnte. Dadurch können unterschiedliche Interpretationsmöglichkeiten zwischen
mehreren Gutachtern festgestellt werden [Lei10, Kim10].

Die Arbeit beinhaltet ebenfalls eine durchgeführte Studie zur Expertenbefragung. Die entsprechenden Antworten werden in Kapitel 6 dieser Arbeit
mit anderen Methoden zur Evaluation verglichen. Die genaue Umsetzung
der Studie als Vergleichsverfahren wird in Abschnitt 4.3 näher beschrieben.

4.1.4 Automatische Bewertung ohne Referenz

Bis heute existieren nur sehr wenige referenzlose Alternativen für die Qualitätsbewertung von metallbeeinflussten CT-Bildern. Ohne die Verwendung
einer Referenzaufnahme für einen direkten Vergleich sind dazu andere bild-
bezogene Kriterien notwendig, auf deren Basis eine Qualitätsbestimmung
durchgeführt werden kann. Eine Möglichkeit bildet die Betrachtung der
Gradienteninformationen des zu evaluierenden Bildes. Hierbei ergeben sich
jedoch die Probleme, dass ebenfalls Rauschen sowie normale Bildkanten die
Berechnung beeinflussen könnten. In [Ens10] wurde daher die Betrachtung
eines zuvor bandpassgefilterten Gradientenbildes zur Qualitätsbestimmung
von CT-Bildern vorgestellt.

Abbildung 4.4 veranschaulicht die einzelnen Schritte dieser Evaluationsmethode. Von dem zu bewertenden Bild wird im ersten Schritt das Gradienten-
bild ermittelt. Unter Verwendung von zwei manuell definierten Schwellwerten
als untere und obere Grenze ergeben sich in einem zweiten Schritt bestimmte Gradientenbereiche als Teilmenge des ursprünglichen Gradientenbildes.
Gesucht sind dann gerade die Gradientenwerte innerhalb des Bandes, das
durch die zuvor gewählten Schwellwerte beschränkt wird (dritter Schritt
in Abbildung 4.4). Mit ansteigender Intensität von Metall- oder MAR-
Artefakten werden die Gradientenwerte innerhalb des betrachteten Bandes
höher. Dementsprechend ist zu erwarten, dass eine höhere Artefaktzahl im
Bild durch eine Aufsummierung dieser Daten als höherer Wert dargestellt
werden kann.

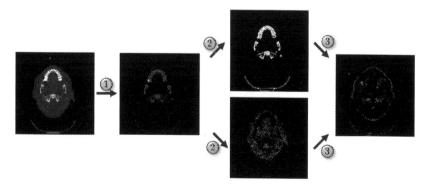

Abbildung 4.4: Nach einer Gradientenbestimmung (Schritt 1) wird anhand von zwei manuell definierten Grenzen (Schritt 2) das Band bestimmt,
das in die Qualitätsbewertung eingehen soll (Schritt 3).

Nachteilig wirkt sich bei dieser Methode die Notwendigkeit der manuell zu definierenden Schwellwerte aus. Für jeden neuen Datensatz, der evaluiert werden soll, wird unter Umständen eine Anpassung notwendig. Erste Versuche zur Einstufung von verschiedenen Metalleinflüssen lieferten mit dieser Methode vielversprechende Ergebnisse. Eine genauere Untersuchung für die Bewertung von MAR-Artefakten ist allerdings noch durchzuführen. Gerade diese Art von Artefakten könnte unter Umständen nicht dem definierten Band des Gradientenbildes entsprechen, da es sich meist nicht um so ausgeprägte Strahlen handelt, wie die ursprünglichen Metallartefakte. MAR-Artefakte äußern sich in der Regel eher in breiteren Streifen, die in dem Bild deutliche Kanten miteinander verbinden (ein Beispiel dazu ist in Abbildung 4.3 unten links zu sehen).

In den folgenden beiden Abschnitten werden die bekannten Evaluationsverfahren näher beschrieben, die im Rahmen dieser Arbeit zum Vergleich mit neuen Methoden verwendet werden. Dadurch kann im Weiteren geprüft werden, ob die neuen Ansätze ein ähnliches Verhalten aufweisen, wie die bisher im Bereich der MAR-Evaluation verwendeten Verfahren.

4.2 Referenzbasierte Vergleichsmethoden

Im Weiteren werden vier referenzbasierte Metriken verwendet, um einen Vergleich mit neuen Evaluationsmethoden vornehmen zu können. Es ist somit für eine Auswertung des Bildes $\mathbf{f} = (f(\mathbf{b}_i))_{i=0}^{|\mathbf{B}|-1}$ ein zweites Bild $\mathbf{f}_{\mathrm{Ref}} = (f_{\mathrm{Ref}}(\mathbf{b}_i))_{i=0}^{|\mathbf{B}|-1}$ notwendig, in dem sich keinerlei Metall- oder MAR-Artefakte befinden. Die Menge $\mathbf{B}$ beinhaltet dabei, wie in Kapitel 2 definiert, alle zu betrachtenden Koordinaten $\mathbf{b}_i$ des Bildes.

Um das zuvor erwähnte Rauschproblem zu reduzieren, das sich durch die zweite Aufnahme ergibt, wird daher eine sogenannte kombinierte Referenz für alle referenzbasierten Evaluationsmethoden verwendet. Dabei handelt es sich um eine Kombination der beiden CT-Aufnahmen im Radonraum, die in Abbildung 4.5 grafisch veranschaulicht wird. Außerhalb der Maskenregion unterscheiden sich die Daten lediglich in ihrem Rauschlevel. Daher können die originalen Projektionswerte verwendet werden, wodurch der Unterschied bei einem späteren Vergleich reduziert werden kann (erster Schritt in Abbildung 4.5). Nur im Maskenbereich, wo sich entweder metallbeeinflusste oder neu bestimmte Werte befinden, werden die Daten der Referenzaufnahme verwendet (zweiter Schritt in Abbildung 4.5). Die beiden Teilergebnisse werden dann in einem dritten Schritt entsprechend der Maskeneinträge zum neuen Referenzdatensatz kombiniert.

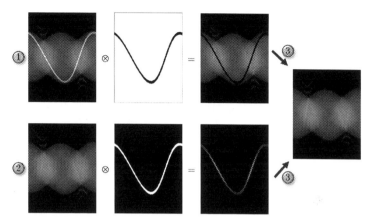

Abbildung 4.5: Bestimmung einer kombinierten Referenz: Im ersten Schritt werden die Daten der Originalaufnahme extrahiert, die außerhalb des Maskenbereiches liegen und somit keine Einflüsse durch metallische Objekte aufweisen. Im zweiten Schritt werden die Werte der Referenzaufnahme ermittelt, die sich gerade innerhalb des Maskenbereiches befinden. Im dritten Schritt werden diese Daten dann entsprechend kombiniert, innerhalb des Maskenbereiches werden die Referenzdaten und außerhalb die Originaldaten für die kombinierte Referenz verwendet.

Die entsprechenden Informationen über die Metallpositionen werden durch binäre Masken im Bildraum

$$f^{\mathrm{M}}(\mathbf{b}_i) = \begin{cases} 1, & \text{falls } f^{\mathrm{M}}(\mathbf{b}_i) \text{ zu einem Metallobjekt gehört,} \\ 0, & \text{sonst} \end{cases} \qquad (4.3)$$

sowie im Radonraum

$$p^{\mathrm{M}}(\mathbf{r}_i) = \begin{cases} 1, & \text{falls } p^{\mathrm{M}}(\mathbf{r}_i) \text{ metallbeeinflusst ist,} \\ 0, & \text{sonst} \end{cases} \qquad (4.4)$$

gewonnen, wobei auf eine mögliche Erstellung dieser Masken in Abschnitt 7.2 näher eingegangen wird. Der Operator $\otimes$ aus Abbildung 4.5 repräsentiert eine elementweise Multiplikation der Datensätze.

Abbildung 4.6 zeigt den Unterschied zwischen einer normalen und einer kombinierten Referenz, jeweils anhand von Differenzbildern zu einem metallbeeinflussten Datensatz. Durch die Datenkombination im Rohdatenraum unterscheiden sich die beiden rekonstruierten Bilder nicht noch zusätzlich durch ihren Rauschanteil, wie es in dem Differenzbild 4.6 (a) noch zu sehen ist, sondern primär durch die strahlenförmigen Metallartefakte (Abbildung 4.6 (b)). Unter Verwendung eines solchen Datensatzes kann dann ein numerischer Vergleich mit dem Bild durchgeführt werden, für das eine Qualitätsaussage getroffen werden soll.

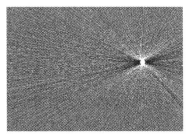 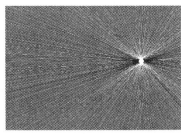

(a) nicht kombinierte Referenz   (b) kombinierte Referenz

Abbildung 4.6: Differenzbilder zwischen einem metallbeeinflussten Bild und zwei verschiedenen Referenzbildern: (a) die gesamte zweite Aufnahme wird als Referenz verwendet, (b) die CT-Daten werden vor der Bildrekonstruktion kombiniert (WL=0 HU,WW=400 HU).

In Abschnitt 7.3.2 wird die Problematik beschrieben, dass bei einer Kombination unterschiedlicher CT-Rohdaten Sprünge an den jeweiligen Übergängen entstehen können. Diese Eigenschaft tritt auf, wenn die zu kombinierenden Daten unterschiedliche Wertebereiche aufweisen. Die Sprünge wiederum können zu neuartigen Fehlern im rekonstruierten Bild führen. Im Zusammenhang mit der kombinierten Referenz ergibt sich diese Problematik bei einer sorgfältigen Vorgehensweise jedoch nicht. Sofern keine Bewegung zwischen den Aufnahmen stattgefunden hat und außerdem exakt die gleichen Aufnahmeparameter verwendet wurden, ergeben sich für die beiden Aufnahmen sehr ähnliche Wertebereiche und es entstehen bei der anschließenden Kombination keine Sprungstellen innerhalb der Daten.

4.2.1 Summe quadrierter Differenzen

Die erste Vergleichsmethode bildet die Summe quadrierter Differenzen (englisch: „sum of squared differences", SSD), die je nach Quelle auch als mittlerer quadrierter Fehler (englisch: „mean squared error", MSE) bezeichnet wird (siehe zum Beispiel [Wan06], [Tun10], [Dew11] oder [Che12]). Dabei handelt es sich um eine sehr weit verbreitete Metrik, die basierend auf pixelweisen Vergleichen beider Bilder einen Gesamtwert wie folgt durchführt

$$\text{SSD}\,(\mathbf{f}_{\text{Ref}}, \mathbf{f}) = \frac{1}{|\mathbf{B}|} \cdot \sum_{o=0}^{|\mathbf{B}|-1} (1 - f^{\text{M}}(\mathbf{b}_o)) \cdot (f_{\text{Ref}}(\mathbf{b}_o) - f(\mathbf{b}_o))^2. \qquad (4.5)$$

Die Pixeldifferenzen gehen somit quadriert in die Auswertung ein. Das führt zu einer stärkeren Gewichtung großer Pixeldifferenzen im Vergleich zu sehr kleinen Unterschieden. Es ist außerdem sinnvoll, nur die Bildkoordinaten $\mathbf{b}_o$ in die Berechnung einzubeziehen, an denen keine Metallobjekte vorliegen, was durch die elementweise Multiplikation mit $(1 - \mathbf{f}^{\text{M}})$ erreicht wird. An den Metallpositionen wird es in jedem Fall zu einer Abweichung von der Referenz kommen, da diese keine Metallobjekte beinhaltet.

Wie anhand von Gleichung (4.5) ersichtlich ist, gehen nur die lokalen, pixelweisen Differenzen an den Koordinaten $\mathbf{b}_o, o = 0, \dots, |\mathbf{B}| - 1$ in die Fehlerbestimmung ein. Keinerlei globale, strukturelle oder nachbarschaftsbasierten Abweichungen werden erfasst. Diese Eigenschaft gilt ebenfalls für die beiden nächsten Methoden.

4.2.2 Relativer Fehler

Eine ähnliche Vorgehensweise ist durch die Bestimmung des relativen Fehlers (REL) gegeben, der folgendermaßen definiert ist

$$\text{REL} = \frac{\|(\mathbf{f}_{\text{Ref}} - \mathbf{f})\|_2}{\|\mathbf{f}_{\text{Ref}}\|_2} \otimes (1 - \mathbf{f}^{\text{M}}), \qquad (4.6)$$

wobei der Operator $\otimes$ erneut eine elementweise Multiplikation der Datensätze repräsentiert. Diese Metrik wird häufig in mathematischen Forschungsfeldern als Fehlermaß verwendet, wie beispielsweise anhand der Arbeiten [Fei95], [Dut95], [Grö01] und [Nie03] zu sehen ist.

4.2.3 Normalisierte absolute Distanz

Alternativ zu den quadrierenden Metriken wird im Folgenden außerdem die normalisierte absolute Distanz (NAD) betrachtet, wie sie beispielsweise auch in [Dew11] verwendet wird. Dieses Distanzmaß ist gegeben durch

$$\text{NAD} = \frac{\sum\limits_{o=0}^{|\mathbf{B}|-1} |f_{\text{Ref}}(\mathbf{b}_o) - f(\mathbf{b}_o)|}{\sum\limits_{o=0}^{|\mathbf{B}|-1} |f(\mathbf{b}_o)|} \otimes (1 - \mathbf{f}^{\text{M}}). \qquad (4.7)$$

Die Differenzen werden bei dieser Metrik nicht quadriert. Daher handelt es sich um keine zusätzliche Verstärkung von großen Abweichungen im Vergleich zu kleineren Differenzen zwischen den beiden betrachteten Bildern in der Qualitätsbestimmung.

4.2.4 Mittlere strukturelle Ähnlichkeit

Die bisher betrachteten referenzbezogenen Distanzmaße gehen bei einem Vergleich der zu evaluierenden Bilder mit der vorliegenden Referenz pixelweise vor. Sie beinhalten dementsprechend keinerlei Umgebungsinformationen und haben unter Umständen eine geringe Korrelation zum visuellen Eindruck der Bildqualität. In [Wan06] und [Wan09] wurde diese Problematik ausführlich diskutiert. Dabei wurden Beispiele einer Bildfolge gegeben, wobei es sich jeweils um das gleiche Motiv mit unterschiedlichen negativen Einflüssen auf die Bildqualität handelt. Durch eine visuelle Betrachtung ergibt sich eine eindeutige Qualitätseinstufung der entsprechenden Bilder. Unter Betrachtung der jeweiligen SSD-Werte wird jedoch deutlich, dass diese dem visuellen Eindruck nicht immer entsprechen.

Als Alternative entwarfen Wang et al. daher eine Qualitätsmetrik, welche nicht strukturelle Informationen (wie zum Beispiel die Intensität) mit strukturellen Bildinhalten (wie strahlenförmige Artefakte) kombiniert und für eine Qualitätsbewertung verwendet [Wan02, Wan04]. Sie folgten dabei der Idee der strukturellen Ähnlichkeit (englisch: „structual similarity", SSIM), dass die menschliche Wahrnehmung auf die Erkennung struktureller Bildinformationen spezialisiert ist [Wan06]. Daher erscheint es sinnvoll, strukturelle Informationen als Maß der Qualitätseinschätzung zu verwenden und dadurch eine wahrnehmungsbezogene Einschätzung anzunähern.

Die mittlere strukturelle Ähnlichkeit (englisch: „mean structural similarity", MSSIM') ist gegeben durch die beiden folgenden Gleichungen

$$\text{SSIM}(\mathbf{x}, \mathbf{y}) = \frac{(2\mu_x\mu_y + C_1)(2\sigma_{xy} + C_2)}{(\mu_x^2 + \mu_y^2 + C_1)(\sigma_x^2 + \sigma_y^2 + C_2)} \text{ und} \tag{4.8}$$

$$\text{MSSIM}' = (\frac{1}{F} \sum_{j=0}^{F-1} \text{SSIM}(\mathbf{x}_j, \mathbf{y}_j)) \otimes (1 - \mathbf{f}^{\text{M}}), \tag{4.9}$$

wobei $\mathbf{x}_j$ und $\mathbf{y}_j$ die Bildinhalte in dem j-ten lokalen Fenster der zu vergleichenden Bilder darstellen und F ist die Anzahl aller lokalen Fenster. Die Werte μ_x und μ_y repräsentieren die mittleren Intensitäten, σ_x und σ_y sind die Standardabweichungen und σ_{xy} ist der entsprechende Korrelationskoeffizient innerhalb der jeweiligen Fenster. Die Konstanten C_1 und C_2 wurden aufgrund von Stabilitätszwecken eingeführt und werden im Rahmen dieser Arbeit entsprechend der in [Wan04] vorgeschlagenen Standardwerte definiert: $C_1 = (K_1 L)^2$ und $C_2 = (K_2 L)^2$, mit dem dynamischen Wertebereich L sowie den Konstanten $K_1 = 0.01$ und $K_2 = 0.03$ (ebenfalls entsprechend der in [Wan04] vorgeschlagenen Standardbelegungen).

Ein höherer MSSIM'-Wert entspricht einer höheren Ähnlichkeit bezogen auf das verwendete Referenzbild, welches gerade als perfekte Qualität interpretiert wird und liegt im Intervall $[0, 1]$. Um eine Vergleichbarkeit zu den anderen hier betrachteten Distanzmaßen zu erhalten, wird somit MSSIM$= 1 -$ MSSIM' definiert [Han02].

Die referenzbasierten Metriken SSD, REL, NAD und MSSIM werden im Bildraum auf die rekonstruierten Bilder angewendet. Hierbei werden alle Werte außerhalb der Metallpositionen in die Berechnung einbezogen, was durch die Maske $\mathbf{f}^M$ gewährleistet wird. Alle Verfahren resultieren mit zunehmenden Fehlern im Bild in größer werdenden Metrikwerten.

4.3 Referenzlose Vergleichsmethode: Expertenbefragung

Ist eine Referenz in Form einer weiteren Aufnahme ohne Metallobjekte nicht verfügbar, sind andere Vorgehensweisen zur Evaluation notwendig, als zuvor beschrieben. Die am häufigsten verwendete Methode ist die Befragungen von radiologischen Experten. Diese Experten stufen die Bildqualität auf Basis ihrer radiologischen Erfahrung visuell ein. Bei den erhaltenen Aussagen handelt es sich generell um die gewünschten Ergebnisse, da eine Qualitätseinstufung am Ende den Radiologen unterstützen und ihm nicht widersprechen soll. Allerdings handelt es sich hierbei um sehr subjektive Ergebnisse, die schwer zu verallgemeinern sind. Abhängig davon, welchen Schwerpunkt der Radiologe für die Bildqualität bei der Betrachtung setzt (wie hoher Kontrast, wenig Rauschen, viele Strukturen, diagnostische Fragestellungen und so weiter), sind je nach Experten unterschiedliche Einstufungen festzustellen (siehe zum Beispiel [Lei10, Kim10]).

Im Rahmen dieser Arbeit wurde eine expertenbasierte Evaluation mit Gruppen unterschiedlicher Erfahrungsstufen durchgeführt. Die Auswertungen dieser Befragungen werden Aufschluss über die Expertenmeinungen zu Fehlern (Metall- und MAR-Artefakte) in den verwendeten Testdatensätzen liefern. Zusätzlich kann dadurch überprüft werden, ob auch weniger erfahrene Testpersonen in der Lage sind, ähnliche Einstufungen wie Radiologen zu liefern.

4.3.1 Betrachtete Testvarianten

Es existieren unterschiedliche Herangehensweisen, wie eine Qualitätseinstufung von Testdaten anhand von Expertenbefragungen durchgeführt werden kann. Im Rahmen dieser Arbeit werden drei verschiedene Ansätze auf ihre Vor- sowie Nachteile für die gewünschte Anwendung der Einstufung von Metall- und MAR-Artefakten überprüft.

4.3.1.1 Likert-Skala

Die erste Variante basiert auf der sogenannten Likert-Skala, wie sie beispielsweise auch in [Kha05] oder [Gug12] zur Befragung von Experten verwendet wurde. Eine beispielhafte Testumgebung ist in Abbildung 4.7 zu sehen. Ausgehend von einer Initialfrage, wie zum Beispiel „Wie wird das gezeigte Bild durch Artefakte beeinflusst?" soll die Testperson eine passende Kategorie aus fest vorgegebenen Möglichkeiten auswählen.

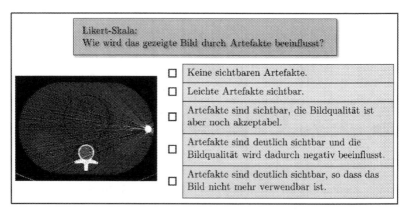

Abbildung 4.7: Beispiel eines Studienaufbaus in Form einer Likert-Skala, aus der die Befragten die am Besten passende Kategorie auszuwählen haben.

Diese Testvariante hat den Vorteil, sehr einfach für die Testperson durchführbar zu sein. Außerdem ist es nach der Bewertung aller Testbilder möglich, eine Qualitätsreihenfolge basierend auf den möglichen Antwortkategorien durchzuführen. Allerdings erweist sich dieser Test aus folgenden Gründen nicht geeignet für eine Evaluation, wie sie hier gesucht ist: Dieses Verfahren liefert lediglich relative Aussagen zwischen den eingestuften Testbildern. Eine absolute Aussage beispielsweise durch eine eindeutige Zahlenzuweisung der jeweiligen Bildqualität, ist hierbei nicht möglich.

Stattdessen ergeben sich nur Gruppen von Qualitäten, deren Anzahl durch die vorgegebenen Kategorien beschränkt wird. Innerhalb dieser Gruppen kann keine Aussage über qualitative Unterschiede getroffen werden. Kleinere Unterschiede können somit nicht korrekt dargestellt werden, auch wenn sie durch die Testpersonen erkannt wurden.

4.3.1.2 Eins-Aus-Zwei-Test

Eine weitere Möglichkeit bildet der Ein-Aus-Zwei-Test, wie er beispielsweise auch in [Fer06b] verwendet wurde und in Abbildung 4.8 exemplarisch dargestellt ist. Hierbei kann die Initialfrage als „Welche der beiden Bildqualitäten

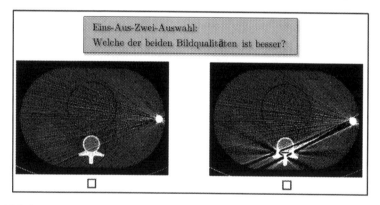

Abbildung 4.8: Beispiel eines Studienaufbaus in Form eines Eins-Aus-Zwei-Tests, bei dem die Befragten das Bild auswählen sollen, das jeweils die bessere Bildqualität aufweist.

ist besser?" definiert werden. Die Testperson muss nun eines der Bilder auswählen, welches potenziell als besser eingestuft wird.

Diese Testvariante hat ebenfalls den Vorteil, für die Testperson sehr einfach durchführbar zu sein und eine Reihenfolge der Bildqualitäten wird zwischen den Bildern ebenfalls möglich. Jedoch ist hierbei kein Stärkegrad der eingestuften Artefakte aus den Antworten erkennbar. Bekannt ist nur, dass das eine Bild besser als das andere ist, nicht in was für einem Verhältnis. Ein weiterer Nachteil ist auch hier, dass keine absoluten Werte für eventuell spätere Vergleiche aus dem Testverfahren gewonnen werden können.

4.3.1.3 Prozentuale Einstufung

Die dritte in Betracht gezogene Testvariante bildet die prozentuale Einstufung, bei der die Initialaufgabe zum Beispiel durch „Bewerten Sie die gezeigten Bildqualitäten zwischen 0 % und 100 % (von wenig artefaktbehaftet bis viel)." gegeben sein kann. Abbildung 4.9 zeigt ein Beispiel zu dieser Vorgehensweise. Auch bei dieser Variante wird ein Vergleich zwischen allen bewerteten Bildern sowie eine Reihenfolge basierend auf den vergebenen Prozentzahlen möglich.

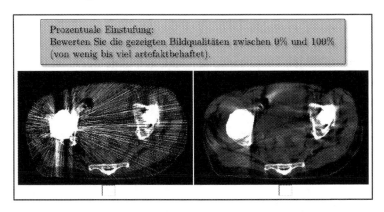

Abbildung 4.9: Beispiel eines Studienaufbaus in Form einer prozentualen Einstufung, die von den Befragten vorzunehmen ist. Für alle gezeigten Bilder erfolgt eine prozentuale Angabe zwischen 0% und 100%, von wenig bis viel artefaktbehaftet. Dabei sollen die jeweils gleichzeitig gezeigten Bilder miteinander verglichen werden.

Hier ist nun, im Gegensatz zur Likert-Skala, ein Unterschied zwischen allen betrachteten Bildern eindeutig erkennbar, indem die jeweils vergebenen Werte miteinander verglichen werden. Anders als bei dem Eins-Aus-Zwei-Test kann außerdem die Distanz der jeweils vergebenen prozentualen Werte betrachtet werden und basierend darauf, ein Maß für den Qualitätsunterschied der Bilder angegeben werden.

Außerdem ermöglicht die absolute Wertangabe für alle Bilder einen Vergleich mit anderen Methoden, wie zum Beispiel referenzbasierten oder referenzlosen Evaluationsmetriken.

Neben diesen Vorteilen kann sich die Vielfalt dieser Testvariante jedoch auch als Nachteil erweisen. Das große Bewertungsintervall zwischen 0 % und 100 % kann zu Unklarheiten seitens der Testperson führen. Ein Beispiel dafür sind qualitativ sehr ähnlich erscheinende Bilder, die eingestuft werden sollen. Hier könnte es zu Fehleinschätzungen kommen, falls einige Testpersonen davon ausgehen, den gesamten Wertebereich verwenden zu müssen und andere Testpersonen nicht dementsprechend bewerten. Dadurch können unterschiedliche Qualitätseinstufungen verursacht werden.

4.3.2 Richtlinien für Teilnehmer der Befragung

Die komplexere Handhabung der prozentualen Einstufung für die Testpersonen wurde aufgrund ihrer Vorteile toleriert. Im Rahmen dieser Arbeit wurde somit eine Studie als prozentuale Einstufung durchgeführt. Um die erwähnten potenziellen Probleme solch einer Befragung zu minimieren, wurden allen teilnehmenden Personen folgende Richtlinien vor Durchführung der Studie vorgelegt, um ihnen die Bewertungsentscheidung zu erleichtern:

- Bewerten Sie nur den Einfluss von Metall- oder MAR-Artefakten auf die Bildqualität, keine weiteren Qualitätskriterien (wie zum Beispiel Signal-zu-Rausch-Verhältnis).

- Bewerten Sie die Qualität des gesamten Bildes, nicht nur für sie interessante Regionen.

- Als Bewertungsintervall sollen Angaben zwischen 0% und 100% gewählt werden, diese Intervallgrenzen müssen jedoch nicht notwendigerweise mit verwendet werden. Die Gesamtgröße des Intervalls muss nicht ausgeschöpft werden.

- Bewerten Sie die Qualität nur auf Basis der momentan zu sehenden Bilder, nicht im Zusammenhang mit zuvor Gesehenen.

- Diskutieren Sie die Bildqualität vor Ihrer Bewertung mit keinen anderen Teilnehmern.

Die Einschränkungen sollten eine Vergleichbarkeit zwischen den Experten-Aussagen und anderen Methoden zur Evaluation gewährleisten sowie die Unabhängigkeit aller Antworten untereinander garantieren. In Kapitel 6 wird diese Studie verwendet, die Antworten der Testpersonen mit den herkömmlichen referenzbasierten Verfahren aus Abschnitt 4.2 sowie mit den neuen Verfahren zu vergleichen, die in Kapitel 5 vorgestellt werden.

In Abschnitt 2.3 wurden bereits die Rahmenbedingungen aller Aufnahmen beschrieben, die im Rahmen der Studie verwendet wurden und außerdem die unbehandelten Rekonstruktionen dargestellt (siehe Abbildung 2.2). In den Abbildungen 4.10 und 4.11 sind nun alle für die Expertenbefragung verwendeten Datensätze abgebildet. Dabei wurden zunächst unterschiedliche Varianten von Phantomaufnahmen für den Test verwendet (dargestellt in Abbildung 4.10). Hierbei konnten zwei wichtige Problemstellungen in die Studie integriert werden. Zum einen zeigt Abbildung 4.10 (a) ein Beispiel des gleichen Objektes mit unterschiedlichen Einflüssen von Metallartefakten. Dadurch sollte die Expertenmeinung abgefragt werden, welche Arten von Metallartefakten (beispielsweise viele kleine Strahlen oder wenige breite Schatten) als gravierender eingestuft werden. Zum anderen fragen die verschiedenen Beispiele aus den Abbildungen 4.10 (b), (c) und (d) die Expertenmeinungen bezüglich der Qualität verschiedener MAR-Ergebnisse des gleichen Datensatzes ab. Letztere Fragestellung wurde außerdem anhand von realen Patientenaufnahmen (dargestellt in Abbildung 4.11) betrachtet.

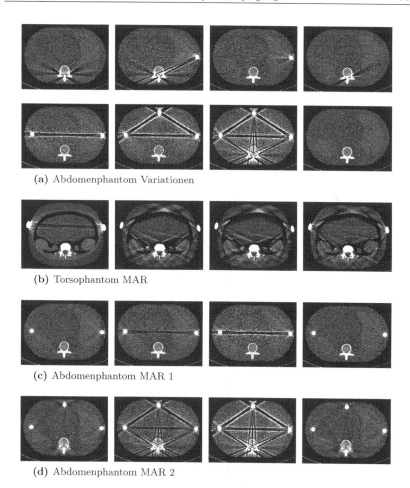

(a) Abdomenphantom Variationen

(b) Torsophantom MAR

(c) Abdomenphantom MAR 1

(d) Abdomenphantom MAR 2

Abbildung 4.10: Anthropomorphe Abdomen- und Torsophantome, die für die Expertenbefragung verwendet wurden. In randomisierten Anordnungen wurden den Experten verschiedene Bildvariationen gezeigt: mit dem gleichen Objekt und unterschiedlicher Metallanzahl, -position und -größe (a); das unbehandelte CT-Bild sowie drei unterschiedliche MAR-Ergebnisse (b-d), ((a), (c), und (d) teilweise entnommen aus [Kra11]).

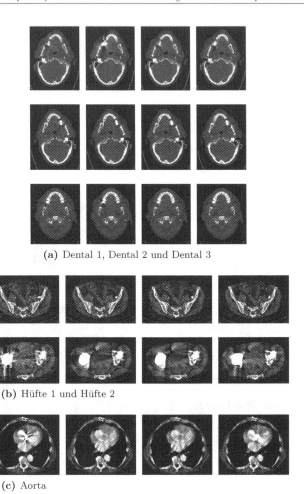

(a) Dental 1, Dental 2 und Dental 3

(b) Hüfte 1 und Hüfte 2

(c) Aorta

Abbildung 4.11: Klinische Testdaten, die für die Expertenbefragung verwendet wurden. In randomisierten Anordnungen wurden den Experten das unbehandelte CT-Bild sowie drei unterschiedliche MAR-Ergebnisse gezeigt (WL=0 HU, WW=2000 HU für (a), WL=90 HU, WW=400 HU für (b) und (c)), (Dental 1 und Hüfte 2 teilweise entnommen aus [Kra11]).

5 Automatische Bildbewertungen in der Computertomographie

Im Rahmen dieser Arbeit sind Verfahren von Interesse, welche die Qualität klinischer Bilddaten automatisch einstufen können. Die resultierenden Werte können zum einen dem behandelnden Arzt als Orientierung dienen, wie aussagekräftig die vorliegenden Daten sind. Unter Umständen kann außerdem eine erneute Aufnahme mit einer angepassten Patientenpositionierung oder modifizierten Aufnahmeparametern in Betracht gezogen werden. Zum anderen kann durch eine Qualitätsbeurteilung bei minderwertigen Bildern automatisch die Entscheidung getroffen werden, vor weiteren Diagnoseschritten Methoden zur Qualitätsverbesserung anzuwenden. Die Ergebnisse dieser Methoden können dann wiederum bewertet werden, ob tatsächlich eine Qualitätsverbesserung erzielt werden konnte.

In der klinischen Routine sind in der Regel keine Referenzaufnahmen für CT-Daten verfügbar, um eine referenzbasierte Qualitätsbestimmung durchzuführen. Der Grund dafür ist, dass die Metallobjekte beispielsweise in Form von Implantaten oder Zahnfüllungen vor der Aufnahme meist nicht entfernt werden können. Um dennoch eine Evaluationsaussage für klinische Daten treffen zu können, sind referenzlose Ansätze zur Qualitätsbestimmung notwendig. Bisher gibt es hierzu kein Standardverfahren, das zur Evaluation von CT-Bildern verwendet werden kann. Einige Verfahren, die in bisherigen Arbeiten unter anderem für Qualitätsbewertungen verwendet wurden, sind bereits in Abschnitt 4.1 mit all ihren Vor- aber insbesondere auch Nachteilen vorgestellt worden.

In diesem Kapitel werden zwei Ansätze präsentiert, die eine referenzlose Evaluation metallbeeinflusster CT-Bilder ermöglichen. Da hier ausschließlich Verfahren zu Bewertung von Metall- und MAR-Artefakten gesucht sind, können die Evaluationen beschränkt auf diese Anwendung konstruiert werden. Bei dieser Art von Fehlern ist der Grund der Entstehung (die inkonsistenten Rohdaten), der Zeitpunkt der Entstehung (während der Bildrekonstruktion) sowie eine ungefähre Information über ihre Struktur (strahlenförmig über das gesamte Bild oder als Schatten zwischen mehreren Metallobjekten) bekannt. Unter Ausnutzung dieser Informationen kann eine Datenevaluation zu zuverlässigen Ergebnissen führen.

In Abschnitt 5.1 wird eine Qualitätsmetrik vorgestellt, welche die menschliche Wahrnehmung von scharfen und unscharfen Kanten in Bildern nachbildet. Diese Herangehensweise wird im Folgenden zunächst in ihrer ursprünglichen Version aus [Fer06b] beziehungsweise [Fer09] vorgestellt. Da dieser Ansatz auf Kanteninformationen basiert, welche ebenfalls für strahlenförmige Metallartefakte grundlegend bedeutsam sind, kann diese Strategie potenziell zur Qualitätsevaluation angewendet werden.

Abschließend wird in Abschnitt 5.2 eine Idee vorgestellt, die in [Kra11] erstmalig vorgeschlagen wurde. Hierbei wird das zu evaluierende Bild in den Radonraum zurücktransformiert. Dabei wird die Eigenschaft ausgenutzt, dass die Artefakte erst während der Bildrekonstruktion entstehen. Somit sollten sich zwischen dem ursprünglichen Sinogramm und der Vorwärtsprojektion des artefaktbehafteten Bildes signifikante Unterschiede ergeben, die den Bildfehlern entsprechen. In diesem Fall könnte der ursprüngliche CT-Rohdatensatz als inhärent gegebene Referenz für referenzbasierte Evaluationsmethoden verwendet werden.

5.1 Referenzlose Evaluation durch Just Noticeable Blur

In [Fer06a], [Fer06b] und [Fer09] werden verschiedene Ansätze zur Evaluation der Bildqualität vorgestellt, welche auf der menschlichen Wahrnehmung von Unschärfe basieren. Diese Ansätze verwenden das Prinzip der gerade noch erkennbaren Unschärfe eines Bildes. Zunächst wird dazu in Abschnitt 5.1.1 das generelle Prinzip vorgestellt. In Abschnitt 5.1.2 wird daraufhin eine Variante einer Qualitätsmetrik zur Einstufung von Bildunschärfen aus [Fer09] betrachtet. Der Ansatz erscheint für die Anwendung von Metall- sowie MAR-Evaluationen vielversprechend und wird daher im weiteren Verlauf dieser Arbeit für diese Anwendung betrachtet.

5.1.1 Idee des Just Noticeable Blur

Für eine Evaluation der Bildqualität bezüglich Unschärfe beziehungsweise scharfen Kanten soll ein Wahrnehmungsmodell basierend auf dem menschlichen visuellen System verwendet werden. Ferzli et al. führten dazu zwei

Studien mit Testpersonen durch, die in [Fer06a] und [Fer09] ausführlich vorgestellt werden. In einem ersten Eins-Aus-Zwei-Test wurden vier Personen Paare von Grauwertbildern gezeigt, von dem das weniger unscharfe Bild zu definieren war. Alle verwendeten Bilder wiesen dabei unterschiedliche Inhalte auf. Diese Art der Personenbefragung wurde bereits in Abschnitt 4.3.1 als Möglichkeit betrachtet und für die Qualitätseinstufung von Metall- und MAR-Artefakten aufgrund der genannten Nachteile verworfen. Im Rahmen der JNB-Studie galt es jedoch, im Vorfeld bereits bekannte Stufen der Bildschärfe der jeweils gezeigten Bilder miteinander zu vergleichen. So konnte in diesem Fall eine gute Auswertung der Antworten vorgenommen werden. Dieses Wissen war für die Studie zur Einstufung von Metall- und MAR-Artefakten gerade nicht vorhanden, da die Befragung erst zu dem Wissen der Bildqualitäten führen sollte. Im Gegensatz dazu ließ sich in der Studie zur Wahrnehmung von Unschärfe von Ferzli et al. mit dem Zusatzwissen der Unschärfestufen feststellen, dass die menschliche Wahrnehmung Unschärfeverhältnisse auch in Bildern mit unterschiedlichen Inhalten korrekt erkennen kann.

In einem zweiten Versuch wurde 18 Testpersonen das gleiche Testbild mit variierender Unschärfe und Kontrast gezeigt, da die Wahrnehmung von Schärfe des visuellen Systems insbesondere kontrastabhängig ist [Sch10]. Die unterschiedlichen Schärfegrade der in der Studie verwendeten Bilder wurden mit einer Gaußfilterung und variierender Standardabweichung σ realisiert. Das dafür verwendete Testbild ist in Abbildung 5.1 zu sehen. Jede Testperson wurde aufgefordert, das Bild einen der beiden Kategorien, unscharf oder scharf, zuzuordnen. Hierbei war gerade die Schwelle von Interesse, ab der eine Unschärfe der Bildkanten erkannt wurde. Diese Schwelle wird auch als gerade noch erkennbare Unschärfe (englisch: „just noticeable blur", JNB) bezeichnet.

Der Kontrast sollte außerdem nicht niedriger als die gerade noch erkennbare Differenz (englisch: „just noticeable difference", JND) sein [Jay93], damit Kanten überhaupt wahrgenommen werden können. In vorangegangenen Studien wurde diese Schwelle ermittelt, bei der Testpersonen unterschiedliche Grauwerte voneinander differenzieren sollten. Nähere Details zum JND sind in [Poy03] zu finden.

Der Kontrast wurde im Rahmen der Befragung von Ferzli et al. durch den Intensitätsunterschied von Vorder- und Hintergrund des Testbildes ermittelt $C = |f_V - f_H|$. Für jeden Kontrast wurden für alle Antworten die Unschärfegrenzen in Form der jeweiligen Standardabweichung der verwendeten Gaußfilterung erfasst. Aus den sich ergebenen Standardabweichungen, bei denen die Testpersonen die JNB-Schwelle erkannten, wurde abschließend

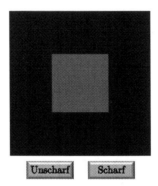

Abbildung 5.1: Testbild der zweiten Studie. Das Bild wird unterschiedlich scharf dargestellt, wobei die Testperson die Schärfe bewerten soll. Aus den Antworten kann ein JNB-Model abgeleitet werden (in Anlehnung an [Fer09]).

ein mittlerer Wert σ_{JNB} bestimmt, der die JNB-Grenze in Abhängigkeit von C kennzeichnet. Abschließend wurden für alle betrachteten Bildkontraste C und die jeweiligen Standardabweichungen σ_{JNB} die tatsächlichen Kantenbreiten w_{JNB} der Testbilder ermittelt, in denen der JNB von den Testpersonen wahrgenommen wurde. Dieser wurde laut [Fer09] für $C \leq 50$ auf 3 und für $C > 50$ auf 5 Pixel festgelegt.

In Tabelle 5.1 sind alle Werte, die sich aus der zweiten Studie ergeben, noch einmal zusammengefasst. Dabei wird deutlich, dass sich die Schwelle σ_{JNB} mit zunehmendem Kontrast C immer weiter reduziert und sich gleichzeitig ebenfalls die Kantenbreiten verringern. Unschärfe wird somit in kontrastreichen Bilder frühzeitiger und bereits bei geringeren Kantenbreiten erkannt.

5.1.2 Referenzlose Just-Noticeable-Blur-Metrik

Im Folgenden werden ausschließlich Bilder mit Werten innerhalb von $[0, 255]$ angenommen, wie auch anhand von Tabelle 5.1 zu sehen ist. Für beliebig vorliegende Bilder ist daher zunächst eine Neuskalierung auf diesen Bereich notwendig.

Der Idee aus [Fer09] folgend wird für das zu evaluierende Bild zunächst eine Kantendetektion durchgeführt. Im Rahmen dieser Arbeit wurde dazu ein Sobel-Operator verwendet, der beispielsweise in [Erh08] oder [Han09]

Tabelle 5.1: Ergebnis der Befragung von Testpersonen zur Wahrnehmung von Unschärfe. σ_{JNB} repräsentiert die Standardabweichung, ab der eine Unschärfe erkannt wurde und w_{JNB} gibt die entsprechenden Kantenbreiten innerhalb der Bilder wieder (entnommen aus [Fer09]).

C	σ_{JNB}	w_{JNB}
20	0.86	5
30	0.848	5
50	0.818	5
64	0.578	3
128	0.448	3
192	0.345	3
255	0.305	3

näher beschrieben ist. Dieser Operator bestimmt die erste Ableitung des Bildes bei einer gleichzeitigen Glättung der Daten. Dadurch werden Rauschpixel reduziert, die später als hochfrequente Bildinhalte fälschlicherweise als Kanten detektiert werden könnten.

Es ergibt sich dann die Frage, ab wann die erste Ableitung als Kante interpretiert werden kann, was durch eine entsprechende Schwellwertsegmentierung festzulegen ist. Im Weiteren wird dazu die Definition vorgeschlagen, die unter anderem in [Abd78] und [Pra07] verwendet wird. Dazu sei zunächst die Magnitude m des Gradientenbildes folgendermaßen definiert

$$m(\mathbf{b}_i) = \sqrt{(\delta f(\mathbf{b}_i)/\delta x)^2 + (\delta f(\mathbf{b}_i)/\delta y)^2}, \quad i = 0, \ldots, |\mathbf{B}| - 1, \quad (5.1)$$

wobei die Menge $\mathbf{B}$ erneut alle betrachteten Koordinatenpaare $\mathbf{b}_i$ des Bildes beinhaltet (siehe Kapitel 2). Die Magnitude gilt als Maß von Kantenstärke innerhalb eines Bildes $\mathbf{f}$. Jedes lokale Maximum in $\mathbf{m} = (m(\mathbf{b}_i))_{i=0}^{|\mathbf{B}|-1}$ entspricht potenziell einer Bildkante. Daher kann darauf basierend ein Schwellwert S definiert werden, um diese lokalen Maxima zu extrahieren. S ergibt sich beispielsweise aus

$$S = \frac{s}{|\mathbf{B}|} \cdot \sum_{i=0}^{|\mathbf{B}|-1} m(\mathbf{b}_i). \quad (5.2)$$

Für einen zu groß gewählten Schwellwert S bleiben verrauschte Bereiche sowie irrelevante Strukturen erhalten. S sollte daher leicht über dem Mittel aller Magnitudenwerte gesetzt werden. Dadurch minimiert sich der Einfluss von Rauschen und nach der Schwellwertsegmentierung verbleiben primär die Kantenzentren, welche für die weiteren Berechnungen von Interesse sind. Durch eine manuelle Variation des Skalierungsfaktor $s > 1$ wird diese Vorgehensweise ermöglicht.

Nach der Kantendetektion und einer anschließenden Schwellwertsegmentierung ergibt sich ein Binärbild, das für Gradientenwerte über S gleich 255 und für Werte unter S gleich 0 ist. Dieses Bild wird dann in einzelne Blöcke unterteilt, wie es schematisch in Abbildung 5.2 dargestellt ist. Die Blockgröße wurde in [Fer09] an der Region des schärfsten Sehens des menschlichen Auges orientiert, der Sehgrube, die etwa 2° des visuellen Blickfeldes ausmacht. In Abhängigkeit einer geschätzten Distanz zwischen Betrachter und Bild sowie der Bildschirmauflösung wurde das Zentrum des schärften Sehens auf eine optimale Blockgröße von 64×64 Pixeln übertragen, welche auch hier im Folgenden verwendet wird.

Abbildung 5.2: Vorgehensweise der JNB-Metrik. Nach einer Sobel-Kantendetektion wird das zu evaluierende Bild in Blöcke unterteilt.

Im nächsten Schritt wird die Anzahl von Kantenpixeln pro Block ermittelt. Eine Qualitätsbestimmung ist dann basierend auf allen Blöcken möglich, die eine minimale Anzahl von Kantenpixeln beinhalten. Die Grenze für diese Auswahl wird durch den Schwellwert T definiert, der im Folgenden entsprechend den Vorgaben aus [Fer09] mit 0.2 % der Gesamtanzahl von Pixeln pro Block belegt wird. Alle Blöcke über dieser Schwelle werden im Weiteren als Kantenblöcke $\mathbf{Q} = (\mathbf{Q}_r)_{r=0}^{|\mathbf{Q}|-1}$ bezeichnet.

Alle Kantenpositionen in einem Block $\mathbf{Q}_r$ sind durch die Menge $\mathbf{K}_r$ gegeben. Für jede Kantenposition $\mathbf{b}_k, k = 0, \ldots, |\mathbf{K}_r| - 1$ wird dann die zugehörige Kantenbreite $w(\mathbf{b}_k)$ bestimmt, gefolgt von einer Mittelung über alle Breiten des jeweiligen Blocks $\mathbf{Q}_r$. Eine mögliche Vorgehensweise zur Bestimmung der Kantenbreite wird ebenfalls von Ferzli et al. vorgeschlagen und hier analog verwendet. Dazu werden, ausgehend von den detektierten Kantenzentren, die entsprechenden Nachbarschaften betrachtet und die Kantenenden gesucht. Die Kantengrenzen können beispielsweise als Ende eines kontinuierlichen Werteabfalls beziehungsweise Werteanstiegs interpretiert werden, die im Bild als Kante zu erkennen sind. Im Rahmen dieser Arbeit wurden Kantendetektionen in horizontaler und vertikaler Richtung vorgenommen, wobei sich lediglich minimale Unterscheide ergaben. Eine Betrachtung diagonaler Kantenverläufe ist ebenfalls möglich, wurde hier jedoch nicht weiter verfolgt. Eine blockweise Bestimmung der Unschärfe wird durch

$$U_{\mathbf{Q}_r} = \left(\sum_{\mathbf{b}_k \in \mathbf{Q}_r} \left| \frac{w(\mathbf{b}_k)}{w_{\mathrm{JNB}}(C_r)} \right|^{\beta} \right)^{\frac{1}{\beta}} \tag{5.3}$$

vorgeschlagen [Fer09]. Für jeden Kantenblock $\mathbf{Q}_r$ werden somit alle enthaltenen Kantenbreiten aufsummiert, wobei sie mit den entsprechenden $w_{\mathrm{JNB}}(C_r)$ in Abhängigkeit des lokalen Kontrastes C_r gewichtet werden. Eine Möglichkeit der lokalen Kontrastbestimmung bildet die Differenz zwischen der minimalen und maximalen Intensität jeden Blockes $\mathbf{Q}_r$

$$C_r = \max(\mathbf{Q}_r) - \min(\mathbf{Q}_r), \quad C_r \in [0, 255] \text{ und } r = 0, \dots, |\mathbf{Q}| - 1. \tag{5.4}$$

Bei dieser Vorgehensweise handelt es sich ebenfalls um die von Ferzli et al. vorgeschlagene Variante.

Durch die Gewichtung mit $w_{\mathrm{JNB}}(C_r)$ in Gleichung (5.3) ergibt sich ein höherer Wert für kontrastreiche Blöcke. Der Parameter β wurde hier entsprechend der Vorgabe aus [Fer09] auf 3.6 festgelegt. Dies dient der Annäherung an das Wahrscheinlichkeitsmaß aus [Rob81], wobei nähere Erläuterungen [Fer09] zu entnehmen sind.

Nach der Bestimmung von $U_{\mathbf{Q}_r}$ für alle Kantenblöcke $\mathbf{Q}_r, r = 0, \dots, |\mathbf{Q}| - 1$ leitet sich ein umfassender Wert für die Unschärfe durch

$$U = \left(\sum_{r=0}^{|\mathbf{Q}|-1} |U_{\mathbf{Q}_r}|^{\beta} \right)^{\frac{1}{\beta}} \tag{5.5}$$

ab. Um einen von der Anzahl aller Kantenblöcke $|\mathbf{Q}|$ unabhängigen Qualitätswert der JNB-Metrik zu erhalten, der außerdem für Bilder mit scharfen Kanten ansteigt, kann abschließend der Kehrwert der Division von U und $|\mathbf{Q}|$ betrachtet

$$\mathrm{JNB} = \frac{|\mathbf{Q}|}{U} \tag{5.6}$$

werden. Diese Methode ist dadurch zwar unabhängig von der Gesamtanzahl von Blöcken. Jedoch bleibt die Abhängigkeit der Metrik bezüglich der Gesamtanzahl von Kantenpixeln und ihren Breiten pro Kantenblock, die in Gleichung (5.3) aufsummiert werden. Dabei handelt es sich um ein wichtiges

Merkmal dieser Metrik, da diese Eigenschaft positiv für die Evaluation von strahlenförmigen Metall- und MAR-Artefakten sein könnte.

Zusammengefasst handelt es sich bei dieser Metrik um einen auf den Kantenbreiten als charakteristisches Merkmal der Bildqualität basierenden Ansatz. Unscharfe Kanten können in kontrastreichen Bildern besser als in kontrastarmen Bildern wahrgenommen werden. Daher wird diese Eigenschaft durch Gewichtung der Kantenbreiten in Abhängigkeit des lokalen Kontrastes involviert und somit eine Wahrnehmung von Unschärfe durch das menschliche visuelle System angenähert. Dies lässt sich insbesondere für den hier betrachteten Bewertungsfall wie folgt umdefinieren. Ein hoher JNB-Wert entspricht einer hohen Anzahl von scharfen Kanten im Bild, bei denen es sich um Artefakte handelt, welche die eigentlichen Bildinhalte überlagern. Kann dieser Wert für den Datensatz reduziert werden, so hat sich die Anzahl von scharfen Kanten und dementsprechend Anzahl von Artefakten im Bild reduziert.

Der gesamte Ablauf dieser JNB-Metrik ist als Pseudocode in Algorithmus 5.1 zusammengefasst. Eine Anwendung der Evaluation wurde im Rahmen der Metall- und MAR-Bewertung bereits erstmals überprüft. In [Kae11a] und [Kae11b] sind die ersten Ergebnisse dazu zu finden. Im folgenden Kapitel 6 wird zusätzlich ein ausführlicher Vergleich mit den zuvor vorgestellten referenzbasierten Verfahren sowie mit dem neuen Verfahren vorgenommen, das im nächsten Abschnitt vorgestellt wird. Erste Versuche haben außerdem gezeigt, dass die JNB-Idee auch für andere Problemstellungen anwendbar zu sein scheint. In [Ens10] wurden beispielsweise erste Ergebnisse für die Bewertung von Bewegungsartefakten in CT-Bildern vorgestellt. Weitere Anwendungsmöglichkeiten ergeben sich außerdem in der digitalen Tomosynthese-Bildgebung [Lev11]. Bei diesen Anwendungsbereichen empfiehlt sich jedoch die Verwendung der JNB-Variante, die in [Fer06b] vorgestellt wurde. Hierbei handelt es sich um eine Evaluation, die nicht nur unabhängig von der Anzahl von Kantenblöcken ist, sondern auch von der absoluten Anzahl von Kanten innerhalb des Bildes.

5.2 Referenzlose Evaluation durch Vorwärtsprojektion

Die referenzlose JNB-Metrik aus Abschnitt 5.1 ist ein vielversprechende Ansatz für die Evaluation von metallbeeinflussten CT-Daten. Jedoch weist diese Methode die nachteilige Eigenschaft auf, mehrere individuell zu definierende Parameter zu benötigen, wie die beiden Schwellwerte S und T.

Algorithmus 5.1 Algorithmus JNB.

Eingabe:	$\mathbf{f} \in \mathbb{R}^{X \times Y}$	Bild, das evaluiert werden soll
	$S \in \mathbb{N}$	Schwellwert für die Kantenpixel
	$T \in \mathbb{N}$	Schwellwert für die Kantenblöcke

1: Führe eine Sobel-Kantendetektion durch: $\mathbf{f}_{\text{sobel}} = \text{sobel}(\mathbf{f})$.
2: **for** $i = 0$ bis $|\mathbf{B}| - 1$ **do**
3:   **if** $f(\mathbf{b}_i) \geq S$ **then**
4:     $f(\mathbf{b}_i) = 255$
5:   **else**
6:     $f(\mathbf{b}_i) = 0$
7:   **end if**
8: **end for**
9: **for** $r = 0$ bis $|\mathbf{Q}| - 1$ **do**
10:   Ermittele alle Kantenpositionen im Block $\mathbf{Q}_r$: $\mathbf{K}_r = \{\mathbf{b}_k \in \mathbf{Q}_r | f_{\text{Sobel}}(\mathbf{b}_k) == 255\}$
11:   **if** $|\mathbf{K}_r| \geq T$ **then**
12:     $C_r = |\max(\mathbf{Q}_r) - \min(\mathbf{Q}_r)|$
13:     Bestimme w_{JNB} anhand von C_r und Tabelle 5.1.
14:     **for all** $\mathbf{b}_k \in \mathbf{Q}_r$ **do**
15:       Bestimme die Kantenbreite $w(\mathbf{b}_k)$.
16:     **end for**
17:     $U_{\mathbf{Q}_r} = \left(\sum_{\mathbf{b}_k \in \mathbf{Q}_r} \left| \frac{w(\mathbf{b}_k)}{w_{\text{JNB}}(C_r)} \right|^{3.6} \right)^{\frac{1}{3.6}}.$
18:   **end if**
19: **end for**
20: $U = \left(\sum_{r=0}^{|\mathbf{Q}|-1} |D_{\mathbf{Q}_r}|^{3.6} \right)^{\frac{1}{3.6}}.$
21: JNB $= \frac{|\mathbf{Q}|}{U}$.

Ausgabe: JNB Qualitätswert für das Eingabebild $\mathbf{f}$.

Im Folgenden soll daher eine referenzlose Evaluationsmethode vorgestellt werden, die solche expliziten Parameterdefinitionen nicht benötigt und die Entstehung von Metall- oder MAR-Artefakten direkt in die Auswertung mit einbezieht. Erstmals vorgestellt wurde dieser Ansatz in [Kra11] sowie [Kra12a].

5.2.1 Ausnutzung einer Vorwärtsprojektion

Metall- und MAR-Artefakte werden durch Inkonsistenzen in den CT-Rohdaten hervorgerufen. Während der Bildrekonstruktion entstehen aus den inkonsistenten Daten Bildfehler, die sich negativ auf die Bildqualität auswirken (diese Problematik wurde bereits in Abschnitt 3.5 näher beschrieben). Eine Evaluation muss diese Artefakte somit korrekt identifizieren und ihr Auftreten als schlechte Qualität bewerten. Da die Artefakte erst während der Bildrekonstruktion entstehen, ergibt sich folgende These: Die unerwünschten Artefakte außerhalb der Metallbereiche existieren im rekonstruierten Bild, wo sie die restlichen Informationen überlagern, jedoch noch nicht außerhalb der Metallspuren in den aufgenommenen CT-Rohdaten. Im Sinogramm weisen lediglich die metallbeeinflussten Projektionswerte innerhalb der sinusförmigen Strukturen, die den Metallobjekten entsprechen, starke Inkonsistenzen zu den restlichen Daten auf. Durch Streuung und andere Einflüsse ergeben sich in der Realität zwar auch leichte Metalleinflüsse auf die Projektionswerte außerhalb der direkt metallbeeinflussten Region. Jedoch kann dies für die folgende Idee zur Qualitätsbestimmung als vernachlässigbar eingestuft werden. Daher wird von nun an angenommen, dass außerhalb der Metallspuren im Radonraum keine Metalleinflüsse auf die Rohdaten existieren.

Das Wissen über die Metalleinflüsse im Rohdaten- sowie im Bildraum kann für einen neuen Evaluationsansatz ausgenutzt werden. Es erscheint naheliegend, einen Vergleich mit der ursprünglichen CT-Aufnahme in Form der noch nicht rekonstruierten Rohdaten durchzuführen, sofern eine zweite CT-Aufnahme ohne Metalleinflüsse als Referenz für einen Vergleich nicht verfügbar ist (siehe Abschnitt 4.1 und 4.2). Da die ursprünglichen Rohdaten außerhalb der Metallspuren unbeeinflusst sind, können sie bei einer Evaluation für einen Vergleich hinzugezogen werden und als eine sogenannte inhärente Referenz neu interpretiert werden. Um die artefaktbehafteten Werte aus dem Bildraum anhand dieser Referenz auszuwerten, ist lediglich ein Transformationsschritt notwendig. Das zu bewertende Schnittbild muss dazu wieder in den Radonraum zurücktransformiert werden, indem eine Vorwärtsprojektion (englisch: „forward projection", FP) durchgeführt wird. Wie in Abschnitt 3.2.2 bereits erwähnt wurde, handelt es sich dabei um die direkte Bestimmung der Radontransformation aus Gleichung (3.2), wobei in diesem Fall die Abschwächungskoeffizienten μ den Informationen aus dem rekonstruierten CT-Schnittbild f entsprechen.

Die grundsätzliche Idee des Vergleiches zwischen den ursprünglichen CT-Rohdaten sowie dem vorwärtsprojizierten Bild wurde in der Vergangenheit bereits in zahlreichen anderen Anwendungsbereichen betrachtet und ausgenutzt. Beispiele dafür sind iterative Rekonstruktionsverfahren, die den Fehler zwischen ursprünglicher CT-Aufnahme und vorwärtstransformiertem Bild nach und nach reduzieren (siehe unter anderem [Lan84], [Tof96] oder auch [Kak01]). Für die Korrektur von Bewegungsartefakten [Han08, Sch09] oder auch Vorkorrekturen bei Streueinflüssen [Gri09] in CT-Bildern existieren ebenfalls Verfahren, die auf einer Transformation der Bilder zurück in den Radonraum basieren.

Neben der Abwesenheit von variablen Parametern erweist es sich bei einer FP-basierten Methode zusätzlich als vorteilhaft, dass eine Evaluation ausschließlich auf dem originalen Datensatz durchgeführt wird. Dadurch können Probleme, wie die in Abschnitt 4.1.1 erwähnten Abweichungen zu einer zweiten Referenzaufnahme, vermieden werden. Diese Idee zur Bewertung von Metall- und MAR-Artefakten wird im weiteren Verlauf dieser Arbeit mit FP-Metrik abgekürzt. Im folgenden Abschnitt wird außerdem erläutert, wie FP-Metriken bestimmt werden können.

5.2.2 Referenzlose Metrik durch Vorwärtstransformation

Die Idee einer FP-Metrik basiert auf drei Hauptschritten zur Evaluation der Bildqualität, die in Abbildung 5.3 anhand einer Aufnahme des Abdomenphantoms mit einem Metallobjekt veranschaulicht werden. Seien p_{Metall} erneut die aufgenommenen, metallbeeinflussten Projektionswerte. Im ersten Schritt der Evaluationsstrategie werden diese Daten zunächst rekonstruiert. In dieser Arbeit wird für alle Rekonstruktionen eine distanzbasierte FBP (siehe Abschnitt 3.4.2) mit einer Rampenfilterung sowie eine distanzbasierte Vorwärtsprojektion verwendet [Man02, De 04]. Daraus ergibt sich das zugehörige CT-Schnittbild f_{Metall} mit den jeweiligen Abschwächungswerten. Dieses Bild beinhaltet Artefakte in Form von strahlenförmigen Strukturen, die das gesamte Bild überlagern und Schatten um das metallische Objekt herum.

Um den Grad der Qualitätsminderung durch die Artefakte bewerten zu können, wurden in vorherigen Abschnitten dieser Arbeit bereits zahlreiche Methoden vorgestellt. Allen bisher betrachteten Verfahren ist gemein, dass eine Bewertung der Bildqualität im Bildraum durchgeführt wird. Im Gegensatz dazu wird bei einer FP-Metrik nun eine Vorwärtsprojektion des rekonstruierten Bildes f_{Metall} durchgeführt (Schritt 2 in Abbildung 5.3). Dabei handelt es sich um eine Addition aller Werte als Linienintegrale, woraus sich entsprechende Projektionswerte im Radonraum ergeben. Bei dieser Vorwärtsprojektion der Bilddaten ergibt sich somit ein neuer Rohdatensatz

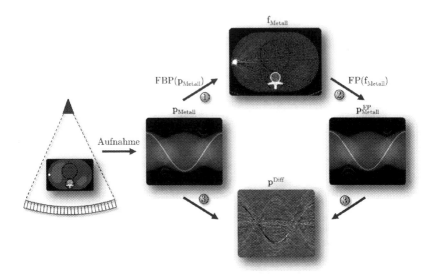

Abbildung 5.3: FP-Metrik für unbehandelte, metallbeeinflusste CT-Daten: Im ersten Schritt wird das zu evaluierende CT-Schnittbild f_{Metall} rekonstruiert. In einem zweiten Schritt wird das Bild f_{Metall} in den Radonraum transformiert, woraus sich ein zweites Sinogramm $p_{\text{Metall}}^{\text{FP}}$ ergibt. Im dritten und letzten Schritt kann ein Vergleich des originalen CT-Datensatzes p_{Metall} mit den vorwärtsprojizierten Bilddaten $p_{\text{Metall}}^{\text{FP}}$ vorgenommen werden.

$p_{\text{Metall}}^{\text{FP}}$, der für artefaktfreie Bilder identisch zu den ursprünglich gemessenen CT-Rohdaten ist und in Abbildung 5.3 nach dem zweiten Schritt rechts dargestellt ist.

Im Rahmen dieser Arbeit kommt eine einfache, monoenergetische Linienintegration für die Umsetzung zweidimensionaler CT-Aufnahmen zum Einsatz, in der physikalische Vorgänge wie Streuung und Strahlaufhärtung (nähere Informationen werden in Abschnitt 3.5 gegeben) nicht mit simuliert werden. Eine Umrechnung von f_{Metall} in HU-Werte, wie sie in Kapitel 2 eingeführt wurde, vor einer Vorwärtsprojektion erweist sich in diesem Fall nicht als sinnvoll. Die Werte würden in diesem Fall nicht mehr zu korrekten Projektionswerten im Radonraum führen, da diese nicht der HU-Skala entsprechen.

Das Sinogramm $p_{\text{Metall}}^{\text{FP}}$ enthält trotz der zunächst visuellen Ähnlichkeit zur gemessenen CT-Aufnahme p_{Metall} bei einem genaueren Vergleich konkrete Unterschiede. Diese Unterschiede werden in Abbildung 5.3 anhand einer Differenzbildung zwischen den beiden Datensätzen als Schritt 3 durch das Differenzsinogramm p^{Diff} veranschaulicht. Der Grund für die Abweichungen liegt überwiegend in den Metallartefakten, die sich im Bildraum über das gesamte Bild erstreckten und nicht lediglich im Bereich der Metallobjekte. Die Fehler werden bei der Vorwärtstransformation mit erfasst beziehungsweise aufsummiert und entlang aller Strahlenverläufe durch das Objekt, in denen kein Metall enthalten ist, mit in den Radonraum projiziert. Die Differenz zeigt deutlich, dass sich die in den Radonraum transformierten Bildfehler in den ursprünglichen Rohdaten noch nicht befunden hatten.

Für eine automatische Qualitätsevaluation ist es somit möglich, einen numerischen Vergleich zwischen den beiden Datensätzen p_{Metall} und $p_{\text{Metall}}^{\text{FP}}$ im Radonraum durchzuführen. Dafür können beliebige referenzbasierte Distanzmaße verwendet werden, wie sie beispielsweise bereits in den Abschnitten 4.1 und 4.2 vorgestellt wurden. Dabei wird der originale Rohdatensatz als inhärente Referenz interpretiert und es ergibt sich insgesamt eine Evaluationsstrategie, die weiterhin als FP-Metrik bezeichnet wird.

Die Idee der FP-Evaluation ist nicht nur auf die Bewertung von metallbeeinflussten CT-Daten limitiert, sondern ist auch für die Ergebnisse einer MAR-Methode denkbar. Nach so einem Korrekturverfahren befinden sich in der Regel immer noch residuale Inkonsistenzen innerhalb der Rohdaten. In den entsprechenden rekonstruierten Bildern konnten die ursprünglichen Metallartefakte meist reduziert oder sogar vollständig entfernt werden. Die neuen Inkonsistenzen zwischen den neubestimmten Daten innerhalb der Metallspuren und den ursprünglichen Projektionswerten ergeben jedoch wiederum Bildfehler, die hier als MAR-Artefakte bezeichnet werden. Hierbei kann äquivalent argumentiert werden wie bei den metallbeeinflussten Daten. Die MAR-Artefakte entstehen ebenfalls erst während der Bildrekonstruktion, was wiederum eine Verwendung der originalen Rohdaten als inhärente Referenz ermöglicht.

Die FP-Vorgehensweise für MAR-Artefakte ist in Abbildung 5.4 ebenfalls für die gleichen Aufnahme des Abdomenphantoms dargestellt wie in Abbildung 5.3, wobei eine MAR-Methode vor der Bildrekonstruktion angewendet wurde. Deutlich ist die erfolgreiche Reduktion der Metallartefakt im rekonstruierten Bild zu erkennen, jedoch sind gleichzeitig neu entstandene MAR-Artefakte zu sehen. Das Differenzsinogramm zeigt dementsprechend veränderte Intensitäten, die jeweils Abweichungen zwischen originalem Rohdatensatz und vorwärtsprojiziertem Bild entsprechen.

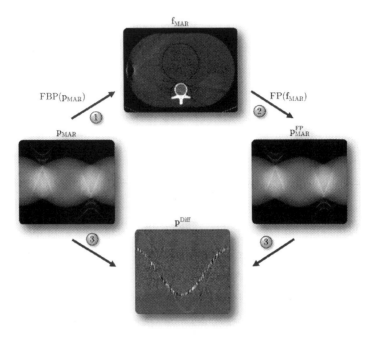

Abbildung 5.4: FP-Metrik für MAR-Ergebnisse: Im ersten Schritt wird das zu evaluierende CT-Schnittbild f_{MAR} zunächst rekonstruiert. In einem zweiten Schritt wird das Bild f_{MAR} in den Radonraum transformiert, woraus sich ein ein zweites Sinogramm p_{MAR}^{FP} ergibt. Im dritten und letzten Schritt kann ein Vergleich des CT-Datensatzes nach der MAR-Anwendung p_{MAR} mit den vorwärtstransformierten Bilddaten p_{MAR}^{FP} vorgenommen werden.

Eine Evaluation ist folglich anhand der Verwendung des originalen Sinogramms p_{Metall} oder p_{MAR} und der Vorwärtsprojektion des CT-Bildes f_{Metall} oder f_{MAR} mit Metall- beziehungsweise MAR-Artefakten möglich. Im Folgenden werden die Verfahren, die in Abschnitt 4.2 bereits vorgestellt wurden, in Kombination mit der FP-Methode betrachtet. Diese Methoden, die normalerweise im Bildraum angewendet werden, liefern mit der FP-Evaluationsstrategie im Rohdatenraum entsprechende Qualitätsaussagen. Die Kombination der referenzbasierten Metriken und der FP-Evaluation werden im Weiteren mit SSD^{FP}, REL^{FP}, NAD^{FP} und MSSIM^{FP} bezeichnet. Die entsprechenden FP-Varianten der Metriken sind jeweils gegeben durch

$$\text{SSD}^{\text{FP}} = \frac{1}{|\mathbf{R}|} \cdot \sum_{\tau=0}^{|\mathbf{R}|-1} (p(\mathbf{r}_\tau) - p^{\text{FP}}(\mathbf{r}_\tau))^2, \tag{5.7}$$

$$\text{REL}^{\text{FP}} = \frac{\|(\mathbf{p} - \mathbf{p}^{\text{FP}})\|_2}{\|\mathbf{p}\|_2}, \tag{5.8}$$

$$\text{NAD}^{\text{FP}} = \frac{\sum_{\tau=0}^{|\mathbf{R}|-1} |p(\mathbf{r}_\tau) - p^{\text{FP}}(\mathbf{r}_\tau)|}{\sum_{\tau=0}^{|\mathbf{R}|-1} |p(\mathbf{r}_\tau)|}, \tag{5.9}$$

$$\text{MSSIM}^{\text{FP}} = 1 - (\frac{1}{F} \sum_{j=0}^{F-1} \text{SSIM}(\mathbf{x}_j^O, \mathbf{y}_j^{\text{FP}})), \tag{5.10}$$

wobei $\mathbf{x}_j^O$ und $\mathbf{y}_j^{\text{FP}}$ den jeweiligen Blöcken innerhalb des originalen Datensatzes $\mathbf{p}_{\text{Metall}}$ sowie der Vorwärtsprojektion $\mathbf{p}_{\text{Metall}}^{\text{FP}}$ des CT-Schnittbildes entsprechen, wie sie in Abschnitt 4.2.4 eingeführt wurden. Im Gegensatz zur Anwendung der Referenzen im Bildraum befinden sich auch im Maskenbereich des zu bewertenden Datensatzes potenziell die gleichen Daten, wie in der inhärenten Referenz. Eine Nichtbetrachtung der Metallspuren, wie es beispielsweise in Abschnitt 4.2.1 erwähnt wurde, ist für den FP-Ansatz daher nicht notwendigerweise vorzunehmen. Es ist jedoch darauf zu achten, dass für die MAR-Evaluation nicht der ursprüngliche Rohdatensatz als inhärente Referenz verwendet wird. Stattdessen sind Daten mit den MAR-Ergebnissen innerhalb der Maskenbereiche zu verwenden, da sie dort grundsätzlich die gleichen Werte wie das vorwärtstransformierte Bild aufweisen.

Die Vorgehensweise der FP-Idee wird in Algorithmus 5.2 noch einmal zusammengefasst. Bei einer FP-Metrik sind keinerlei variablen Parameter als Eingabe notwendig. Erforderlich sind lediglich Datensätze, die bei einer MAR-Anwendung anhand einer Datenneubestimmung ohnehin bereits vorliegen sollten: der originale Rohdatensatz $\mathbf{p}$, das zu evaluierende Bild $\mathbf{f}$ und eine binäre Maske $\mathbf{p}^M$ im Radonraum, welche die ursprünglichen metallbeeinflussten Projektionswerte definiert.

Der FP-Algorithmus liefert dann als Ausgabe einen Qualitätswert $q \in \mathbb{R}$, der je nach verwendetem Distanzmaß als Methode M unterschiedlich groß ausfällt. Für weiterführende Vergleiche mehrerer Bilder $\mathbf{F} = (\mathbf{f}_b)_{b=0}^{|\mathbf{F}|-1}$ ergeben sich mehrere Qualitätswerte $\mathbf{q} = (q_b)_{b=0}^{|\mathbf{F}|-1}$. Um diese Werte direkt miteinan-

---

Algorithmus 5.2 Algorithmus der FP-Idee.

> **Eingabe:** $\mathbf{f} = (f(\mathbf{b}_h))_{h=0}^{|\mathbf{B}|-1}$ zu evaluierendes Bild
>
> $\mathbf{p} = (p(\mathbf{r}_i))_{i=0}^{|\mathbf{R}|-1}$ Original im Radonraum
>
> $\mathbf{p}^{\mathrm{M}} = (p^{\mathrm{M}}(\mathbf{r}_i))_{i=0}^{|\mathbf{R}|-1}$ Maske im Radonraum

1: $\mathbf{p}^{\mathrm{FP}} = \mathrm{FP}(\mathbf{f})$.
2: $q = \mathrm{M}(\mathbf{p}, \mathbf{p}^{\mathrm{FP}}, \mathbf{p}^{\mathrm{M}})$.

> **Ausgabe:** $q \in \mathbb{R}$ Qualitätswert für das Eingabebild $\mathbf{f}$.

---

der vergleichen zu können, bietet sich eine Skalierung auf ein einheitliches Intervall wie zum Beispiel $[0, 100]$ an, was durch

$$\mathbf{q} = \frac{\mathbf{q} - \min(\mathbf{q})}{\max(\mathbf{q}) - \min(\mathbf{q})} \cdot 100 \tag{5.11}$$

realisiert werden kann. Dadurch ergibt sich ebenfalls eine Vergleichbarkeit mit den prozentualen Einstufungen der Testpersonen aus der Evaluationsstudie (siehe Abschnitt 4.3). Der Vektor $\mathbf{q}$ enthält dabei alle einzelnen Qualitätswerte q_b, die sich beispielsweise für verschiedene Varianten des gleichen Rohdatensatzes ergeben haben.

Eine Erweiterung auf die Evaluation von dreidimensionalen CT-Datensätzen wird im Rahmen dieser Arbeit auf zwei Arten realisiert. Zum einen werden für die jeweiligen Schichten des Datensatzes die FP-Auswertungen einzeln betrachtet. Zum anderen kann eine Bewertung des gesamten Datensatzes durch die Summe über alle Einzelergebnisse erreicht werden.

5.2.3 Potenzielle Probleme

In Abschnitt 5.2.1 wurde zunächst die Annahme getroffen, dass für CT-Aufnahmen von Objekten ohne Metalle der Zusammenhang

$$\mathbf{p} = \mathrm{FP}(\mathbf{f}) \tag{5.12}$$

gilt. In der Realität ergeben sich jedoch zahlreiche weitere Einflüsse, die unabhängig von der Existenz von Metallobjekten die CT-Rohdaten beziehungsweise das rekonstruierte Schnittbild beeinflussen.

5.2.3.1 Inhärenter Fehler

Vorgänge wie Streueffekte, Strahlaufhärtung und Rauscheinflüsse (in Abschnitt 3.5 bereits beschrieben) führen zu Unterschieden zwischen dem ursprünglichen Rohdatensatz p und der Vorwärtsprojektion des rekonstruierten Bildes p^{FP}. Die anschließenden Bildverarbeitungsprozesse wie die FBP mit der Hochpassfilterung, Interpolationen, Diskretisierungsschritte und kleinste Abweichungen der erwarteten Aufnahmegeometrie führen außerdem zu weiteren Abweichungen von den ursprünglichen Daten. All diese Fehler haben Artefakte im rekonstruierten Bild zur Folge, die bei einer späteren Vorwärtsprojektion in den Radonraum zurücktransformiert werden.

Es ist somit davon auszugehen, dass die Annahme der Datenäquivalenz aus Gleichung (5.12) nicht vollständig zu erreichen ist beziehungsweise es sich in der Realität nur um eine Annäherung handelt. Aus diesem Grund werden im Folgenden anhand von Phantomaufnahmen die Einflüsse untersucht, die auch ohne metallische Objekte zu Differenzen zwischen dem originalen Datensatz und Vorwärtsprojektion des rekonstruierten Bildes führen. Diese Abweichung wird dabei als inhärenter Fehler bezeichnet, der auch bei der Abwesenheit von Metall auftritt.

Die Differenz eines Datensatzes ohne metallische Objekte ist beispielhaft in Abbildung 5.5 dargestellt. Die Aufnahme des anthropomorphen Abdomenphantoms wurde rekonstruiert und das resultierende Bild anschließend wieder in den Radonraum vorwärtsprojiziert. Zu sehen ist in der Abbildung das Differenzsinogramm p^{Diff} zwischen Originalaufnahme sowie der Vorwärtsprojektion. Insbesondere im Rauschlevel und an deutlichen Objektkanten fallen hier Abweichungen zwischen den beiden Datensätzen auf.

In Kapitel 6 wird der Einfluss des inhärenten Fehlers in Zusammenhang mit den durch Metall- und MAR-Artefakte verursachten Fehlern gesetzt, die im Rahmen dieser Arbeit evaluiert werden. Es gilt die Forderung, dass der inhärente Fehler bei einer Evaluation mit der FP-Metrik deutlich niedriger sein muss, damit das Resultat der FP-Metrik überwiegend den Bildartefakten zugeordnet werden kann. Nur unter dieser Voraussetzung kann eine Anwendung der FP-Methode zur referenzlosen Evaluation von CT-Bildern sinnvoll sein.

5.2.3.2 Abgeschnittene Projektionen

Ein weiteres Problem kann sich durch eine Inkonsistenz der Aufnahme ergeben, die sich durch abgeschnittene Projektionsdaten ergeben (diese Problematik wurde bereits in Abschnitt 3.5 thematisiert). Bei zu großen

Abbildung 5.5: Darstellung der absoluten Differenzen in Prozent zwischen Originalsinogramm des anthropomorphen Abdomenphantoms und dem vorwärtsprojizierten CT-Schnittbild dieser Aufnahme (Fensterung: [0, 4]) (in Anlehnung an [Kra11]).

Objekten im Verhältnis zur Detektordimension wandern je nach Rotationswinkel des Quelle-Detektor-Systems gewisse Objektbereiche aus dem Röntgenfächer heraus. Diese Bereiche sind somit je nach Rotationswinkel in den erfassten Projektionswerten enthalten oder nicht. Als Folge passen die Projektionen untereinander nicht mehr zusammen, sie sind inkonsistent. Im rekonstruierten Bild ergeben sich dadurch fehlerhafte Bereiche insbesondere an dem Bildrand, an dem sich die betreffenden Objektteile befinden.

Beispielhaft wird dies in Abbildung 5.6 dargestellt. Der abgeschnittene CT-Rohdatensatz in Abbildung 5.6 (a) führt durch eine FBP zu dem in Abbildung 5.6 (b) dargestellten CT-Schnittbild. Deutlich ist im linken Bildbereich der Arm des Patienten zu erkennen, der für bestimmte Winkelpositionen nicht im Sichtbereich des Detektors enthalten war. Dadurch resultierten die sichtbaren Fehler am Bildrand. Eine Vorwärtsprojektion dieser Daten führt zwangsläufig zu Abweichungen zum originalen Datensatz, wie anhand von Abbildung 5.6 (c) verdeutlicht wird. Alle Bereiche, die nicht unter allen Projektionswinkeln auf den Detektor erfassbar sind, werden bei der anschließenden Vorwärtsprojektion ignoriert. Dadurch wird der Arm des Patienten in keinen Winkelpositionen mit in den Radonraum vorwärtsprojiziert. Die deutlichen Abweichungen, die sich dadurch ergeben, könnten potenziell weitere Differenzen, hervorgerufen durch Metall- oder MAR-Artefakte, überlagern. Diese potenzielle Problematik wird ebenfalls in Kapitel 6 überprüft.

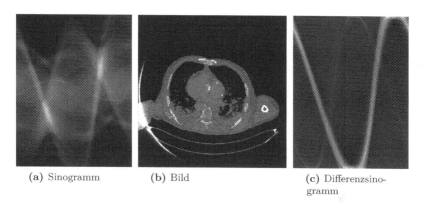

(a) Sinogramm   (b) Bild   (c) Differenzsinogramm

Abbildung 5.6: Veranschaulichung der Problematik für die FP-
Evaluation durch abgeschnittene Projektionen: (a) die abgeschnittenen
CT-Rohdaten führen zu dem CT-Schnittbild in (b). Durch eine Vorwärts-
projektion dieses Bildes und einer anschließenden Differenzbildung mit
dem ursprünglichen Datensatz aus Abbildung (a) werden die deutlichen
Abweichungen beider Datensätze in (c) dargestellt.

5.2.3.3 Kegelstrahlproblem für dreidimensionale Daten

Wie unter anderem in Kapitel 2 erwähnt wurde, handelt es sich bei den
dreidimensionalen Daten im Rahmen dieser Arbeit um einen Stapel zweidimensionaler CT-Aufnahmen, der durch ein CT-Gerät mit mehreren Detektorzeilen gewonnen wurde. In Abschnitt 3.3 wurde daraufhin erwähnt, dass
dadurch eine Kegelstrahlproblematik innerhalb der aufgenommenen Daten
auftritt. Die äußersten Detektorzeilen werden im Rahmen dieser Arbeit
ebenfalls als Fächerstrahlaufnahmen interpretiert und mit einer entsprechenden FBP rekonstruiert, obwohl mit größer werdendem Abstand von der
Mitte des Detekorfeldes eine immer deutlicher werdende Abschrägung des
Strahlenverlaufes entlang der axialen Dimension stattfindet. Dadurch ergibt
sich anstatt eines Fächers ein immer mehr kegelförmiger Verlauf.

In Abbildung 5.7 wird diese Situation anhand von zwei unterschiedlichen
CT-Rohdatensätzen visuell verdeutlicht. Zu sehen sind zwei verschiedene
Differenzsinogramme von der gleichen CT-Aufnahme, jedoch anhand der
Sinogramme aus unterschiedlichen Detektorzeilen. In Abbildung 5.7 (a)
wurde eine mittlere Detektorzeile ausgelesen, die entsprechenden Rohdaten
rekonstruiert, das Schnittbild wieder in den Radonraum transformiert und
die Differenz dieses Datensatzes zum originalen Rohdatensatz betrachtet.

In Abbildung 5.7 (b) wurde die gleiche Vorgehensweise jedoch mit einer der äußeren Detektorzeilen durchgeführt. Deutlich ist bei den gleich skalierten Differenzsinogrammen zu sehen, dass die Unterschiede für die äußere Detektorzeile wesentlich höher sind. Grund dafür ist der bereits erwähnte Kegelstrahleffekt. Dieser Effekt wird im folgenden Kapitel 6 ebenfalls bezüglich des negativen Einflusses auf eine FP-Evaluation überprüft. Nur sofern er, wie der inhärente Fehler, deutlich geringer ist, als Metall- oder MAR-Artefakte, können auch die dreidimensionalen Daten in dieser Arbeit anhand einer FP-Metrik erfolgreich evaluiert werden.

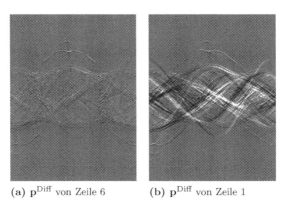

(a) p^{Diff} von Zeile 6   (b) p^{Diff} von Zeile 1

Abbildung 5.7: Die Annahme, dass alle Detektorzeilen des CT-Gerätes einer Fächerstrahlaufnahme entsprechen, wird bei Aufnahmen mit einem mehrzeiligen Detektor nicht eingehalten. Die Abweichung zur Annahme wird mit zunehmendem Abstand der ausgelesenen Zeilen zum Zentrum des Detektors immer größer. In Abbildung (a) wird die Differenz zwischen p und p^{FP} einer mittleren Zeile gezeigt und in Abbildung (b) von einer äußeren Detektorzeile.

6 Ergebnisse und Diskussion der Bildbewertungen

In den Kapiteln 4 und 5 wurden referenzbasierte sowie referenzlose Methoden zur Evaluation von Bildqualität vorgestellt. In diesem Kapitel sollen nun die entsprechenden Methoden anhand von beispielhaften Qualitätsauswertungen angewandt und miteinander verglichen werden. Dafür werden zum einen die Bildqualitäten der Datensätze mit den vorgestellten Evaluierungsmöglichkeiten ausgewertet. Zum anderen werden verschiedene Aufnahmen des anthropomorphen Abdomenphantoms verwendet, da hierfür referenzbasierte Verfahren im Bildraum ebenfalls anwendbar sind und somit ein direkter Vergleich zwischen FP-Evaluationen und referenzbasierten Methoden möglich ist.

In Abschnitt 6.1 werden zunächst die Ergebnisse der Studie ausgewertet und die Antworten der befragten Testpersonen gruppenweise (bezüglich ihrer radiologischen Erfahrung) miteinander verglichen. In Abschnitt 6.2 werden diese Antworten dann in Relation zu allen vorgestellten numerischen Methoden betrachtet: die referenzbasierten Metriken SSD, REL, NAD und MSSIM sowie die referenzlosen Metriken SSD^{FP}, REL^{FP}, NAD^{FP}, $MSSIM^{FP}$ und JNB. Das Ziel ist es zu prüfen, ob mit den automatischen Verfahren die gleichen Einstufungen wie bei der Expertenbefragung erzielt werden. Falls dies nicht der Fall ist, sind die Gründe für diese Abweichungen von Interesse. Für die FP-Methode wurden außerdem in Abschnitt 5.2.3 potenzielle Probleme erwähnt, die hier abschließend in Abschnitt 6.3 anhand von entsprechenden Beispielen genauer betrachtet werden. Auf dieser Basis kann dann eine Entscheidung getroffen werden, ob diese Effekte die FP-Evaluation negativ beeinflussen oder das Verfahren in der Realität trotzdem als referenzlose Qualitätsevaluation anwendbar ist.

6.1 Ergebnisse der Expertenbefragung

Die Ergebnisse der Studie werden im Folgenden als Whisker-Darstellung veranschaulicht (siehe beispielsweise [Gri08]). Diese Darstellung bietet einen guten Überblick der Verteilung aller Antworten. Die Informationen werden dabei wie folgt zusammengestellt:

- Aus allen Antworten für ein Bild wird der Medianwert ermittelt. Alle direkt miteinander zu vergleichenden Bildvarianten werden als Kurve ihrer Medianwerte dargestellt. Der Verlauf dieser Kurven ist von besonderem Interesse, da durch ihn die Qualitätsverhältnisse zwischen den bewerteten Bildern verdeutlicht werden.

- Die Bereiche um den Medianwert, in denen sich die mittleren 50 % aller Antworten befinden, sind das obere und untere Quartil. Sie sind im Folgenden als eine den jeweiligen Medianwert umgebende Box visualisiert.

- Ein unterer sowie ein oberer Extremwert ergeben sich aus den minimalen beziehungsweise maximalen Qualitätseinstufungen, die für ein Bild gegeben wurden. Sie werden in den folgenden Grafiken durch vertikale Striche von der Quartil-Box ausgehend veranschaulicht.

6.1.1 Auswertungen der Testdaten

Bei der Befragung haben alle Experten die Qualität einer Auswahl von Bildern, dargestellt in den Abbildungen 4.10 und 4.11, prozentual zwischen 0 % und 100 % eingestuft (von wenig bis viel artefaktbehaftet). Alle Evaluationsergebnisse des gleichen Datensatzes wurden anschließend unter Verwendung des globalen Minimums und Maximums normiert (also von allen Bildvarianten des dargestellten Datensatzes). Dadurch können alle Antworten erneut auf einer Skala von 0 % bis 100 % dargestellt werden, wobei 0 % der niedrigsten und 100 % der höchsten vorgenommenen Einstufung entspricht. Dies ermöglicht eine bessere Vergleichbarkeit der Antworten.

Bei den befragten Personen sind drei Gruppen zu unterscheiden: keine signifikante radiologische Erfahrung (weniger als ein Jahr, vier Befragte, in den folgenden Abbildungen links in dunkelgrau dargestellt), eine gewisse radiologische Erfahrung (weniger als drei Jahre, acht Befragte, in den folgenden Abbildungen als Zweites von links in mittelgrau dargestellt) sowie deutliche radiologische Erfahrung (mehr als drei Jahre, fünf Befragte, in den folgenden Abbildungen als Drittes von links in hellgrau dargestellt). Außerdem werden im Folgenden für eine allgemeingültige Aussage ebenfalls alle Antworten zusammen betrachtet (in den folgenden Abbildungen rechts in schwarz dargestellt), wodurch sich somit vier betrachtete Gruppen ergeben. Die im Folgenden dargestellten Ergebnisse der Studie zeigen auf der horizontalen Achse die bewerteten Varianten von Testbildern. Dabei handelt es sich um eine diskrete Menge, die eigentlich nicht als durchgehender Graph dargestellt werden sollte. Für eine bessere Vergleichbarkeit der Qualitätsverläufe wurde jedoch trotzdem diese Darstellung verwendet. Insbesondere bei einer höheren Anzahl von Kurven, die im späteren Verlauf für die unterschiedlichen numerischen Verfahren gezeigt werden, wird der visuelle Vergleich der jeweiligen Ergebnisse so deutlich vereinfacht.

Die Testpersonen bewerteten im Rahmen der durchgeführten Studie verschiedene Problemstellungen. Bei der ersten Problematik handelt es sich zum einen um die Einstufung des Schweregrades verschiedener Metalleinflüsse auf die Bildqualität eines ansonsten gleich bleibenden Objektes. Diese Fragestellung wurde anhand von Variationen des Abdomenphantoms aus Abbildung 4.10 (a) betrachtet, wobei das Phantom mehrmals mit unterschiedlicher Anzahl, Position und Größe metallischer Objekte mit gleich bleibenden Aufnahmeparametern aufgenommen wurde. Die Antworten, die sich für diese Bildreihe ergaben, sind in Abbildung 6.1 zusammengefasst. Für jede der drei Gruppen sind lediglich geringe Abweichungen der jeweiligen Antworten zu erkennen und insgesamt ergibt sich außerdem für alle ein ähnlicher Verlauf der Mediankurven. Vereinzelte Unterschiede lassen sich lediglich bei den Testbildern 2 und 5 erkennen, wodurch sich die Qualitätsreihenfolgen innerhalb der einzelnen Gruppen leicht unterscheiden. Dies lässt darauf schließen, dass es sich um nicht eindeutige Qualitätsunterschiede bei diesen Beispielen handelt.

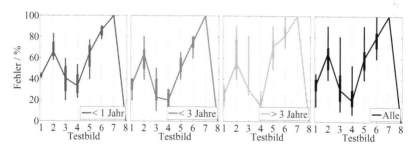

Abbildung 6.1: Whisker-Auswertungen aller Antworten der Gruppen mit weniger als einem Jahr (dunkelgrau), mit weniger als drei Jahren (mittelgrau) und mit mehr als drei Jahren (hellgrau) radiologischer Erfahrung sowie die Gesamtbetrachtung aller Antworten (schwarz) bezüglich der Variationen des Abdomenphantoms aus Abbildung 4.10 (a). Die Legenden, beziehungsweise die Grauschattierungen entsprechen ebenfalls den folgenden Abbildungen, in denen aus Platzgründen auf eine Wiederholung der Legenden verzichtet wird (in Anlehnung an [Kra11]).

Die zweite in der durchgeführten Studie betrachtete Problemstellung ist die Qualitätseinstufung unterschiedlicher Modifikationen des ursprünglich gleichen Datensatzes. Dabei handelt es sich hier um verschiedene Ergebnisse von MAR-Methoden, die potenziell zu einer Qualitätsverbesserung aufgrund der Reduktion von Metallartefakten führen. Hierbei wurden herkömmliche Polynominterpolationen verwendet, da diese im MAR-Forschungsfeld als Vergleichsverfahren weit verbreitet sind sowie eine einfache bildbasierte Artefaktreduktion. Detaillierte Beschreibungen dieser Verfahren werden in Abschnitt 7.3 gegeben.

Für den Testdatensatz Torsophantom MAR aus Abbildung 4.10 (b) sind die Antworten in Abbildung 6.2 dargestellt. Große Quartile, also sehr unterschiedliche Antworten für ein Bild, sind insbesondere in den beiden ersten Gruppen zu sehen. Es ist zudem keine einheitliche Tendenz in den Verläufen der Medianwerte aller Qualitätseinstufungen zu erkennen. Zusätzlich sind sehr große Distanzen zu den jeweiligen Extremwerten festzustellen, was auf einzelne Befragte hindeutet, die stark abweichende Antworten gegeben haben. Zusammenfassend lässt sich für diesen Testdatensatz keine sinnvolle Qualitätsaussage bilden. Es handelt sich offensichtlich durchweg um nicht eindeutige Bildqualitäten. Diese Schlussfolgerung wird ebenfalls durch die zusammengefasste Auswertung aller Antworten (rechte, schwarze Kurve) bestätigt. Im Folgenden wird dieser Datensatz nicht weiter betrachtet, da basierend auf der Studie keine einheitliche Qualitätsaussage gewonnen werden kann, die für die Metrik-Auswertungen in Abschnitt 6.2 als Referenz dienen könnte.

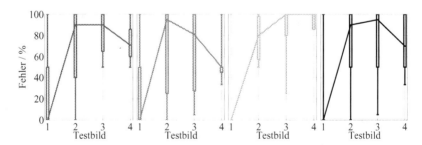

Abbildung 6.2: Whisker-Auswertungen aller Antworten der Gruppen mit weniger als einem Jahr (dunkelgrau), mit weniger als drei Jahren (mittelgrau) und mit mehr als drei Jahren (hellgrau) radiologischer Erfahrung sowie die Gesamtbetrachtung aller Antworten (schwarz) bezüglich des Testdatensatzes Torsophantom MAR aus Abbildung 4.10 (b).

Abbildung 6.3 zeigt die Antworten zu den Datensätzen Abdomenphantom MAR 1 und Abdomenphantom MAR 2 aus den Abbildungen 4.10 (c) und (d). Im Gegensatz zum vorherigen Beispiel, ist hier für alle Gruppen ein übereinstimmender Verlauf zu erkennen. Die Reihenfolgen der Medianwerte jeder Gruppe entsprechen sich, weisen also gleiche Qualitätseinstufung auf. Die Quartilbereiche sind sehr eng oder bei einer Übereinstimmung aller Antworten nicht vorhanden und es ergeben sich nur einzelne, deutlich abweichende Antworten. Bei der Gesamtauswertung aller Antworten (rechte, schwarze Kurve) erhöht sich primär die Quartil- und Extremwertgröße für die jeweils zweiten Testbilder, wobei die Qualitätsverhältnisse der Bilder untereinander jedoch bestehen bleiben.

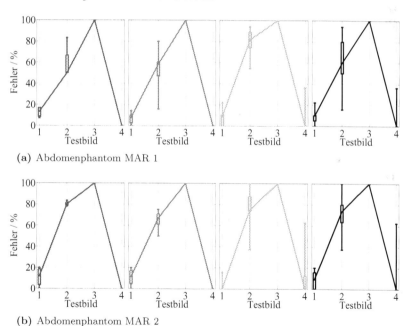

(a) Abdomenphantom MAR 1

(b) Abdomenphantom MAR 2

Abbildung 6.3: Whisker-Auswertungen aller Antworten der Gruppen mit weniger als einem Jahr (dunkelgrau), mit weniger als drei Jahren (mittelgrau) und mit mehr als drei Jahren (hellgrau) radiologischer Erfahrung sowie die Gesamtbetrachtung aller Antworten (schwarz) bezüglich der Testdatensätze Abdomenphantom MAR 1 und Abdomenphantom MAR 2 aus den Abbildungen 4.10 (c) und (d), (in Anlehnung an [Kra11]).

Für den ersten klinischen Datensatz Dental 1 aus Abbildung 4.11 (a) sind in der Auswertung in Abbildung 6.4 (a) leichte Unterschiede für das vierte Testbild zu erkennen. Insgesamt ergibt sich jedoch für alle Gruppen ein ähnlicher Verlauf der Qualitätseinstufungen, welcher sich auch in der Gesamtbetrachtung aller Antworten ohne gravierende Abweichungen für jedes Bildes erkennen lässt.

Die Ergebnisse für den klinischen Datensatz Dental 2 aus Abbildung 4.11 (b) weisen ebenfalls solche Abweichungen bezüglich der Quartilgröße und der Extremwerte auf (dargestellt in Abbildung 6.4 (b)). Jedoch erscheint hier die Übereinstimmungen der Antworten noch geringer als bei dem vorherigen Beispiel. Insbesondere die zweite Gruppe zeigt keine gute Übereinstimmung der Antworten. Außerdem verändert sich der Kurvenverlauf für jede der betrachteten Gruppen, es ist somit keine übereinstimmende Qualitätseinstufung festzustellen. Zwar sind sie sich beispielsweise im Median einig über die schlechteste Qualität (das vierte Testbild), jedoch kann keine eindeutige Aussage über die beste Qualität getroffen werden. In der Gesamtbetrachtung ergibt sich entsprechend der ersten und der dritten Gruppe die beste Qualität für das zweite Testbild. Allerdings sind in der Gesamtauswertung ebenfalls die deutlichen Abweichungen von den Medianwerten durch die großen Quartile für alle Testbilder zu sehen. Aufgrund dieser Unstimmigkeiten kann für den Datensatz auf Basis der Befragung keine Referenzaussage gewonnen werden. Daher wird dieser Datensatz im weiteren Verlauf dieser Arbeit ebenfalls nicht weiter betrachtet.

Die Auswertungen des Datensatzes Dental 3 aus Abbildung 4.11 (c) sind in Abbildung 6.4 (c) dargestellt. Es ergeben sich für alle Gruppierungen ähnliche mediane Qualitätsverläufe mit teilweise sehr großen Quartilbereichen und Extremwerten. Insbesondere über die Qualität vom zweiten Testbild herrschte eine große Uneinigkeit. Dabei handelt es sich gerade um den metallbeeinflussten Datensatz ohne die Verwendung einer Korrekturmethode. Die sichtbaren Metallartefakte verlaufen zwar sehr lokal um einen einzelnen Zahn des Patienten herum, in ihrer Intensität sind sie jedoch sehr deutlich. Im Gegensatz dazu zeigen das erste und das dritte Testbild mehr Artefakte, die in der verwendeten Fensterung deutlich sichtbar sind, generell jedoch eine geringere Intensität aufweisen. Diese Eigenschaften wurden von den Testpersonen unterschiedlich bewertet, was zu den besagten Abweichungen innerhalb der Antworten führte. In Abschnitt 6.2 wird die Einstufung der Metriken zu diesen Daten betrachtet und noch näher auf die Unterschiede der hier zu sehenden Artefakte eingegangen.

Die Antworten für den klinischen Datensatz Hüfte 1 aus Abbildung 4.11 (b) in der ersten Reihe sind in Abbildung 6.5 (a) dargestellt. Die Medianwerte

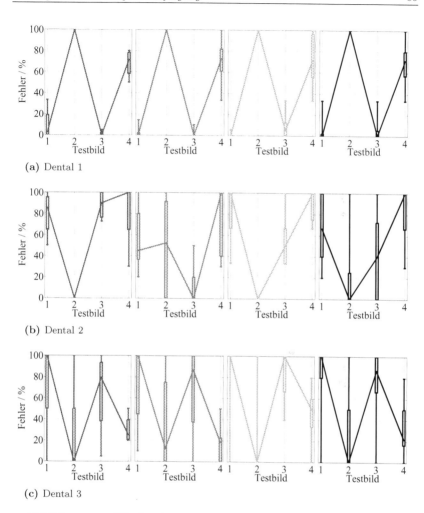

(a) Dental 1

(b) Dental 2

(c) Dental 3

Abbildung 6.4: Whisker-Auswertungen aller Antworten der Gruppen mit weniger als einem Jahr (dunkelgrau), mit weniger als drei Jahren (mittelgrau) und mit mehr als drei Jahren (hellgrau) radiologischer Erfahrung sowie die Gesamtbetrachtung aller Antworten (schwarz) bezüglich des Testdatensatzes Dental 1 (a), Dental 2 (b) und Dental (c) aus den drei Zeilen der Abbildung 4.11 (a), (Dental 1 in Anlehnung an [Kra11]).

verlaufen für alle Gruppen ähnlich, wobei sich jedoch teilweise vergrößerte Quartilbereiche sowie nahezu maximale Abweichungen der Extremwerte ergeben. Durch die großen Abstände zum entsprechenden Medianwert lassen sich diese Antworten jedoch als einzelne Ausreißer bewerten. Anhand der Auswertung aller Antworten bestätigt sich die einheitliche Reihenfolge der Qualitätseinstufungen. Deutlich werden hier jedoch ebenfalls die großen Abweichungen der Extremwerte sowie die relativ großen Quartilbereiche für die letzten beiden Testbilder. In Abschnitt 6.2 wird ein Vergleich mit den Ergebnissen der numerischen Metriken durchgeführt und Gründe diskutiert, die zu den verschiedenen Antworten in der Studie geführt haben.

Für den Datensatz Hüfte 2 aus der zweiten Zeile von Abbildung 4.11 (b) sei insbesondere auf die Ergebnisse der Testbilder 2 und 3 hingewiesen (siehe Abbildung 6.5). Die beiden Gruppen mit mehr radiologischer Erfahrung stufen die Qualitäten der beiden Bilder im Median anders herum ein, als die Gruppe ohne Erfahrung. Bei der Gesamtkurve ergibt sich jedoch die gleiche Tendenz wie bei der ersten Gruppe mit maximalen Extremwerten. In Abschnitt 6.2 wird auch für diesen Datensatz der Vergleich mit den numerischen Ergebnissen von besonderem Interesse sein.

Der letzte klinische Datensatz Aorta aus Abbildung 4.11 (c) führt als dritter Testdatensatz im Rahmen dieser Studie zu sehr widersprüchlichen Bewertungen. Dies ist in Abbildung 6.5 (c) anhand der unterschiedlichen Verläufe, den starken Abweichungen innerhalb aller Gruppierungen und insbesondere der Auswertung aller Antworten zu erkennen. Zwar entsprechen sich die Verläufe von den ersten beiden Gruppen sowie der Gesamtbetrachtung. Jedoch lassen die enormen Abweichungen und insbesondere die unterschiedlichen Einstufungen der Befragten mit der meisten radiologischen Erfahrung keine eindeutige Qualitätsaussage zu.

Zusammengefasst werden die Datensätze Aorta, Torsophantom und Dental 2 von den zehn ursprünglichen Datensätzen im Folgenden nicht weiter betrachtet, da keine klare Referenzbewertung aus der Studie gewonnen werden konnte. Diese ist Voraussetzung für die in Abschnitt 6.2 betrachtete Gegenüberstellung mit allen numerischen Evaluationsmethoden.

6.1.2 Aufgetretene Probleme

Durch Rücksprache mit den Testpersonen ergab sich, dass insbesondere routinierte Ärzte konkrete Fragestellungen als Hintergrundinformation mit in die Qualitätsbewertung einbezogen, die sie mit den vorliegenden Daten hätten beantworten können. Dadurch wurde der Schwerpunkt der jeweiligen Betrachtung auf unterschiedliche Regionen des Bildes gelegt, wodurch

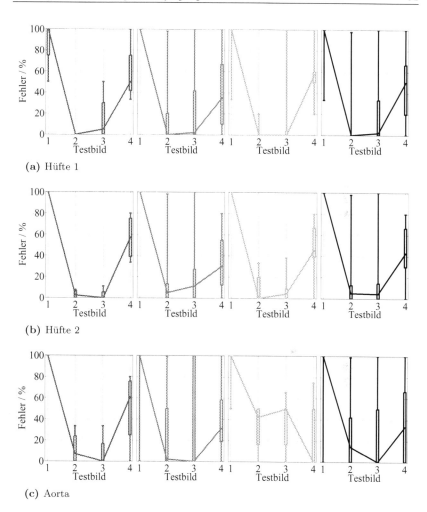

(a) Hüfte 1

(b) Hüfte 2

(c) Aorta

Abbildung 6.5: Whisker-Auswertungen aller Antworten der Gruppen mit weniger als einem Jahr (dunkelgrau), mit weniger als drei Jahren (mittelgrau) und mit mehr als drei Jahren (hellgrau) radiologischer Erfahrung sowie die Gesamtbetrachtung aller Antworten (schwarz) bezüglich des Testdatensatzes Hüfte 1 (a) und Hüfte 2 (b) aus den beiden Zeilen der Abbildung 4.11 (b) sowie Aorta (c) aus Abbildung 4.11 (c), (Hüfte 2 in Anlehnung an [Kra11]).

sich teilweise starke Abweichungen der Antworten untereinander ergaben. Insbesondere bei den klinischen Testdaten wurden intuitiv wichtigen Bereichen für potenzielle Diagnosen eine größere Wichtigkeit zugeschrieben. In diesen Fällen wurde somit die Vorgabe, die Qualität des gesamten Bildes für die Einstufung in Betracht zu ziehen, nicht eingehalten. Diese Vorgabe sollte gerade eine bessere Vergleichbarkeit der Antworten mit numerischen Qualitätsmetriken gewährleisten, die im Rahmen dieser Arbeit immer eine Aussage über die gesamte Bildqualität wiedergeben.

Ein weiteres Problem äußerte sich in der Entscheidung, im Rahmen der Studie für jeden Datensatz eine feste Fensterung zu verwenden. Diese Vorgehensweise sollte ursprünglich die gleichen Voraussetzungen für eine visuelle Bewertung gewährleisten. Je nach Datensatz kann eine Variation der Fensterung jedoch zu gravierenden Unterschieden bezüglich der sichtbaren Bildinhalte und Artefakte führen.

Ein Beispiel dafür ist der Datensatz Aorta aus Abbildung 4.11 (c). Bei der Fensterung, die in der Studie zum Einsatz kam, werden die Bereiche der Lunge homogen dargestellt. Wie in Kapitel 2 beschrieben, sind HU-Werte über eine sehr große Spanne definiert, woraus sich für andere Fensterungen unter Umständen andere Bildeindrücke ergeben. Zwei beispielhafte Fensterungen für diesen Datensatz sind in Abbildung 6.6 dargestellt.Dabei handelt es sich um zwei standardmäßig verwendete Fensterungen, wie sie beispielsweise auch in [Buz04] angegeben werden. Im Knochenfenster (Abbildung 6.6 (a)) sind fast keine Strukturen der Lunge sichtbar. Die Fensterung wurde so gewählt, dass möglichst viel Kontrast bei stark schwächenden Objektbereichen gegeben ist. Alternativ dazu ist in Abbildung 6.6 (b) ein Lungenfenster dargestellt. Hier wird der sichtbare Kontrast im Bereich von niedrigeren HU-Werten gesetzt. Dadurch wird eine Darstellung der Bronchien innerhalb der Lungenflügel möglich. Die Form und der Verlauf der Metallartefakte ändert sich ebenfalls in Abhängigkeit der Fensterung.

Durch die Festlegung auf eine Fensterung wurde eine Vergleichbarkeit aller Antworten bestmöglich gewährleistet. Da jedoch einige Testpersonen Vermutungen über andere Fensterungen in die Qualitätsbeurteilung einbezogen, sollte eine zukünftige Erweiterung dieser Expertenbefragung die variable Anpassung der Fensterung für alle Befragten ermöglichen. Im Rahmen dieser Arbeit sind die hier gezeigten Ergebnisse jedoch ausreichend, um erste Vergleiche mit automatischen Qualitätsbestimmungen durchführen zu können.

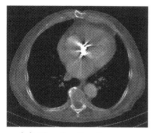 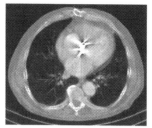

(a) Knochenfenster   (b) Lungenfenster

Abbildung 6.6: Beispiel von zwei verschiedenen Fensterungen des Testdatensatzes Aorta aus Abbildung 4.11 (c). Zu sehen ist zum einen in (a)
ein Knochenfenster (WL=300 HU,WW=1500 HU) und in (b) ein Lungenfenster (WL=-200 HU,WW=2000 HU). Im Vergleich beider Bilder werden
die unterschiedlichen Strukturen deutlich, die je nach Kontrastbereichen
sichtbar werden.

6.2 Vergleich zwischen Metriken und Experten

Nach der Auswertung aller Antworten der Expertenstudie sollen diese Daten
nun mit den entsprechenden Ergebnissen aller hier betrachteten Metriken
verglichen werden. Dabei handelt es sich um die vier referenzbasierten
Verfahren REL, SSD, NAD und MSSIM sowie um die fünf referenzlosen
Alternativen JNB, REL^{FP}, SSD^{FP}, NAD^{FP} und MSSIM^{FP}. Die Ergebnisse
werden im Folgenden in der gleichen Reihenfolge wie im vorherigen Abschnitt
dargestellt. Außerdem wird für jeden Testdatensatz die Mediankurve aller
befragten Experten der Studie als Orientierung mit abgebildet (die schwarzen
gepunkteten Kurven).

Die Maskenbereiche im Bild- sowie im Radonraum können generell in die
Evaluation einbezogen werden. Da bei der Studie jedoch eine Überblendung
der ursprünglichen Metallbereiche mit der Maske stattfand (siehe Abbildung
4.10 und 4.11), werden die Bereiche hier ebenfalls nicht in die Auswertung
einbezogen, um eine bessere Vergleichbarkeit der Ergebnisse mit der Studie
zu gewährleisten.

Beginnend mit der Bilderreihe Abdomenphantom Variationen sind die
entsprechenden Metrikergebnisse sowie die Expertenkurve in Abbildung
6.7 dargestellt. Da für das Phantom eine Referenzaufnahme ohne Metall
existiert (Testbild 8), konnten hier alle zuvor beschriebenen Evaluationsva-

rianten angewendet werden. Für die verschiedenen Evaluationsmethoden in Form von befragten Testpersonen, referenzbasierten und referenzlosen Methoden ergeben sich sehr ähnliche Qualitätseinstufungen. Lediglich für die im vorherigen Abschnitt bereits erwähnten Testbilder 2 und 5 sind auch hier unterschiedliche Einstufungen festzustellen. Zwar liefern alle numerischen Verfahren einen einheitlichen Qualitätsverlauf, der sich jedoch von der Mediankurve der gesamten Studie bei diesen Testbildern unterscheidet. Bei diesen Testbildern lieferten die drei Gruppen mit unterschiedlicher radiologischer Erfahrung voneinander abweichende Ergebnisse. Festzuhalten ist, dass der Verlauf der meisten numerischen Verfahren mit den Antworten der Gruppe mit der höchsten radiologischen Erfahrung übereinstimmt (die hellgraue Kurve in Abbildung 6.1). Aus diesem Grund und weil die Abweichungen marginal zueinander sind, können die Ergebnisse der numerischen Verfahren als konsitent angesehen werden. Im Allgemeinen nähern sie den Verlauf der Expertenantworten gut an und bei diskussionswürdigen Qualitätsunterscheidungen entsprechen sie den Antworten der erfahrensten Testpersonen.

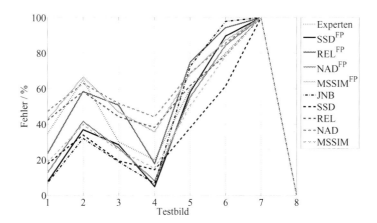

Abbildung 6.7: Evaluationsergebnisse für die Bildreihe Abdomenphantom Variationen aus Abbildung 4.10 (a). Die Legende mit den entsprechenden Graustufen gilt ebenfalls für die folgenden Abbildungen. Dort werden sie aus Platzgründen nicht noch einmal dargestellt (in Anlehnung an [Kra11]).

Bezüglich der Problemstellung, verschiedene Varianten des gleichen Datensatzes qualitativ zu vergleichen, sind die entsprechenden Ergebnisse in Abbildung 6.8 (a) und (b) zunächst für die beiden Beispiele Abdomenphantom MAR 1 und Abdomenphantom MAR 2 zu sehen. Die unterschiedlichen Bildvarianten werden von allen Verfahren sehr ähnlich zueinander eingestuft. Alle numerischen Methoden stimmen darin überein, dass das erste Testbild nahezu die gleiche Qualität aufweist wie das vierte Testbild. Allerdings unterscheidet sich diese Bewertung von der Mediankurve der Studie. Jedoch ist zu beachten, dass der Quartilbereich in der Gesamtauswertung der Antworten aus Abbildung 6.3 eine deutliche Tendenz in die Richtung der numerischen Ergebnisse aufweist. Alle Verfahren liefern somit die einheitliche Aussage, dass diese beiden Bilder qualitativ sehr ähnlich sind.

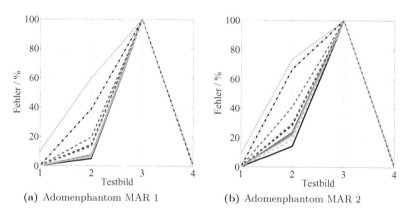

(a) Adomenphantom MAR 1   (b) Adomenphantom MAR 2

Abbildung 6.8: Evaluationsergebnisse für die Testdatensätze Abdomenphantom MAR 1 aus Abbildung 4.10 (c) sowie Abdomenphantom MAR 2 aus Abbildung 4.10 (d), (in Anlehnung an [Kra11]).

In Abbildung 6.9 sind schließlich die Ergebnisse für die klinischen Testdaten dargestellt. Da bei diesen Daten keine Referenz verfügbar ist, können lediglich die fünf referenzlosen Ansätze SSD^{FP}, REL^{FP}, NAD^{FP}, $MSSIM^{FP}$ und JNB mit den Ergebnissen der Studie verglichen werden. Die JNB-Metrik weicht insbesondere für die Beispiele Dental 1 und Hüfte 2 deutlich von den Ergebnissen der anderen Methoden ab. Das generelle Problem dieser Metrik liegt in der Definition des Schwellwertes S für die Kantendetektion. Zum einen ist es möglich, den Wert entsprechend der Vorgehensweise aus Abschnitt 5.1 individuell für jedes Testbild zu bestimmen. Zum anderen erscheint es sinnvoll, für Varianten des gleichen Datensatzes den selben Wert zu verwenden, um eine bessere Vergleichbarkeit zu gewährleisten. Im Folgenden werden daher lediglich diese Ergebnisse dargestellt, welche deutlich von der Wahl des Parameters S beeinflusst wurden. Eine genauere Untersuchung des Einflusses sowie eine adäquate, automatische Belegung von S, die zu einheitlich guten Ergebnissen führt, bleibt im Rahmen dieser Arbeit offen und sollte in Zukunft genauer untersucht werden. Da die JNB-Metrik für die klinischen Daten ohne weitere Optimierungen keine zuverlässigen Ergebnisse liefert, wird sie im Weiteren nicht mehr betrachtet. Eine manuelle Optimierung der Ergebnisse erscheint hier nicht sinnvoll, da eine automatische Evaluationsmethode mit möglichst wenigen Parametern gesucht wird.

Bei einem Vergleich der FP-Metriken mit den Antworten der befragten Testpersonen für die klinischen Daten, stimmen die meisten Ergebnisse miteinander überein. Insbesondere für die Datensätze Dental 1 sowie Hüfte 2 ist ein gleicher Verlauf zu erkennen. Für das letztere Beispiel ergab sich im vorherigen Abschnitt keine deutliche Aussage für die Testbilder 2 und 3. Die Mehrheit der Befragten stufte Testbild 3 als qualitativ hochwertiger ein, wie es hier durch die schwarz gepunktete Kurve der Studienergebnisse dargestellt ist. Bei diesen Einstufungen ergab sich eine erhöhte Abweichungen der Antworten. Da jedoch alle befragten Personen sowie alle betrachteten Metriken die Qualität generell sehr ähnlich zueinander einstuften und der Gesamtkurvenverlauf den Metrikverläufen entspricht, handelt es sich insgesamt um eine zufriedenstellende Übereinstimmung.

Bei dem Datensatz Hüfte 1 ergibt sich für das letzte Testbild eine Abweichung zwischen Mediankurve der Studie und allen FP-Ergebnissen. In der Auswertung der Studie in Abschnitt 6.1.1 war für diesen Datensatz bereits festzustellen, dass die befragten Testpersonen stark variierende Qualitätseinstufungen für dieses Testbild angaben. Die Metriken führen einheitlich zu dem Ergebnis, dass Testbild 1 weniger Fehler beinhaltet als Testbild 4. Anhand von Abbildung 6.10 wird deutlich, dass es sich hier um das Problem der fixierten Fensterung handelt. Die Abbildung zeigt eine alternative Fensterung, in dem die qualitativen Unterschiede der Testbilder 1 und 4 deutlicher zu erkennen sind. In den markierten Bereichen weist Testbild 1 (Abbildung 6.10 (a)) wenige Artefakte auf, wohingegen in Testbild 4 zahlreiche Strahlenartefakte verlaufen (Abbildung 6.10 (b)). Diese Unterschiede werden in den Bildern aus der Studie (siehe erste Zeile aus Abbildung 4.11 (b)) aufgrund der gewählten Fensterung kaum sichtbar. Nur einige Befragte wählten die gleichen Einstufungen wie die numerischen Auswertungen. Die referenzlosen Metriken arbeiten auf den ungefensterten Daten und beziehen diesen Unterschied somit in die Fehlerberechnung ein.

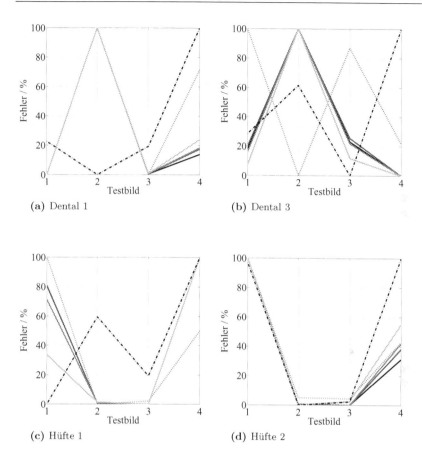

(a) Dental 1   (b) Dental 3

(c) Hüfte 1   (d) Hüfte 2

Abbildung 6.9: Alle Evaluationsergebnisse für die klinischen Daten Dental 1, Dental 3, Hüfte 1 und Hüfte 2. Die einzelnen Kurven entsprechen der Legende aus Abbildung 6.7 (Dental 1 und Hüfte 2 in Anlehnung an [Kra11])

Zuletzt ist die Auswertung des Datensatzes Dental 3 aus Abbildung 6.9 (b) zu betrachten. Für alle Testbilder, bis auf eine Ausnahme, lässt sich auch hier ein guter Zusammenhang zwischen Expertenantworten und Metrikergebnissen ziehen. Bei der Ausnahme handelt es sich um das zweite Testbild, das von einer großen Mehrheit der befragten Personen als qualitativ am besten eingestuft wurde, jedoch alle Metriken einheitlich hier den größten Fehler

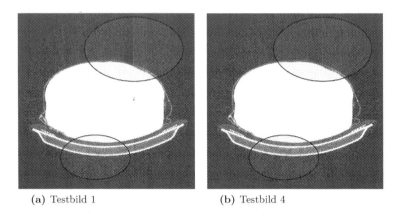

(a) Testbild 1　　　　　　　　　(b) Testbild 4

Abbildung 6.10: Darstellung der Testbilder 1 und 4 vom Datensatz Hüfte 1 mit einer alternativen Fensterung (WL=-1200 HU, WW=400 HU).

ermittelten. Zuvor wurde bereits erwähnt, dass sich die Expertenantworten in zwei Kategorien unterteilen lassen. Ein Teil der Befragten bewertete das zweite Testbild als qualitativ sehr gut, der andere Teil stufte es als qualitativ am schlechtesten ein. Anhand von Abbildung 6.9 (b) wird nun deutlich, dass die Metriken der zweiten Gruppe von Antworten entsprechen. Die Abweichung der Einstufungen einiger Befragten das Testbild 2 betreffend lässt sich wie folgt begründen. Das zweite Testbild zeigt, im Gegensatz zu den anderen drei Bildern, nicht die in dieser Fensterung sehr auffälligen Streifen zwischen ursprünglicher Metallposition und anderen Zahnkanten auf. Stattdessen ist ein sehr dunkles Schattenartefakt um das Metallobjekt herum zu sehen. In Abbildung 6.11 sind zur Verdeutlichung noch einmal Ausschnitte Testbilder 2 und 4 der Studie dargestellt.

In beiden Bildern wurden zwei Positionen markiert. Die erste Position repräsentiert den Intensitätsunterschied, der sich durch die strahlenförmigen Verbindungsartefakte ergibt. Diese Artefakte sind in Abbildung 6.11 (a) nicht zu erkennen, wodurch sich an dieser Stelle eine gute Annäherung an den gewünschten, artefaktfreien HU-Wert befindet. An der zweiten Position existiert in Abbildung 6.11 (b) kein Artefakt, in (a) befindet sich jedoch ein sehr dunkler Artefaktschatten. Dadurch ergibt sich die Möglichkeit, die jeweiligen HU-Werte der Bilder als artefaktfrei und artefaktbehaftet miteinander zu vergleichen (siehe Tabelle 6.1). Position 2 weist einen wesentlich größeren Unterschied zwischen den beiden Werten auf als Position 1. Da die numerischen Verfahren immer in gewissen Abwandlungen die Intensitäten der

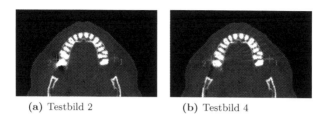

(a) Testbild 2 (b) Testbild 4

Abbildung 6.11: Testbilder 2 und 4 von Dental 3 (WL=0 HU, WW=2000 HU). Es wurden zwei Positionen betrachtet, deren Werte in Tabelle 6.1 dargestellt sind.

Bildartefakte einbeziehen, entsteht hierdurch der wesentlich größere Fehler. Durch Änderung der Fensterung würde dieser Grad der unterschiedlichen Artefaktintensität deutlicher als bei der in der Studie verwendeten fixierten Darstellung.

Tabelle 6.1: Abweichungen in HU der ROI-Bereiche aus Abbildung 6.11 (a) und (b).

	(a)	(b)
Position 1	101 HU	239 HU
Position 2	-319 HU	151 HU

Da es sich zusammenfassend bei den Abweichungen der Datensätze Hüfte 1 und Dental 3 um vereinzelte sowie erklärbare Abweichungen handelt und sich auf die fixierte Fensterung zurückführen lassen, werden die hier präsentierten Ergebnisübereinstimmungen insgesamt als positiv gewertet. Es handelt sich bei den referenzlosen FP-Varianten um adäquate Evaluationstechniken, welche eine visuelle Bewertung gut annähern. Eine Anwendung, insbesondere wenn keine Referenzaufnahme verfügbar ist, ist durchaus zu empfehlen.

6.3 Bewertung der potenziellen Probleme

Nach dem Vergleich zwischen den referenzlosen Evaluationen und den Antworten der Studie, erscheint die FP-Metrik adäquat zur Einstufung von Metall- sowie MAR-Artefakten in CT-Bildern verwendbar zu sein. In diesem Abschnitt werden abschließend die in Abschnitt 5.2.3 beschriebenen, potenziellen Probleme genauer betrachtet. Dabei werden der Übersicht halber nicht mehr alle Metrikvarianten betrachtet. Im vorherigen Abschnitt wurde bereits ihre überwiegende Vergleichbarkeit gezeigt. Daher werden im Folgenden exemplarisch die REL- beziehungsweise die REL^{FP}-Ergebnisse betrachtet.

6.3.1 Inhärenter Fehler

Um eine Einschätzung des inhärenten Fehlers der FP-Evaluation zu erhalten, werden die numerischen Auswertungen für die Testdaten des Abdomenphantoms MAR 1 sowie MAR 2 in Abbildung 6.12 erneut dargestellt, jedoch sind die Kurven nun um die Fehlerwerte des entsprechenden Referenzdatensatzes als Testbild 5 erweitert. Der Fehler für Testbild 3 ist im Vergleich zu den anderen Fehlern deutlich größer; dies gilt insbesondere für die FP-Ergebnisse. Für beide Testdatensätze erweist sich die Referenz als Testbild 5 bei den FP-Evaluationen als am besten (bei den referenzbasierten Evaluationen ist dies selbstverständlich, da ein Vergleich der Referenz mit sich selber durchgeführt wird). Testbild 2 wird als zweitbestes Bild eingestuft, gefolgt von 4 und schließlich 2. Diese Reihenfolge wird mit der referenzbasierten sowie mit der FP-Evaluation erreicht, wobei die Verhältnisse der letzten Variante lediglich durch den großen Unterschied zu Testbild 3 verhältnismäßig gering erscheinen.

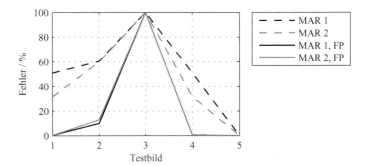

Abbildung 6.12: Metrikergebnisse für die Bilderreihen MAR 1 und MAR 2 des anthropomorphen Abdomenphantoms, wobei Testbild 5 die Referenzaufnahme darstellt. Die gestrichelten Kurven entsprechen den referenzbasierten Evaluationen und die durchgezogenen Kurven den referenzlosen FP-Evaluationen. Die Ergebnisse jeder Kurve wurden anhand ihres Minimums und Maximums zwischen 0 %und 100 % skaliert.

Anhand dieser exemplarischen Datensätze wird deutlich, dass mit der FP-Evaluation ein artefaktfreier Datensatz bezogen auf Metall- oder MAR-Artefakte von artefaktbehafteten Daten genauso unterschieden werden kann, wie mit referenzbasierten Verfahren. Dieses potenzielle Problem ist somit als unbedenklich zu betrachten.

6.3.2 Abgeschnittene Projektionen

Das potenzielle Problem von abgeschnittenen Projektionen wird ebenfalls anhand des anthropomorphen Abdomenphantoms betrachtet. Zur Simulation abgeschnittener Projektionen wird nur ein Ausschnitt aller Detektorwerte betrachtet, wodurch nicht alle Bereiche des Objektes in jeder Projektion erfasst werden. Die Teile des Bildes, die nicht im komplett durchleuchteten Teil liegen, sollten wie die Metallpositionen nicht in die Fehlerberechnung einbezogen werden. In Abbildung 6.13 ist solch ein simulierter Datensatz sowie die in der Evaluationen betrachteten Werte (weiße Bereiche) im Radonraum (a) und im Bildraum (b) dargestellt.

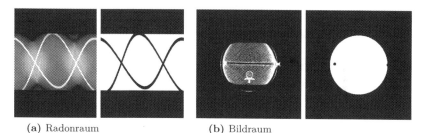

(a) Radonraum   (b) Bildraum

Abbildung 6.13: Simulation abgeschnittener Projektionen mit den Bereichen (in weiß), die für die numerischen Evaluationen verwendet wurden: (a) im Radonraum und (b) im Bildraum.

Abbildung 6.14 zeigt die jeweiligen Ergebnisse für die Testdatensätze MAR 1 und MAR 2. Es ist zu erkennen, das der Qualitätsverlauf beider Evaluationsvarianten gleich ist. Deutlich ist zu sehen, dass der inhärente Fehler der Referenz (das fünfte Testbild), welcher sich bei der FP-Auswertung ergibt, niedriger als die anderen Fehlerwerte ist. Dieses Verhalten ist zusätzlich als positiv zu bewerten, da die Differenzierung zwischen artefaktbehafteten und fehlerfreien Referenzdaten ohne Weiteres möglich ist.

Es lässt sich also festhalten, dass sich auch bei abgeschnittenen Projektionen vergleichbare Ergebnisse mit Evaluationen im Objekt- und im

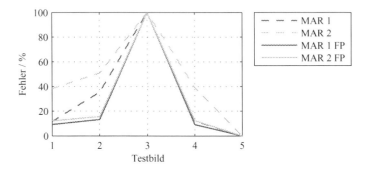

Abbildung 6.14: Evaluationsergebnisse der abgeschnittenen Projektionen für MAR 1 und MAR 2, wobei das Testbild 5 die Referenz darstellt.

Radonraum erreichen lassen. Die FP-Metrik repräsentiert für diese Daten somit ebenfalls eine adäquate referenzlose Qualitätsbewertung.

6.3.3 Kegelstrahlproblem für dreidimensionale Daten

Als letztes potenzielles Problem ist der Kegelstrahleffekt bei den dreidimensionalen Daten dieser Arbeit zu betrachten. Mit steigender Entfernung zum Detektorzentrum weicht der Strahlenverlauf immer weiter von einem zweidimensionalen Fächer ab. Es wurde bereits gezeigt, dass dies anhand von größeren Differenzen zwischen ursprünglichem Sinogramm und vorwärtsprojizierten Bild zu erkennen ist. Hier soll nun gezeigt werden, dass sich dieses Verhalten nicht negativ auf die FP-Evaluation auswirkt.

Beginnend mit verschiedenen Testreihen des anthropomorphen Abdomenphantoms ohne Metallobjekte ergeben sich die in Abbildung 6.15 dargestellten FP-Fehler. Bei den verwendeten Datensätzen handelt es sich um Aufnahmen mit unterschiedlichen Aufnahmeparametern und dem inhärenten Fehler für alle zwölf Detektorzeilen jeder Aufnahme. Daraus ergeben sich zwei Feststellungen. Zum einen scheint der inhärenter Fehler abhängig von den verwendeten Aufnahmeparametern zu sein. Für spätere Auswertungen ist somit zu beachten, dass Fehler von Datensätzen mit unterschiedlichen Aufnahmeparameter nicht bezüglich ihrer absoluten Werte direkt miteinander verglichen werden sollten.

Zum anderen zeigt sich, dass sich kein signifikanter Unterschied der Fehler je nach Detektorzeile feststellen lässt. Insbesondere ergibt sich kein Anstieg in Richtung der äusseren Zeilen, der durch die Kegelstrahleffekte hätte erwartet

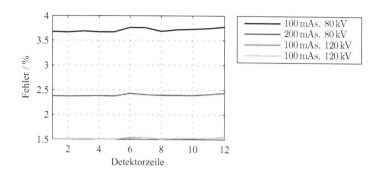

Abbildung 6.15: Inhärente Fehler von vier Aufnahmen des Abdomenphantoms ohne Metallobjekte. Dargestellt sind die REL^{FP}-Fehler der
Daten aus allen zwölf Detektorzeilen für variierende Aufnahmeparameter. Die mittel- und hellgraue Kurve entsprechen Aufnahmen mit gleichen
Energieeinstellungen. Die resultierenden Fehler sind so ähnlich, dass die
mittelgraue von der hellgrauen Kurve überlagert wird. Insgesamt ergeben
sich kaum Fehlerunterschiede in Abhängigkeit der Detektorzeilen, die auf
den Einfluss von Kegelstrahlen zurückzuführen gewesen wären.

werden können. Daraus kann geschlossen werden, dass die Verwendung dieser
Daten keinen großen Einfluss auf die FP-Evaluation haben wird.

Diese Einschätzung kann durch eine weitere Auswertung bestätigt werden, die in Abbildung 6.16 dargestellt ist. Dabei handelt es sich um alle
Varianten des Abdomenphantoms, die bereits in der Befragung verwendet
wurden. Die Testbilder in dieser Abbildung entsprechen dabei der Reihenfolge der Studie (siehe Abbildung 4.10 (a)). Die jeweiligen Fehler wurden
für alle Detektorzeilen mit REL^{FP} (obere Grafik) und REL (untere Grafik)
bestimmt. Alle Ergebnisse der gleichen Evaluationsmethode wurden mit
dem globalen Maximum dieser Werte normiert. Die Fehler aller Varianten
und ihre Abstände zueinander sind dann direkt miteinander vergleichbar.
Dieser direkte Vergleich ist für die betrachteten Testbilder möglich, da alle
Varianten mit den gleichen Aufnahmeparameter erfasst wurden.

In beiden Räumen werden vergleichbare Ergebnisse erzielt. Die Fehler
weisen bei diesen Beispielen entlang der Detektorzeilen kaum Unterschiede
auf. Die Fehlerstärken der verschiedenen Varianten stimmt ebenfalls für
alle Zeilen überein. Wie bereits in der Auswertung der Referenzen aus
Abbildung 6.16 zu sehen war, ist auch hier kein deutlicher Anstieg der
Fehler zu beiden Detektorrändern zu erkennen. Lediglich für die höheren

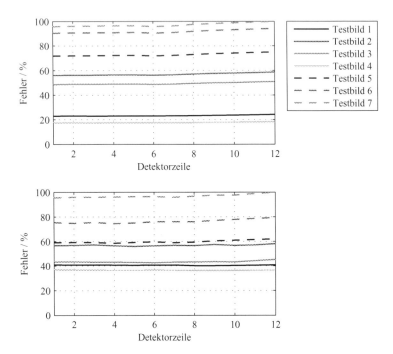

Abbildung 6.16: Fehler der Testreihe Abdomenphantom Variationen aus Abbildung 4.10 (a). Dargestellt sind die REL^{FP}-Fehler (obere Grafik) sowie die REL-Fehler (untere Grafik) für alle zwölf Detektorzeilen. Die Aufnahmeparameter für alle Variationen entsprechen 100 mAs und 120 kV.

Detektorzeilen ergibt sich eine leicht steigende Tendenz. Dies ist jedoch in den Auswertungen beider Räume gleichermaßen festzustellen. Dadurch wird deutlich, dass es sich um kein Verhalten handeln kann, das aus der Vorwärtsprojektion der Bilder resultiert. Die leichte Varianz innerhalb der Detektorzeilen erweist sich in jedem Fall als akzeptabel, da es sich auch um verschiedene Strahlenverläufe und Objektbereiche handelt, woraus sich beispielsweise immer ein variierender Rauscheinfluss auf die Aufnahmen ergibt.

Abschließend sei erwähnt, dass die FP-Evaluation als Bewertungsmethode für CT-Bilder mittlerweile ebenfalls von anderen Arbeitsgruppen erfolgreich eingesetzt werden konnte, was beispielsweise in [Moo13] vorgestellt wird.

7 Klassische Metallartefaktreduktion

In den letzten beiden Kapiteln wurde der erste Schwerpunkt dieser Arbeit thematisiert: die Qualitätseinstufung von Bildern. Dabei wurde der Fokus auf Bildfehler in Form von Metallartefakten gelegt sowie auf Fehler, die durch Algorithmen zur Reduktion von Metallartefakten (MAR) neu verursacht wurden. Den zweiten Schwerpunkt bildet die Reduktion von Metallartefakten.

In Abschnitt 7.1 wird zunächst ein kurzer Einblick in den Stand der MAR-Forschung gegeben, wobei hier zwei grundsätzliche Varianten betrachtet werden: zum einen die Reduktion von Metallartefakten durch eine Datenneubestimmung im Radonraum vor der Bildrekonstruktion und zum anderen eine modifizierte Bildrekonstruktion an sich, die entsprechend an die inkonsistenten Rohdaten angepasst ist. Für alle Methoden gilt es, die ursprünglichen Metallartefakte zu reduzieren, ohne dabei neue Fehler zu verursachen. Neue Fehler ergeben sich beispielsweise durch neue Inkonsistenzen zwischen den ursprünglichen Rohdaten und den neu bestimmten Projektionswerten.

Im weiteren Verlauf dieser Arbeit werden ausschließlich MAR-Strategien betrachtet, die durch eine Neubestimmung der Rohdaten eine Artefaktreduktion anstreben. Der erste Schritt für so eine Neubestimmung ist die Segmentierung metallbeeinflusster und unbeeinflusster Rohdaten. Die hier verwendete Methode wird in Abschnitt 7.2 näher beschrieben.

In Abschnitt 7.3 werden abschließend die im Rahmen dieser Arbeit als Vergleichsverfahren verwendeten Methoden beschrieben. Dabei handelt es sich zum einen um zwei weithin bekannte und oft für Vergleiche verwendete MAR-Ansätze. Zum anderen wird ein Verfahren zur Artefaktreduktion betrachtet, das aufgrund seiner Leistung eher als Vorverarbeitungsschritt bezeichnet werden kann, der beispielsweise vor einem präziseren MAR-Verfahren angewendet werden kann. Die Ergebnisse dieser Verfahren wurden für die Studie aus Abschnitt 4.3 verwendet. Sie bilden zusammen mit dem unbehandelten Metalldatensatz die verschiedenen Testbilder aus den Abbildungen 4.10 (b) bis (d) und 4.11. Durch ihre unterschiedliche Fähigkeit der Artefaktreduktion ergaben sich für die Studie variierende Bildqualitäten, die dann von den Testpersonen einzustufen waren.

7.1 Stand der Forschung

Viele der Ansätze zur Reduktion von Metallartefakten basieren auf der Neubestimmung metallbeeinflusster Rohdaten auf Basis der restlichen, nicht beeinflussten Projektionswerte. Bei diesen Verfahren findet zunächst eine Separierung zwischen den metallbeeinflussten und unbeeinflussten Daten statt (eine mögliche Vorgehensweise wird in Abschnitt 7.2 näher beschrieben). Unter Verwendung der unbeeinflussten Daten können dann neue Projektionswerte bestimmt werden, welche die metallbeeinflussten Werte ersetzen.

Alternativ dazu existieren zahlreiche MAR-Ansätze in Form von angepassten Bildrekonstruktionen. Hierbei werden Algorithmen vorgeschlagen, die auf die Problemstellung inkonsistenter Rohdaten als Eingabe spezialisiert sind. So wird versucht, während der Rekonstruktion, bei der die Metallartefakte entstehen, diesen entgegen zu wirken.

In den folgenden Abschnitten werden zu beiden Varianten einige Ansätze exemplarisch vorgestellt, die in den vergangenen Jahren zur Reduktion von Metallartefakten vorgeschlagen wurden.

7.1.1 Eindimensionale Interpolationsverfahren

Eine der ersten Vorschläge zur Reduktion von Metallartefakten bilden eindimensionale Interpolationsverfahren zur Datenneubestimmung. Dabei wird für jede Detektorzeile des Rohdatensatzes eine einzelne Dateninterpolation durchgeführt. Einige Ansätze verwenden eine lineare Interpolation [Kal87, Wat04], andere Arbeiten erhöhen die Dimension der interpolierenden Funktionen auf kubische Splines [Roe03, Abd10a].

Unter Verwendung dieser Verfahren ist eine Bestimmung der neuen Daten mit sehr wenig Zeitaufwand und einfachen Algorithmen möglich. Zwar können dadurch Metallartefakte reduziert oder ganz vermieden werden. Jedoch führt die Beschränkung auf Informationen der jeweils eindimensionalen Spalten der Rohdaten dazu, dass mehrdimensionale Strukturen nicht korrekt erkannt werden. Dadurch ergeben sich Unstimmigkeiten zwischen den neu bestimmten Werten und den umgebenen, ursprünglichen Rohdaten. Es entstehen somit neue Inkonsistenzen, wie beispielsweise variierende Zeilensummen oder ungleichmäßige Strukturübergänge zwischen Maskenbereich und Umgebung in den Rohdaten, die wiederum zu neuen Artefakten in den rekonstruierten CT-Bildern führen.

7.1.2 Höherdimensionale Interpolationsverfahren

Wie im vorherigen Abschnitt bereits erwähnt wurde, sollte eine Datenneubestimmung nicht auf die Werte einer Rohdatenspalte reduziert werden
(dies wird beispielsweise in [Abd11] und [Kra12b] näher diskutiert). Durch
die Rotation um das Objekt ergeben sich zweidimensionale, sinusförmige
Strukturen in den Rohdaten, die sich gegenseitig überlagern. Es erscheint
sinnvoll, diesen Strukturverlauf in die Datenneubestimmung mit einzubeziehen und seine Fortsetzung innerhalb der Maskenbereiche anzustreben.
Einige Umsetzungen dieser Strategie basieren auf der Verwendung des Gradi-
enten der Rohdaten (siehe beispielsweise [Ber04, Oeh08]). Dabei werden die
Strukturrichtungen innerhalb der Daten ermittelt und in die Bereiche der
neu zu bestimmenden Daten fortgesetzt. Somit ergibt sich eine direktionale
Einbeziehung von Werten in der Nachbarschaft für die Datenneubestimmung.

In Abhängigkeit der Dimension der CT-Aufnahmen ist eine höherdimensionale Datenneubestimmung empfehlenswert, um alle Strukturinformationen
optimal mit einzubeziehen. In [Abd11] wurde eine zweidimensionale, lineare
Interpolation verwendet. Eine Erweiterung der linearen Interpolation auf die
dritte Dimension wurde außerdem in den Arbeiten [Pre09, Pre10b, Pre10a]
vorgestellt. Diese Interpolationsansätze realisieren somit die Idee der Ausnutzung der gegebenen Informationen entlang aller Datendimensionen.

7.1.3 Integration von datenbasiertem Vorwissen

Weitere Ansätze integrieren datenbasiertes Vorwissen in die Datenneubestimmung. Durch eine erste Rekonstruktion der metallbeeinflussten Daten
ergeben sich die entsprechenden Daten im Bildraum, welche zunächst die zu
beseitigenden Metallartefakte beinhalten. Basierend auf diesen Bildern können weitere Adaptionen wie Filterungen oder ein Ersetzen aller Metallobjekte
durch niedrigere Abschwächungswerte vorgenommen werden.

Eine Vorwärtstransformation des adaptierten Bildes in den Radonraum
liefert dann einen zweiten Rohdatensatz. Er beinhaltet an den Positionen
mit ursprünglich metallbeeinflussten Projektionsdaten neue Einträge. Diese
Projektionswerte setzen sich aus den adaptierten Werten im Bildraum sowie
den Informationen des gesamten Bildes zusammen, die in der Vorwärtstransformation aufsummiert wurden. So kann der Metalleinfluss reduziert
werden und gleichzeitig deutliche Strukturinformationen in den Metallspuren erhalten bleiben. Dieser neue Datensatz kann ebenfalls als Vorwissen
für weitere Interpolationsschritte verwendet werden (siehe beispielsweise
[Bal06, Mei09a] oder [Mei09b]).

Diese Arten datenbasierter Informationsverwendung kann zu sehr guten
MAR-Ergebnissen führen. Allerdings wirken sich starke Metallartefakte in
der ersten Bildrekonstruktion negativ auf den weiteren Verlauf der Daten-
verwendung aus. Solche Fehler können in der Regel durch Filterschritte nur
unzureichend eliminiert werden. Bei der Vorwärtstransformation in den Radonraum werden die verbleibenden Artefakte in die neuen Projektionswerte
innerhalb des Maskenbereiches einbezogen, was zu neuen Artefakten im
finalen Bild führt.

7.1.4 Normalisierung der Rohdaten

Andere MAR-Ansätze dienen als Vorverarbeitungsschritt, bei dem die ursprünglichen, metallbeeinflussten Daten so modifiziert werden, dass ein
anschließender MAR-Algorithmus zu besseren Ergebnissen führt. Eine
Methode zur Normalisierung der Rohdaten wurde erstmalig von Müller
et al. vorgestellt [Mül08, Mül09] und später von Meyer et al. erweitert
[Mey09, Mey10, Mey11, Mey12b]. Hierbei wird, wie bei den datenbasierten
Ansätzen aus Abschnitt 7.1.3, eine erste Rekonstruktion der metallbeeinflussten Daten durchgeführt. Das artefaktbehaftete Bild wird in einem zweiten Schritt in Gewebeklassen wie beispielsweise Luft und Weichteile oder
Knochen unterteilt. Den Bildbereichen der Klassen werden entsprechende
Abschwächungskoeffizienten zugewiesen. Das neue Bild beinhaltet nur noch
so viele verschiedene Abschwächungskoeffizienten, wie Gewebeklassen unterschieden wurden. Dieses Bild wird dann in den Radonraum transformiert,
woraus sich ein zweiter Rohdatensatz mit vereinfachten Informationen über
die Gewebearten und ihre sinusoidalen Überlagerungen ergibt.

Anhand einer Division des originalen Sinogramms durch diesen neuen
Rohdatensatz kann eine Normalisierung der Daten durchgeführt werden.
Nach einer anschließenden Datenneubestimmung können diese Längenin-
formationen durch eine Multiplikation wiedergewonnen werden. So werden
Strukturen innerhalb der Metallspuren wieder hinzugefügt und gehen durch
die Datenneubestimmung nicht verloren.

7.1.5 Bildbasierte Verfahren

Alle bisher erwähnten Verfahren werden auf CT-Rohdaten vor der Bildrekonstruktion angewendet. Es ist jedoch nicht bei allen CT-Geräten möglich,
diese Daten direkt auszulesen. Aus diesem Grund entstanden in der Vergangenheit alternative Ansätze, die anstatt einer Verwendung von Rohdaten,
mit einer bildbasierten MAR eine Reduktion der Artefakte anstreben.

In [Ken07] werden Metallartefakte im rekonstruierten Bild anhand ihrer charakteristischen Strukturen im Umfeld detektiert. Den entsprechenden Bereichen werden dann Abschwächungskoeffizienten zugewiesen, die den umliegenden Gewebearten eher entsprechen als die Artefaktwerte. Die Ergebnisse zeigen eine deutliche Verminderung insbesondere der sehr dunklen Artefakte um die Metallobjekte herum. Jedoch sind deutliche Übergänge der korrigierten Regionen zu den restlichen Bildinformationen zu erkennen, wodurch sich insgesamt der Eindruck einer nur teilweisen Artefaktreduktion ergibt.

In [Abd10a] und [Abd10b] wird beispielsweise eine Methode vorgestellt, welche als Eingabe die bereits rekonstruierten CT-Schnittbilder in Form von DICOM-Daten erwartet. Diese Daten stehen nach jeder CT-Aufnahme zur Verfügung und werden in der Regel lange Zeit in den Datenbanken von Kliniken archiviert. Abdoli et al. schlagen eine kubische Splineinterpolation auf den Rohdaten vor (in den Arbeiten werden diese Daten als simulierte Sinogramme bezeichnet), die sich durch die Vorwärtstransformation der CT-Bilder ergeben. Dieser Ansatz ähnelt der bereits erwähnten Idee, durch eine erste Rekonstruktion Vorwissen in spätere Datenneubestimmungen zu integrieren. Allerdings findet hier nach der Transformation keine Kombination mit den ursprünglichen Rohdaten statt, da der Ansatz von der Nichtverfügbarkeit dieser Daten ausgeht. Die Interpolation wird somit rein auf den vorwärtstransformierten Bildinformationen durchgeführt. Die Ergebnisse liefern zwar eine Reduktion der ursprünglichen Artefakte, erscheinen jedoch unscharf im Vergleich zum Originalbild. Außerdem beinhaltet das gesamte Sinogramm durch die Vorwärtstransformation des artefaktbehafteten Bildes Einflüsse der Fehler, welche somit die Interpolation negativ beeinflussen.

7.1.6 Modifizierte Bildrekonstruktionen

Wie in Abschnitt 3.5 beschrieben wurde, führen metallbeeinflusste Rohdaten während der Bildrekonstruktion zu Artefakten im Bildraum, da die inkonsistenten Projektionswerte die Forderung der Rekonstruktionsalgorithmen nach Konsistenz verletzen. Eine weitere Möglichkeit zur Reduktion von Metallartefakten bildet daher die Verwendung von Bildrekonstruktionen, die für solche Daten entsprechend modifiziert wurden. Viele Ansätze basieren dabei auf iterativen Rekonstruktionsverfahren, welche die Lösung des linearen Gleichungssystems $\mathbf{p} = \mathbf{A}\mathbf{f}$ mit einer minimalen Fehlernorm $\|\mathbf{p} - \mathbf{A}\mathbf{f}\|_2$ suchen. Bei dem Vektor $\mathbf{p}$ handelt es sich um alle erfassten Radonwerte, $\mathbf{f}$ repräsentiert das zu rekonstruierende Bild und die Matrix $\mathbf{A}$ wird im Allgemeinen als Systemmatrix bezeichnet [Tof96] und beinhaltet Informationen über den Strahlenverlauf durch **f**. Iterative Ansätze hatten in der Vergangenheit den Nachteil hoher Anforderungen an die Hardware sowie langer Berechnungszeiten. Im Zuge der stetigen Hardware-Leistungssteigerungen, die in etwa dem Mooreschen Gesetz entsprechen [Moo65], wird diese Problematik jedoch immer geringer und erste iterative Algorithmen werden heute bereits industriell eingesetzt (siehe beispielsweise [Sie10a]).

De Man et al. führten zahlreiche Simulationsstudien durch, welche zunächst die Ursachen von Metallartefakten belegten. Auf Basis dieser Informationen wurden dann Rekonstruktionsalgorithmen entwickelt, die von einem alternativen mathematischen Modell der Datenaufnahme ausgehen [De 00, De 01, De 05]. Dabei handelt es sich beispielsweise um einen iterativen Rekonstruktionsalgorithmus, der, im Gegensatz zu anderen iterativen Ansätzen, ein polychromatisches Aufnahmemodell einbezieht. Dadurch können Strahlaufhärtungsartefakte erfolgreich reduziert werden.

Oehler und Buzug stellten in [Oeh07] ebenfalls eine angepasste iterative Bildrekonstruktion vor, für die in Abhängigkeit der einzelnen Projektionswerte Gewichtungsfaktoren zu definieren sind. Diese Faktoren spiegeln die Vertrauenswürdigkeit jedes Wertes wider. Handelt es sich um eine metallbeeinflusste Projektion, so ist das Gewicht entsprechend zu reduzieren. Daraus ergibt sich ein verminderter Einfluss auf den Rekonstuktionsprozess des Bildes. Je nach Wahl der Gewichtungsfaktoren kann so ein Optimum zwischen Unterdrückung der Metallartefakte und Vermeidung neuer Fehler durch die reduzierte Gewichtung der Daten gefunden werden.

7.1.7 Kombination verschiedener Verfahren

Weitere Arbeiten, wie [Lem06, Oeh08, Kra09b, Kra09c, Lem09] und [Kra10], betrachten Kombinationen verschiedener MAR-Ansätze. Nach einer Datenneubestimmung im Radonraum werden iterative Rekonstruktionen durchgeführt, wovon einige im vorherigen Abschnitt bereits exemplarisch erwähnt wurden. Durch diese Hintereinanderausführung mehrerer MAR-Methoden, kann sich eine zusätzliche Verbesserung der Bildqualität und eine Vermeidung neu verursachter Bildartefakte ergeben.

Eine ähnliche Vorgehensweise wird in [Lev10] vorgeschlagen, wobei hier eine iterative Rekonstruktion unter Verwendung von sphärischen Basisfunktionen, sogenannte Blobs, verwendet wird. Dieser Ansatz bildet eine Alternative zu pixelbasierten Rekonstruktionen und resultiert in Bildern mit reduziertem Rauscheinfluss sowie gleichbleibender Kantenschärfe. Diese beiden Eigenschaften wirken sich auch bei der Anwesenheit von Metallobjekten in CT-Bildern positiv auf die resultierende Bildqualität aus.

Die Unschärfe des näheren Metallumfeldes im rekonstruierten Bild ist eine weitere Problematik bei der Neubestimmung der Werte. Eine in [Mey12a] vorgestellte Methode kombiniert die hohen Frequenzen des originalen Datensatzes mit den niedrigen Frequenzen einer Metallartefaktreduktion. Die Ergebnisse führen zu weniger verschwommenen Bereichen im direkten Umfeld der metallischen Objekte.

7.2 Segmentierung metallbeeinflusster Rohdaten

Für MAR-Verfahren, die eine Neubestimmung der metallbeeinflussten Projektionswerte vornehmen, muss in einem Vorverarbeitungsschritt eine Separation der Daten vorgenommen werden. Da im Rahmen dieser Arbeit ausschließlich diese Art von MAR-Methoden Betrachtung findet, wird im Folgenden die hier verwendete Segmentierung der Daten beschrieben. Dafür sind zunächst einige Mengen und Positionsdefinitionen notwendig, deren Zusammenhänge in Abbildung 7.1 schematisch dargestellt sind. Die aufgenommenen, metallbeeinflussten CT-Rohdaten werden wieder durch $\mathbf{p} = (p(\mathbf{r}_i))_{i=0}^{|\mathbf{R}|-1}$ beschrieben, wobei $\mathbf{R}$ die Menge aller Koordinatenvektoren $\mathbf{r}$ im Radonraum darstellt. Gesucht ist nun eine Separation der metallbeeinflussten Werte anhand einer binären Maske im Radonraum

$$\mathbf{p}^{\mathrm{M}}(\mathbf{r}_i) = \begin{cases} 1, & \text{falls } \mathbf{r}_i \in \bar{\mathbf{R}} \\ 0, & \text{falls } \mathbf{r}_i \in \mathbf{R}' \end{cases} \quad \forall i = 0, \dots, |\mathbf{R}| - 1. \quad (7.1)$$

Dabei beinhaltet die Menge $\bar{\mathbf{R}}$ alle Koordinaten $\mathbf{r}_{\bar{i}}$ metallbeeinflusster Projektionswerte, die im Maskierungsschritt zu entfernen sind, und die Menge $\mathbf{R}'$ beinhaltet alle Koordinatenvektoren $\mathbf{r}_{i'}$ vom Metall unbeeinflusster Daten. Es ergibt sich außerdem der Zusammenhang $\mathbf{R}' = \mathbf{R} \setminus \bar{\mathbf{R}}$.

Eine direkte Segmentierung anhand einer definierten Schwelle T im Radonraum ist eine erste Möglichkeit, die gesuchte Maske zu erhalten

$$\mathbf{p}^{\mathrm{M}}(\mathbf{r}_i) = \begin{cases} 1, & \text{falls } p(\mathbf{r}_i) > T \\ 0, & \text{falls } p(\mathbf{r}_i) \leq T \end{cases} \quad \forall i = 0, \dots, |\mathbf{R}| - 1. \quad (7.2)$$

Mit dem bloßen Auge sind die sinusoidalen Metallspuren als höhere Projektionswerte in einem Rohdatensatz in der Regel visuell gut wahrzunehmen, wie anhand des Sinogramms aus Abbildung 7.2 (a) beispielhaft zu sehen ist.

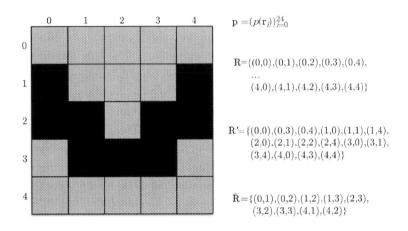

Abbildung 7.1: 5×5-Beispiel für die im Rahmen dieser Arbeit verwendeten Mengendefinitionen $\mathbf{R}, \mathbf{R}'$ und $\bar{\mathbf{R}}$ zur Separation metallbeeinflusster Rohdaten (in Anlehnung an [Kra11]).

In den Abbildungen 7.2 (b) und (c) sind außerdem die entsprechenden Maskierungsergebnisse zu sehen, die anhand von Masken durch Gleichung (7.2) mit unterschiedlichen Schwellwerten gewonnen wurden. Ist der Schwellwert zu klein gewählt (Abbildung 7.2 (b)), so werden die meisten Regionen der Metallspuren korrekt entfernt, jedoch auch einige unbeeinflusste Bereiche. Die Wahl eines größeren Schwellwertes führt zwar zu einer reduzierten Segmentierung unbeeinflusster Projektionswerte, gleichzeitig werden aber auch nur Teile der Metallspuren korrekt entfernt (Abbildung 7.2 (c)).

Neben der vollständigen Beseitigung metallbeeinflusster Projektionen sollten zudem so wenig unbeeinflusste Daten wie möglich entfernt werden, um maximal viele Informationen zu erhalten. Da sich diese Problematik auf die meisten CT-Rohdaten verallgemeinern lässt, ist in der Regel keine adäquate Segmentierung der Metallspuren mit so einem Schwellwertverfahren im Radonraum möglich.

Eine alternative Vorgehensweise stellt die Schwellwertsegmentierung in einem vorläufig rekonstruierten Bild dar, da die metallischen Objekte im Bildraum meist deutlich größere Wertunterschiede zu den umliegenden Daten aufweisen, als dies im Radonraum der Fall ist. Zusätzlich liegen die eigentlichen Metallobjekte in der Regel lokaler als im Radonraum vor, wo sich die metallbeeinflussten Sinusstrukturen über weite Bereiche des

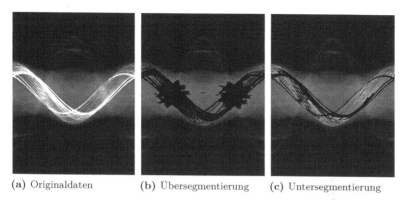

(a) Originaldaten   (b) Übersegmentierung   (c) Untersegmentierung

Abbildung 7.2: Beispiel metallbeeinflusster CT-Rohdaten (a). Die sinusoidale Strukturen, die zu den Metallen gehören, sind visuell gut wahrnehmbar. Durch eine Schwellwertsegmentierung können diese Bereiche jedoch nicht korrekt segmentiert werden, da entweder eine Übersegmentierung (b) oder eine Untersegmentierung (c) stattfindet.

Datensatzes erstrecken. Somit ist die Verwendung eines simplen Schwellwertes im Bildraum in der Regel ausreichend.

Die einzelnen Maskierungsschritte für den alternativen Ansatz sind in Abbildung 7.3 schematisch dargestellt. Nach der Bildrekonstruktion (1) wird eine Schwellwertsegmentierung auf das Bild angewendet (2). Daraus ergibt sich ein Teilbild, welches im Idealfall lediglich die metallischen Objekte beinhaltet. Es sollte auf eine leichte Übersegmentierung geachtet werden, da nur teilweise entfernte Metallbereiche erneut zu einer Qualitätsverminderung bei einer folgenden Datenneubestimmung führen können. Das Teilbild wird daraufhin in den Radonraum transformiert (3), wodurch sich eine adäquate Maske p^M für die metallbeeinflussten Rohdaten ergibt. Bei der Maskierung (4) werden abschließend alle Werte entfernt, an denen die Maske gleich 1 ist, wonach nur noch die unbeeinflussten Daten an den Positionen $r_{i'}$ verbleiben. Der Operator $\otimes$ steht dabei erneut für eine elementweise Multiplikation der beiden Datenmatrizen.

Diese Vorgehensweise wird für die meisten, bisher veröffentlichten, MAR-Ansätze verwendet (siehe beispielsweise [Pre09, Abd10a] oder auch [Mey12a]). Daher wird diese Art der Metallsegmentierung im Rahmen dieser Arbeit ebenfalls verwendet. Es ist jedoch anzumerken, dass der Segmentierungsschritt vor einer Datenneubestimmung ein ganz eigenes Forschungsgebiet darstellt. Arbeiten, wie [Yu07], [Mei09a] oder auch [Sti13], präsentierten

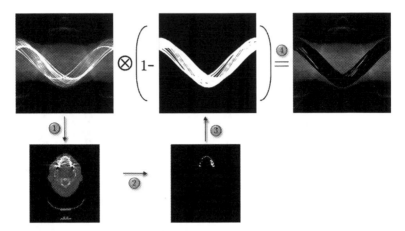

Abbildung 7.3: Schematische Darstellung der Datensegmentierung: Die metallbeeinflussten Rohdaten werden rekonstruiert (1). Auf das Bild mit den Artefakten wird eine Schwellwertsegmentierung angewendet (2), die ein Teilbild mit allen Metallobjekten liefert. Dieses Teilbild wird dann zurück in den Radonraum transformiert (3) und liefert eine Maske, deren Komplement mit den Originaldaten elementweise multipliziert wird, um eine Maskierung zu erreichen (4). Das Verfahren liefert abschließend einen Datensatz, der nur noch die von Metall unbeeinflussten Projektionswerte beinhaltet.

bereits präzisere Segmentierungen, als es mit dem zuvor vorgestellten Ansatz möglich ist. Da die im Folgenden vorgestellten neuen MAR-Methoden gute Ergebnisse mit einer leichten Übersegmentierung liefern, werden diese Methoden hier jedoch nicht weiter betrachtet.

Trotz der Einfachheit der Schwellwertsegmentierung, sind bei ihrer Verwendung einige Besonderheiten zu beachten. Zum einen ist die erwähnte Übersegmentierung ein zu optimierender Punkt, weil dadurch potenziell wichtige Daten in der nächsten Metallnachbarschaft bei der Maskierung mit entfernt werden. Zum anderen ist der Schwellwert im Bild immer vom verwendeten Gerät, den Aufnahmeparametern und dem aufgenommenen Objekt abhängig. Aus diesen beiden Gründen sollte eine Schwellwertsegmentierung der Daten nicht vollautomatisch durchgeführt werden, sondern benötigt immer eine manuelle Überprüfung.

7.3 Vergleichsverfahren zur Metallartefaktreduktion

Für die Beurteilung der neuen Qualitätsmetriken, die in Abschnitt 5.2 vorgestellt wurden, waren Ergebnisse von MAR-Ansätzen mit unterschiedlichen Qualitätsstufen zu bewerten. Dazu wurden zum einen bekannte MAR-Methoden ausgewählt, die in der Literatur häufig als Vergleichsmethoden Verwendung finden. Zum anderen wurde ein einfacher MAR-Ansatz verwendet, welcher auf einer Filterung im Bildraum basiert. Dieser letztere Ansatz verspricht aufgrund seiner Vorgehensweise bereits eine geringere Qualitätsverbesserung. Durch diese deutlich unterschiedlichen Verfahren konnten entsprechende Qualitätsunterschiede für die Studie gewährleistet werden.

Außerdem ist es generell ratsam, die Ergebnisse neuer MAR-Ansätze mit Ergebnissen von bereits bekannten Methoden zu vergleichen. Dadurch ergibt sich eine allgemeingültige Aussage über die Leistung der neuen Ansätze. Daher werden die im Rahmen dieser Arbeit neu vorgestellten MAR-Verfahren (siehe Kapitel 8) abschließend in Kapitel 9 mit den in Abschnitt 7.3.3 vorgestellten, weithin bekannten Methoden verglichen.

7.3.1 Datenbasierte Vorverarbeitung

Bei dem ersten MAR-Ansatz handelt es sich um ein einfaches Verfahren, das datenbasierte (DB) Informationen zur Neubestimmung der Projektionswerte mit den Koordinaten $r_{\tilde{i}}$ im Radonraum verwendet. Dazu werden den Metallbereichen nach einer ersten Bildrekonstruktion zunächst niedrigere Schwächungswerte zugeordnet, die im Mittel den Werten der Metallumgebung entsprechen. Da das Bild außerdem potenziell stark durch Metallartefakte beeinflusst ist, wird anschließend eine Medianfilterung durchgeführt, um die Einflüsse zu reduzieren. Dieser Schritt eliminiert einzelne Ausreißer im Bild, wodurch insbesondere die feinen, strahlenförmigen Metallartefakte reduziert werden. Gleichzeitig bleiben bei der Filterungsmethode deutliche Objektstrukturen besser als beispielsweise durch die Anwendung einer Mittelwertfilterung erhalten [Han09]. Je nach Artefaktart kann so eine Filterung jedoch auch zu einer Vergrößerung von beispielsweise breiten Schattenartefakten führen. Dieser MAR-Ansatz ist somit bei kleineren, streifenförmigen Artefakten überlegen.

Durch den Filterungsschritt gehen jedoch trotz der besseren Kantenerhaltung wichtige Detailinformationen verloren. Um diesen negativen Effekt zu reduzieren, soll eine Filterung nach Möglichkeit nur an Bildpositionen durchgeführt werden, an denen Metallartefakte verlaufen. Um die entsprechenden Positionen zu bestimmen, wird das unbehandelte Bild zunächst in den Radonraum transformiert. Die Differenz vom originalen Datensatz und vorwärtstransformierten Bild liefert den sinusoidalen Verlauf der Artefakte in den Rohdaten (diese Differenzen werden ebenfalls bei der FP-Evaluation betrachtet, siehe Abschnitt 5.2). Durch eine Rekonstruktion des Absolutbetrages dieser Differenzen ergeben sich dann approximative Verläufe der Artefaktstrukturen.

Abbildung 7.4 zeigt dazu anhand eines Datensatzes beispielhaft die verschiedenen Zwischenergebnisse bei dieser Vorgehensweise. Ausgehend vom rekonstruierten Bild in 7.4 (a) ergibt sich durch die DB-Methode das Bild aus 7.4 (b). In Abbildung 7.4 (c) ist zum Vergleich das Zwischenergebnis nach der Medianfilterung mit einer Filtergröße von sieben zu sehen. Abbildung 7.4 (d) zeigt weiterhin die Rekonstruktion des Differenzsinogrammes, in dem die Verläufe der Artefakte innerhalb des Bildes deutlich sichtbar sind. Anhand einer partiellen Medianfilterung an diesen Positionen ergibt sich das Bild, welches in Abbildung 7.4 (e) dargestellt ist. Durch die Betrachtung der beiden Zwischenergebnisse (c) und (e) wird deutlich, dass eine partielle Medianfilterung mehr Details erhält als eine Filterung an allen Bildpositionen. Das Zwischenergebnis aus (e) wird dann wieder in den Radonraum transformiert. Dieser neue Rohdatensatz liefert innerhalb der Maskenbereiche neue Projektionswerte, die in das ursprüngliche Sinogramm übernommen werden. Die Rekonstruktion dieses kombinierten Rohdatensatzes liefert abschließend das Bild, welches in Abbildung 7.4 (d) dargestellt ist.

Bei diesem Beispiel wird zum einen der reduzierte Einfluss des Medianfilters auf Objektkanten durch die partielle Anwendung deutlich. Zum anderen ergibt sich eine erfolgreiche Reduktion der feinen und strahlenförmigen Metallartefakte. Das schattenhafte Artefakt zwischen den beiden metallischen Implantaten kann durch die DB-Methode jedoch kaum reduziert werden, da es durch den DB-Zwischenschritt in Form der Medianfilterung nicht beseitigt wurde und somit in den Informationen erhalten bleibt, die in den Radonraum transformiert werden.

Der Ablauf der DB-Methode ist in Algorithmus 7.1 noch einmal zusammenfassend als Pseudocode dargestellt (die Funktion delta im letzten Schritt wird in Abschnitt 7.3.2 näher beschrieben). Das Verfahren wurde im Rahmen dieser Arbeit zusammen mit den in Abschnitt 7.3.3 vorgestellten Splineinterpolationen als Varianten innerhalb der Expertenbefragung verwendet, die in Abschnitt 4.3 vorgestellt wurde. Da die Methode im Gegensatz zu den anderen Verfahren in der Regel nur zu einer leichten Artefaktreduktion

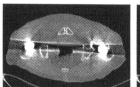 

(a) Originales Bild   (b) DB-Ergebnis

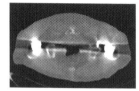  

(c) Medianfilterung   (d) Artefaktverlauf   (e) Partielle Filterung

Abbildung 7.4: Darstellung verschiedener Phasen der DB-Methode: (a) Das rekonstruierte Bild ohne eine MAR-Anwendung, (b) das Ergebnis der DB-Methode, (c) das Ergebnis der Medianfilterung über das gesamte Bild, (d) der Artefaktverlauf im Bild und (e) das Ergebnis der partiellen Medianfilterung.

führt, konnten so unterschiedliche Qualitätsstufen der zu bewertenden Bilder gewährleistet werden.

7.3.2 Kombination verschiedener Projektionswerte

Die Funktion delta aus Algorithmus 7.1 basiert auf der Idee der Rohdaten-kombination, wie sie in [Lem09] vorgestellt wurde. Modifizierte Bilder, die zurück in den Radonraum transformiert wurden, weisen im Vergleich zu den originalen Daten einen abweichenden Wertebereich auf, der abhängig von der zuvor durchgeführten Modifikation ist. Bei einer anschließenden Kombination der beiden Sinogramme werden die Werte aus dem modifizierten Rohda-tensatz für alle Koordinaten $\mathbf{r}_{\bar{i}}$, an denen ursprünglich metallbeeinflusste Projektionswerte vorlagen, verwendet. Für alle Positionen $\mathbf{r}_{i'}$ verbleiben die originalen Daten. Bei dieser Kombination kann es somit durch die unter-schiedlichen Wertebereiche zu Unstetigkeitsstellen am Maskenrand zwischen den beiden Datensätzen kommen.

Ein Beispiel dazu ist in Abbildung 7.5 gegeben. Dargestellt sind jeweils Detailansichten einer Sinogrammspalte des klinischen Hüftdatensatzes aus Abbildung 2.4. In Abbildung 7.5 (a) stellt die schwarze Kurve den ur-

Algorithmus 7.1 Algorithmus DB.

Eingabe: $\mathbf{p} \in \mathbb{R}^{W \times D}$ Metallbeeinflusste Rohdaten

$\mathbf{p}^M \in \{0, 1\}^{W \times D}$ Binäre Maske

1: Führe eine Bildrekonstruktion durch: $\mathbf{f} = \mathrm{FBP}(\mathbf{p})$.
2: Transformiere das Bild in den Radonraum: $\mathbf{p}^{\mathrm{FP}} = \mathrm{FP}(|\mathbf{f}|)$.
3: Bestimme die Differenz: $\mathbf{p}_{\mathrm{Diff}} = |\mathbf{p} - \mathbf{p}^{\mathrm{FP}}|$.
4: Rekonstruiere die Differenz: $\mathbf{f}_{\mathrm{Diff}} = \mathrm{FBP}(\mathbf{p}_{\mathrm{Diff}}) > 0$.
5: **for** $o = 0, \ldots, |\mathbf{B}| - 1$ **do**
6:     Führe eine Medianfilterung durch: $f_{\mathrm{Med}}(\mathbf{b}_o) = \mathrm{median}(\mathbf{f}, \mathbf{b}_o)$.
7: **end for**
8: Verwende nur an den Artefaktpositionen die Medianwerte:
$\mathbf{f}_{\mathrm{Filt}} = \mathbf{f} \oplus_{\mathbf{f}_{\mathrm{Diff}}} \mathbf{f}_{\mathrm{Med}}$ (Operatordefinition siehe Gleichung (8.41)).
9: Transformiere das gefilterte Bild in den Radonraum:
$\mathbf{p}_{\mathrm{Filt}}^{\mathrm{FP}} = \mathrm{FP}(|\mathbf{f}_{\mathrm{Filt}}|)$.
10: Kombiniere die Daten: $\mathbf{p}_{\mathrm{DB}} = \mathrm{delta}(\mathbf{p}, \mathbf{M}, \mathbf{p}_{\mathrm{Filt}})$.

Ausgabe: $\mathbf{p}_{\mathrm{DB}} \in \mathbb{R}^{W \times D}$ Sinogramm mit neuen Werten.

---

sprünglichen Rohdatenverlauf dar, das gestrichelte Intervall verdeutlicht den Maskenbereich, in dem eine Datenneubestimmung stattgefunden hat und die dunkelgraue Kurve zeigt die Rohdaten, welche sich durch die Vorwärtstransformation des adaptierten Bildes ergeben. Deutlich ist der generelle Versatz zwischen adaptierten und ursprünglichen Rohdaten zu erkennen, welcher aus der Medianfilterung im Bildraum resultiert.

Deutliche Sprünge in den Daten führen bei der Bildrekonstruktion unausweichlich zu Artefakten. Da die FBP-Rekonstruktion eine Hochpassfilterung beinhaltet, werden die Unstetigkeitsstellen noch verstärkt und es entstehen Fehler, die das gesamte Bild überlagern. Solche Sprünge innerhalb der Rohdaten sind daher unbedingt zu vermeiden. Dem Ansatz aus [Lem09] folgend, kann eine lineare Skalierung innerhalb der Maskenbereiche jeder Spalte durchgeführt werden (weiterhin als delta-Anpassung bezeichnet). Dadurch werden die Projektionswerte im Maskenbereich so erhöht oder reduziert, dass die Sprünge an den Intervallgrenzen eliminiert werden.

Abbildung 7.5 (b) zeigt das Ergebnis der Datenkombination (in mittelgrau) und das DB-Ergebnis der delta-Anpassung in hellgrau. Der zweidimensionale Ablauf ist in Algorithmus 7.2 zusammengefasst. Für dreidimensionale Daten wird die Anpassung für die einzelnen axialen Schichten vorgenommen.

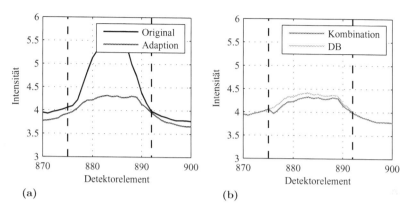

Abbildung 7.5: (a) Die adaptierten Werte (dunkelgraue Kurve) weisen niedrigere Intensitäten als der originale Datensatz auf (schwarze Kurve). (b) Die Kombination der Daten (mittelgraue Kurve) weist an den gestrichelten Maskengrenzen deutliche Intensitätssprünge auf. Diese können durch die Funktion delta beseitigt werden, woraus sich ein homogener Verlauf ergibt (hellgraue Kurve) (in Anlehnung an [Lem09]).

7.3.3 Eindimensionale Splineinterpolationen

Als weitere Vergleichsverfahren werden außerdem die weithin bekannte Splineinterpolation in Form der linearen und der kubischen Varianten verwendet, die unter anderem in [Kal87] und [Roe03] zur Reduktion von Metallartefakten eingesetzt wurde. Nach dem Maskierungsschritt wird eine Datenneubestimmung für die metallbeeinflussten Bereiche $\bar{R}$ anhand einer eindimensionalen Interpolation, gegeben durch

$$s_t(\mathbf{r}) = \sum_{l=0}^{n-1} c_{l,t}(p(\mathbf{r}) - p(\mathbf{r}_t))^l \text{ für jedes Intervall } [\mathbf{r}_t, \mathbf{r}_{t+m_t}], \qquad (7.3)$$

für jeden Maskenbereich t mit der Länge m_t durchgeführt. Alle Koeffizienten $c_{l,t}$ ergeben sich dabei aus der Lösung eines linearen Gleichungssystems (siehe beispielsweise [Pre02]). Gleichung (7.3) repräsentiert eine lineare Interpolation für $n = 2$ (im Folgenden durch LI abgekürzt) und eine kubische Interpolation für $n = 4$ (im Folgenden durch CU abgekürzt).

Abbildung 7.6 zeigt zusammenfassend die hier betrachteten drei MAR-Vergleichsverfahren DB, LI und CU anhand eines Ausschnittes einer exem-

---

Algorithmus 7.2 Algorithmus delta.

Eingabe:	$\mathbf{p} \in \mathbb{R}^{W \times D}$	Metallbeeinflusste Rohdaten
	$\mathbf{p}^{\mathrm{M}} \in \mathbb{R}^{W \times D}$	Binäre Maske
	$\mathbf{p}_{\mathrm{ad}} \in \mathbb{R}^{W \times D}$	Adaptierte Rohdaten

---

1: Vorinitialisierung: $\mathbf{p}_{\mathrm{ib}} = \mathbf{p}$.
2: **for** $w = 1$ bis W **do**
3:   **for** $d = 1$ bis D **do**
4:     **if** $p^{\mathrm{M}}(\gamma_w, \xi_d) == 1$ && $p^{\mathrm{M}}(\gamma_w, \xi_{d-1}) == 0$ **then**
5:       Linke Intervallgrenze des Maskenbereichs: $l = d - 1$.
6:       Linker Wert der metallbeeinflussten Daten: $ol = p(\gamma_w, \xi_l)$.
7:       Linker Wert der adaptierten Daten: $al = p_{\mathrm{ad}}(\gamma_w, \xi_l)$.
8:       **while** $p^{\mathrm{M}}(\gamma_w, \xi_d) == 1$ **do**
9:         d++
10:       **end while**
11:       Rechte Intervallgrenze des Maskenbereichs: $r = d$.
12:       Rechter Wert der metallbeeinflussten Daten: $or = p(\gamma_w, \xi_r)$.
13:       Rechter Wert der adaptierten Daten: $ar = p_{\mathrm{ad}}(\gamma_w, \xi_r)$.
14:       Linke Wertedifferenz: $dl = ol - al$.
15:       Rechte Wertedifferenz: $dr = or - ar$.
16:       **for** $dd = l + 1$ bis $r - 1$ **do**
17:         Lineare Skalierung aller Werte im Maskenbereich:

$$p_{\mathrm{delta}}(\gamma_w, \xi_{dd}) = p_{\mathrm{ad}}(\gamma_w, \xi_{dd}) + dl + (dd - l) \cdot \frac{(dr - dl)}{(r - l + 1)}.$$

18:       **end for**
19:     **end if**
20:   **end for**
21: **end for**

Ausgabe:	$\mathbf{p}^{\mathrm{delta}} \in \mathbb{R}^{W \times D}$	Sinogramm mit Werteskalierung.

---

plarischen Sinogrammspalte. Die schwarze Kurve repräsentiert den ursprünglichen Datenverlauf, der innerhalb der gestrichelten Maskenbereiche deutlich erhöhte metallbeeinflusste Projektionswerte aufweist. In diesen Bereichen fand unter Verwendung der verschiedenen Verfahren eine Datenneubestimmung statt, wie anhand der unterschiedlichen Verläufe der drei Kurven zu sehen ist.

Generell weist die DB-Methode die geringste Verbesserung der Bildqualität auf. LI und CU führen in der Regel zu visuell sehr ähnlichen Ergebnissen,

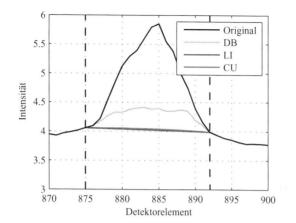

Abbildung 7.6: Beispielhafte Darstellung der drei MAR-Vergleichsverfahren dieser Arbeit. Im gestrichelten Maskenbereich verlaufen die Daten je nach verwendeter Methode zu Datenneubestimmung (DB, LI oder CU) unterschiedlich.

wobei CU für die meisten Datensätze zu leicht erhöhten Bildqualitäten führt. Die Ergebnisse dieser beiden Verfahren werden ebenfalls in Kapitel 9 betrachtet und mit den Ergebnissen der hier neu vorgestellten MAR-Methoden verglichen. Auf eine Betrachtung der DB-Ergebnisse wird aus Platzgründen im Weiteren verzichtet.

8 Fourier-basierte Metallartefaktreduktion

In diesem Kapitel wird eine neue MAR-Methode vorgestellt, die auf der Neubestimmung metallbeeinflusster Rohdaten basiert (siehe beispielsweise [Kra08a, Kra08b, Kra09a, Kra09b, Kra09c, Kra10, Kra12b]). Für eine erfolgreiche Datenneubestimmung müssen existierende Strukturen durch den Maskenbereich korrekt fortgesetzt werden. Per Definition beinhaltet die Fouriertransformierte der Daten alle strukturellen Informationen. Diese Eigenschaft wird im Folgenden anhand einer Fourier-basierten Dateninterpolation ausgenutzt.

Der hier präsentierte Algorithmus definiert alle Daten innerhalb des Maskenbereiches $\mathbf{p}^M$ als nicht existent und diese Daten werden daher bei einer anschließenden Fouriertransformation nicht verwendet. Die zu transformierenden Daten sind nicht länger auf einem äquidistanten Koordinatengitter gegeben, da durch die Maskierung Lücken entstanden sind. Die Äquidistanz der Stützpunkte ist eine notwendige Voraussetzung des herkömmlich verwendeten Algorithmus für eine Fouriertransformation, die schnelle Fouriertransformation. Für eine Fourier-basierte Artefaktreduktion ist diese Methode somit nicht direkt verwendbar.

Alternativ kann für die Transformation eine nichtäquidistante schnelle Fouriertransformation verwendet werden, wie sie beispielsweise von Potts et al. in [Pot01] vorgestellt wurde. Dabei handelt es sich um eine Generalisierung der herkömmlich verwendeten Methode, die auf beliebig verteilten Stützpunkten durchgeführt werden kann. Dieser Algorithmus wurde in der Vergangenheit bereits in verschiedensten Bereichen angewendet (zum Beispiel für eine CT-Bildrekonstruktion [Pot00], für eine Korrektur von Feldinhomgenitäten in der magnetischen Resonanztomographie [Egg07] oder auch für eine multidimensionale Interpolation unregelmäßig verteilter Daten [Kun07]).

Zunächst wird in Abschnitt 8.1 die generelle Idee der Metallartefaktreduktion unter Verwendung von Fouriertransformationen vorgestellt. In Abschnitt 8.2 werden dann die Algorithmen für eine schnelle Matrixvektormultiplikation für nichtäquidistante Fouriermatrizen sowie in Abschnitt 8.3 ihre Inversion hergeleitet. In Abschnitt 8.4 wird die mögliche Anpassung der

Fourier-basierten MAR-Methode auf eine beliebige Interpolationsdimension beschrieben. In Abschnitt 8.5 werden weiterhin verschiedene Randbehandlungen für die Fouriertransformationen betrachtet. Diese Behandlungen werden bei nicht periodischen Daten notwendig, um unerwünschte Randeffekte zu vermeiden. Es ist außerdem sinnvoll, die Ergebnisse der Datenneubestimmung anhand von Vorwissen zu beeinflussen, indem entsprechende Parameterbelegungen während der Berechnung durchgeführt werden. In Abschnitt 8.6 werden dafür verschiedene Vorgehensweisen vorgestellt. In Abschnitt 8.7 wird abschließend ein kurzer Überblick über eine weitere MAR-Anwendung der nichtäquidistanten Fouriertransformation gegeben. Dabei handelt es sich um eine Bildrekonstruktion mit einer inhärenten Artefaktreduktion.

8.1 Idee der Fourier-basierten Metallartefaktreduktion

Die Rohdaten werden erneut als $p(\mathbf{r})$ bezeichnet. Die Maske $p^{\mathrm{M}}(\mathbf{r}) = 1$ für $\mathbf{r} \in \bar{\mathbf{R}}$ und $p^{\mathrm{M}}(\mathbf{r}) = 0$ für $\mathbf{r} \in \mathbf{R}'$ wird wie in Abschnitt 7.2 beschrieben mit den Mengen aller Koordinaten metallbeeinflusster Projektionswerte $\bar{\mathbf{R}}$ und unbeeinflusster Projektionswerte $\mathbf{R}'$ bestimmt. Nach der Maskierung werden alle Projektionswerte mit Koordinaten aus $\bar{\mathbf{R}}$ entfernt. Basierend auf den Werten an den Positionen aus $\mathbf{R}'$ erfolgt dann eine Fourier-basierte Interpolation. Generell ist eine Fouriertransformation der Projektionswerte $p(\mathbf{r})$ möglich, so dass

$$p(\mathbf{r}_{i'}) := \sum_{\kappa=0}^{|\mathbf{R}|-1} \hat{p}_\kappa e^{2\pi i \mathbf{k}_\kappa^{\mathrm{T}} \mathbf{r}_{i'}}, \quad \forall \mathbf{r}_{i'} \in \mathbf{R}' \tag{8.1}$$

erfüllt wird. Die nichtäquidistant verteilten Stützpunkte sind durch $\mathbf{r}_{i'}$ definiert und $\mathbf{k}_\kappa \in \left[-\frac{|\mathbf{R}_0|}{2}, \frac{|\mathbf{R}_0|}{2} - 1 \right[\times \cdots \times \left[-\frac{|\mathbf{R}_{t-1}|}{2}, \frac{|\mathbf{R}_{t-1}|}{2} - 1 \right[$ entsprechen den äquidistant verteilten Frequenzen im Fourierraum. $\mathbf{R}_0, \ldots, \mathbf{R}_{t-1}$ beinhalten die Koordinaten der jeweiligen Dimension $0, \ldots, t-1$ des zu transformierenden Datensatzes. Alle Kombinationen von Koordinaten sind außerdem durch die Menge $\mathbf{R}$ gegeben. Anschließend wird eine inverse Fouriertransformation, einschließlich der Positionen $\mathbf{r}_{\bar{i}}$, bestimmt. In Abbildung 8.1 wird diese MAR-Idee schematisch im Eindimensionalen gezeigt. Durch den Maskierungsschritt werden die Werte innerhalb des dargestellten Intervalls als metallbeeinflusst definiert (links oben). Der zuvor vorgestellten Idee entsprechend wird daraufhin eine Fouriertransformation unter Nichtbeachtung der metallbeeinflussten Positionen durchgeführt. Dadurch ergeben sich äquidistant verteilte Fourierkoeffizienten (rechts). Eine anschließende inverse Fouriertransformation an allen gewünschten Positionen ξ liefert neue Werte im Maskenbereich (unten links).

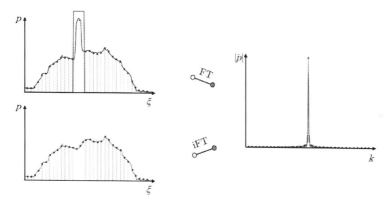

Abbildung 8.1: Fourier-basierter MAR-Ansatz im Eindimensionalen. Durch den Maskierungsschritt ergibt sich das eingezeichnete Intervall metallbeeinflusster Daten (oben links). Eine Fouriertransformation (FT) ohne diese Werte ergibt äquidistante Fourierkoeffizienten (rechts). Eine inverse Foueriertransformation (iFT) führt durch Auswertung an allen Positionen ξ in neuen Werten für den Maskenbereich (unten links) (entnommen aus [Kra12b]).

Als sehr schnelle Berechnung wird vorzugsweise die schnelle Fouriertransformation (englisch: „fast Fourier transform", FFT) verwendet. Dieser Algorithmus ist ausschließlich für äquidistant verteilte Stützpunkte anwendbar. Da für die Interpolation von CT-Daten jedoch vor der Transformation der Maskierungsschritt durchgeführt wurde, entstehen Lücken im Datensatz und die notwendige Äquidistanz ist somit nicht gegeben.

In Matrix-Vektor-Notation ergibt sich für Gleichung (8.1)

$$\mathbf{p} = \mathbf{F}\hat{\mathbf{p}}, \qquad \text{mit} \quad \mathbf{p} = (p(\mathbf{r}_{i'}))_{i'=0}^{|\mathbf{R}'|-1},$$

$$\mathbf{F} = \left(e^{2\pi i \mathbf{k}_\kappa^{\mathrm{T}} \mathbf{r}_{i'}}\right)_{\kappa,i'=0}^{|\mathbf{R}|-1,|\mathbf{R}'|-1}, \hat{\mathbf{p}} = (\hat{p}_\kappa)_{\kappa=0}^{|\mathbf{R}|-1}. \tag{8.2}$$

Im Allgemeinen existiert keine simple nichtäquidistante Inversion der Fouriermatrix **F**. Eine alternative Methode wurde in [Pot01] vorgestellt, die sogenannte nichtäquidistante schnelle Fouriertransformation (englisch: „nonequispaced fast Fourier transform", NFFT), die als C-Bibliothek [Kei06] frei verfügbar ist. In dieser Bibliothek werden Algorithmen für schnelle Matrix-Vektor-Multiplikationen mit der nichtäquidistanten, inversen Fourier-matrix $\mathbf{F}$ und ihrer Adjungierten $\mathbf{F}^H$ zur Verfügung gestellt, wobei Letztere für den nichtäquidistanten Fall nicht mehr äquivalent zur Fouriermatrix ist. Basierend auf den Algorithmen kann jedoch alternativ eine iterative Annäherung an die gesuchte nichtäquidistante Fouriermatrix vorgenommen werden. Daher sind die Verfahren im Rahmen dieser Arbeit von Interesse und werden im nächsten Abschnitt ausführlich hergeleitet.

Die Umsetzung der nichtäquidistanten Fouriertransformation und ihrer Inversen wurde umgekehrt zur herkömmlichen Notation in der Computerto-mographie benannt (siehe beispielsweise [Pot01] und [Buz04]). Im Rahmen dieser Arbeit wird jedoch die in der CT-Bildgebung verbreitete Benennung verwendet, bei der die Transformation von Funktionswerten in Fourier-koeffizienten als Fouriertransformation und die Rückrichtung als inverse Fouriertransformation bezeichnet wird. Es ergibt sich somit die Benennung der inversen nichtäquidistanten Fouriertransformation durch NFFT, ihrer Adjunktion durch NFFT^H sowie der Bestimmung der Fourierkoeffizienten durch iNFFT.

8.2 Schnelle, nichtäquidistante inverse Fouriertransformation

Die Idee einer schnellen Berechnung von Matrix-Vektor-Multiplikationen mit einer nichtäquidistanten, inversen Fouriermatrix oder ihrer Adjungierten wird im Folgenden basierend auf [Dut93] und [Pot01] hergeleitet. Da eine Verallgemeinerung auf beliebige Dimensionen anhand von Tensorprodukten möglich ist, wird hier der eindimensionale Fall betrachtet.

Die eindimensionale, nichtäquidistante, inverse Fouriertransformation ist gegeben durch

$$f_j = f(x_j) = \sum_{k=-\frac{X}{2}}^{\frac{X}{2}-1} \hat{f}_k e^{2\pi \mathrm{i} k x_j} \quad \text{und} \quad \mathbf{f} = \mathbf{F}\hat{\mathbf{f}}, \tag{8.3}$$

wobei die Auswertung an den nichtäquidistanten Positionen $x_j \in \left[-\frac{1}{2}, \frac{1}{2}\right[, j = 0, \ldots, X' - 1$ mit der Anzahl zu verwendender Koordinaten

X' durchgeführt wird. Die Adjungierte liefert für die gegebenen Werte f_j, $j = 0, \ldots, X' - 1$ die entsprechenden Koeffizienten

$$y_k = \sum_{j=0}^{X'-1} f_j e^{-2\pi i k x_j} \quad \text{und} \quad \mathbf{y} = \mathbf{F}^{\mathrm{H}}\mathbf{f} \tag{8.4}$$

an den X unterschiedlichen, äquidistanten Stützstellen $k = 0, \ldots, X - 1$ im Fourierraum. Bei einer nichtäquidistanten Fouriermatrix gilt in der Regel $X' \neq X$, weshalb die Fouriermatrix $\mathbf{F}$ nicht quadratisch ist. Durch die Verwendung nichtäquidistanter Stützpunkte ist außerdem die Äquivalenz der Fouriermatrix und der adjungierten inversen Fouriermatrix nicht länger gegeben (detaillierte Informationen sind beispielsweise in [Pla06] zu finden). Sei φ nun eine Fensterfunktion, welche durch

$$\tilde{\varphi}(x) := \sum_{r \in \mathbb{Z}} \varphi(x + r) \tag{8.5}$$

1-periodisch fortgesetzt werden kann. Dies führt zu einer konvergenten Fourierreihe für $\tilde{\varphi}$

$$\tilde{\varphi}(x) = \sum_{k=-\infty}^{\infty} c_k(\tilde{\varphi}) e^{2\pi i k x} \tag{8.6}$$

mit den Fourierkoeffizienten

$$c_k(\tilde{\varphi}) = \int_{-\frac{1}{2}}^{\frac{1}{2}} \tilde{\varphi}(x) e^{-2\pi i k x} \mathrm{d}x. \tag{8.7}$$

Für eine Approximation von $\mathbf{F}$ kann dann die Substitution $x \mapsto x - x'$ angewendet werden. Dadurch ergeben sich die folgenden neuen Eigenschaften

$$\frac{\mathrm{d}x}{\mathrm{d}x'} = -1 \iff \mathrm{d}x = -\mathrm{d}x' \quad \text{und} \quad a = x + \frac{1}{2}, \quad b = x - \frac{1}{2}, \tag{8.8}$$

wobei a und b die neuen Integrationsgrenzen darstellen. Somit können die Koeffizienten $c_k(\tilde{\varphi})$ aus Gleichung (8.7) folgendermaßen beschrieben werden

$$c_k(\tilde{\varphi}) = -\int_{x+\frac{1}{2}}^{x-\frac{1}{2}} \tilde{\varphi}(x - x') e^{-2\pi i k (x-x')} \mathrm{d}x'. \tag{8.9}$$

Da $\tilde{\varphi}$ eine 1-periodische Funktion ist, ist ein Verschieben und Vertauschen der Integrationsgrenzen möglich, wodurch sich schließlich

$$c_k(\tilde{\varphi}) = \int\limits_{-\frac{1}{2}}^{\frac{1}{2}} \tilde{\varphi}(x - x')e^{-2\pi \mathrm{i}k(x-x')}\mathrm{d}x' \qquad (8.10)$$

ergibt. Durch Anwendung der Rechteckregel an den äquidistanten Stützstellen $\frac{l}{\sigma X}$ mit einem Überabtastungsfaktor $\sigma > 1$ können die Koeffizienten durch

$$c_k(\tilde{\varphi}) \approx \frac{1}{\sigma X} \sum_{l=-\frac{\sigma X}{2}}^{\frac{\sigma X}{2}-1} \tilde{\varphi}\left(x - \frac{l}{\sigma X}\right)e^{-2\pi \mathrm{i}k(x-\frac{l}{\sigma X})} \qquad (8.11)$$

approximiert werden. Unter der Bedingung, dass $c_k(\tilde{\varphi}) \neq 0$ gilt, kann diese Gleichung zu

$$e^{2\pi \mathrm{i}kx} \approx \frac{1}{\sigma X c_k(\tilde{\varphi})} \sum_{l=-\frac{\sigma X}{2}}^{\frac{\sigma X}{2}-1} \tilde{\varphi}\left(x - \frac{l}{\sigma X}\right)e^{2\pi \mathrm{i}\frac{kl}{\sigma X}} \qquad (8.12)$$

umgeformt werden. Eine Approximation der Funktionswerte f_j ist dann durch die Kombination von Gleichung (8.3) mit Gleichung (8.12) möglich und es ergibt sich

$$f_j \approx \sum_{k=-\frac{X}{2}}^{\frac{X}{2}-1} \hat{f}_k \frac{1}{\sigma X c_k(\tilde{\varphi})} \sum_{l=-\frac{\sigma X}{2}}^{\frac{\sigma X}{2}-1} \tilde{\varphi}\left(x_j - \frac{l}{\sigma X}\right)e^{2\pi \mathrm{i}\frac{kl}{\sigma X}} \qquad (8.13)$$

$$\approx \sum_{l=-\frac{\sigma X}{2}}^{\frac{\sigma X}{2}-1} \tilde{\varphi}\left(x_j - \frac{l}{\sigma X}\right) \sum_{k=-\frac{X}{2}}^{\frac{X}{2}-1} \frac{\hat{f}_k}{\sigma X c_k(\tilde{\varphi})}e^{2\pi \mathrm{i}\frac{kl}{\sigma X}}. \qquad (8.14)$$

Die Fensterfunktion φ sollte gut lokalisiert, also nur auf einem beschränkten Bereich wesentlich von Null verschieden sein. Dadurch wird die Einschränkung

$$\psi(x) = \begin{cases} \varphi(x), & \text{falls } x \in \left[-\frac{m}{\sigma X}, \frac{m}{\sigma X}\right] \\ 0, & \text{falls } x \notin \left[-\frac{m}{\sigma X}, \frac{m}{\sigma X}\right] \end{cases} \qquad (8.15)$$

mit dem Abschneideparameter m möglich [Pot01]. Als periodische Fortsetzung von ψ folgt

$$\tilde{\psi}(x) := \sum_{r\in\mathbb{Z}} \psi(x + r). \qquad (8.16)$$

Anhand von Gleichung (8.14) ergeben sich somit die neuen Begrenzungen des Laufindex l

$$x - \frac{l}{\sigma X} \geq -\frac{m}{\sigma X} \quad \Leftrightarrow \quad \frac{l}{\sigma X} \leq x + \frac{m}{\sigma X} \quad \Leftrightarrow \quad l \leq x\sigma X + m \qquad (8.17)$$

$$x - \frac{l}{\sigma X} \leq \frac{m}{\sigma X} \quad \Leftrightarrow \quad \frac{l}{\sigma X} \geq x - \frac{m}{\sigma X} \quad \Leftrightarrow \quad l \geq x\sigma X - m \qquad (8.18)$$

für die erste Summe in Gleichung (8.14). Durch m sind somit nur noch $2 \cdot m + 1$ Summanden größer als Null. Abschließend ergibt sich die Approximation der Funktionswerte f_j durch

$$f_j \approx \sum_{l=x_j\sigma X - m}^{x_j\sigma X + m} \tilde{\psi}(x_j - \frac{l}{\sigma X}) \sum_{k=-\frac{X}{2}}^{\frac{X}{2}-1} \frac{\hat{f}_k}{\sigma X c_k(\tilde{\varphi})} e^{2\pi \mathrm{i} \frac{kl}{\sigma X}}. \qquad (8.19)$$

Die schnelle Approximation von f_j kann in drei Schritten zusammengefasst werden:

1. Gewichtung von $\hat{f}_k$ mit $\frac{1}{\sigma X c_k(\tilde{\varphi})}$ für alle $k = -\frac{X}{2}, \ldots, \frac{X}{2} - 1$, Komplexität $O(X)$.

2. Inverse FFT-Berechnung der Länge σX, Komplexität $O(\sigma X \log(\sigma X))$.

3. Äußere Summe von Gleichung (8.19), Komplexität $O((2m + 1)X') \approx O(mX')$.

Alle Schritte werden in Algorithmus 8.1 noch einmal in Pseudocode dargestellt. Im weiteren Verlauf wird diese Berechnung als NFFT bezeichnet. Die Gesamtkomplexität für den NFFT-Algorithmus ergibt sich durch

$$O(X) + O(\sigma X \log(\sigma X)) + O(mX') < O(\sigma X \log(\sigma X) + mX'). \qquad (8.20)$$

Die Approximation wird mit steigendem Faktor m exponentiell genauer. Daher kann für ein festes $\sigma > 1$ und einer gegebenen Genauigkeit $\epsilon = \frac{1}{e^m}$ die Komplexität ebenfalls durch $O(X \log(X) + \log(\frac{1}{\epsilon})X')$ beschrieben werden. Für eine genauere Beschreibung dieser Abschätzungen sei auf die Arbeiten [Pot01] und [Nie03] verwiesen.

Für die schnelle Multiplikation mit der adjungierten Fouriermatrix aus Gleichung (8.4) kann eine ähnliche Berechnung hergeleitet werden, wie sie in Gleichung (8.19) für die nichtäquidistante Fouriermatrix angegeben wurde. Durch die Verwendung von Gleichung (8.12) kann Gleichung (8.4) zu

$$y_k \approx \frac{1}{\sigma X c_k(\tilde{\varphi})} \sum_{l=x_j\sigma X - m}^{x_j\sigma X + m} \left(\sum_{j=0}^{X'-1} f_j \tilde{\psi}\left(x_j - \frac{l}{\sigma X}\right) \right) e^{-\frac{2\pi i kl}{\sigma X}} \qquad (8.21)$$

Algorithmus 8.1 Algorithmus NFFT für die schnelle Berechnung von Gleichung (8.3).

Eingabe:	$x_j, j = 0, \ldots, X' - 1$	Stützstellen
	$\hat{f}_k, k = 0. \ldots, X - 1$	Fourierkoeffizienten
	σ	Überabtastungsfaktor
	m	Abschneideparameter

1: **for** $k = -\frac{X}{2}, \ldots, \frac{X}{2} - 1$ **do**

2:     $\hat{g}_k := \frac{\hat{f}_k}{\sigma X c_k(\tilde{\varphi})}$

3: **end for**

4: **for** $l = x_j \sigma X - m, \ldots, x_j \sigma X + m$ **do**

5:     Inverse FFT: $g_l = \sum\limits_{k=-\frac{X}{2}}^{\frac{X}{2}-1} \hat{g}_k e^{2\pi i \frac{kl}{\sigma X}}$

6: **end for**

7: **for** $j = 0, \ldots, X' - 1$ **do**

8:     $f_j = \sum\limits_{l=x_j\sigma X - m}^{x_j\sigma X + m} g_l \tilde{\psi}(x_j - \frac{l}{\sigma X})$

9: **end for**

Ausgabe: f_j für $j = 0, \ldots, X' - 1$ Approximierte Werte.

---

umgeformt werden. Basierend auf Gleichung (8.21) ist somit für die Multiplikation mit der adjungierten inversen Fouriermatrix ebenfalls ein schneller Algorithmus gegeben, der weiterhin als NFFT^H bezeichnet wird. Die Vorgehensweise ist in Algorithmus 8.2 in Pseudocode dargestellt.

In dieser Arbeit wurde die Fensterfunktion φ für alle Berechnungen als Kaiser-Bessel-Funktion definiert (siehe beispielsweise [Kei09]). Diese Funktion erfüllt die erwähnte Notwendigkeit einer guten Lokalisierung und führt daher für die Limitierung in Gleichung (8.15) zu tolerierbaren Fehlern. Basierend auf den Ergebnissen aus [Nie03] und [Fes03] kann davon ausgegangen werden, dass diese Fensterung die beste Genauigkeit bei der geringsten Komplexität aufweist. Als weitere Parameter wurden außerdem $m = 4$ und $\sigma = 2$ gewählt.

Algorithmus 8.2 Algorithmus NFFT^H zur schnelle Berechnung von Gleichung (8.4).

Eingabe:	$x_j, j = 0, \ldots, X' - 1$	Stützstellen
	$f_j, j = 0. \ldots, X' - 1$	Funktionswerte
	σ	Überabtastungsfaktor
	m	Abschneideparameter

1: **for** $l = x_j \sigma X - m, \ldots, x_j \sigma X + m$ **do**

2: $\qquad g_l = \sum\limits_{j=0}^{X'-1} f_j \tilde{\psi}(x_j - \frac{l}{\sigma X})$

3: **end for**

4: **for** $k = -\frac{X}{2}, \ldots, \frac{X}{2} - 1$ **do**

5: $\qquad$ FFT: $\hat{g}_k = \sum\limits_{l=x\sigma X-m}^{x\sigma X+m} g_l e^{-2\pi i \frac{kl}{\sigma X}}$

6: **end for**

7: **for** $k = -\frac{X}{2}, \ldots, \frac{X}{2} - 1$ **do**

8: $\qquad y_k = \frac{\hat{g}_k}{\sigma X c_k(\tilde{\varphi})}$

9: **end for**

Ausgabe: $\quad y_k$ für $k = -\frac{X}{2}, \ldots, \frac{X}{2} - 1$ $\quad$ Approximierte Werte.

8.3 Schnelle, nichtäquidistante Fouriertransformation

Für die Reduktion von Metallartefakten in CT-Bildern ist der Schritt von nichtäquidistanten Funktionswerten zu äquidistanten Fourierkoeffizienten von Interesse. Generell existiert jedoch keine einfache Umsetzung der nichtäquidistanten Fouriertransformation, die als Umkehrung der Gleichung (8.2) zu verstehen ist. Daher wurden in der bereits erwähnten NFFT-Bibliothek ebenfalls Algorithmen umgesetzt, die diese Transformation durch die Verwendung iterativer numerischer Verfahren annähern [Pot01, Pot08].

Es ergeben sich zwei Möglichkeiten, wie das zu lösende lineare Gleichungssystem vorliegt. Für ein überbestimmtes System, wenn $|\mathbf{R}| \leq |\mathbf{R}'|$ gilt, kann durch eine kleinste Quadrate-Lösung eine Approximation als Annäherung aller möglichen Lösungen ermittelt werden. In [Grö92, Grö01] wurde dazu ein iterativer Algorithmus vorgestellt, der in [Kei06] implementiert ist. Diese Methode fand beispielsweise bereits für die Annäherung großer Datenmengen auf einer Sphäre Anwendung [Kei07, Grä09]. Ebenfalls ist es möglich, durch eine Reduktion von Bildgrößen ein überbestimmtes System zu erhalten und dadurch eine Neubestimmung von Rauschpixeln durchzuführen [Grö01]. Dieser Ansatz wird hier jedoch nicht weiter betrachtet, da eine MAR-Methode gesucht wird, welche die gegebenen Stützwerte exakt einhält.

Für die Neubestimmung von CT-Projektionswerten ist die Anzahl von Stützpunkten $|\mathbf{R}|'$ in der Regel nicht gleich oder größer, sondern kleiner als die Anzahl gesuchter Werte $|\mathbf{R}|$. Da $|\mathbf{R}'| < |\mathbf{R}|$ gilt, ist Gleichung (8.2) unterbestimmt und kann somit durch die Anwendung von Interpolationsmethoden gelöst werden. Eine Möglichkeit ist die Verwendung eines speziellen Optimierungsproblems als gedämpfte Minimierung [Bjö96], gegeben durch

$$\sum_{k=0}^{|\mathbf{R}|-1} \frac{|\hat{p}_k|^2}{\hat{w}_k} \xrightarrow{\hat{\mathbf{p}}} \min, \quad \text{bezogen auf } \mathbf{F}\hat{\mathbf{p}} = \mathbf{p}, \tag{8.22}$$

mit den Dämpfungsfaktoren $\hat{\mathbf{W}} := \text{diag}\left((\hat{w})_{k=0}^{|\mathbf{R}|-1}\right) > 0$. Gleichung (8.22) ist äquivalent zur zweiten gedämpften Normalengleichung

$$\mathbf{F}\hat{\mathbf{W}}\mathbf{F}^H\tilde{\mathbf{p}} = \mathbf{p}, \quad \hat{\mathbf{p}} = \hat{\mathbf{W}}\mathbf{F}^H\tilde{\mathbf{p}}, \tag{8.23}$$

mit der symmetrischen Matrix $\mathbf{F}\mathbf{F}^H$ [Kei09]. Anhand eines iterativen Verfahrens zur Lösung von unterbestimmten Systemen kann auch Gleichung (8.23) gelöst werden. In [Saa03] wurde dafür eine Variante des konjugierten Gradientenverfahrens vorgeschlagen (englisch: „conjugated-gradient-normal-error", CGNE). Das Ergebnis ist eine Approximation der gesuchten Koeffizienten $\hat{\mathbf{p}}$ [Kun07]. Anhand der NFFT- und NFFT^H-Algorithmen kann in jeder Iteration der CGNE-Berechnung die Multiplikation von $\mathbf{F}$ und $\mathbf{F}^H$ beschleunigt werden.

8.4 Höherdimensionale Datenneubestimmung

Anhand von Abbildung 8.2 soll das Hauptargument für die NFFT-Interpolation gegenüber anderen MAR-Verfahren erläutert werden. Zu sehen ist eines der simulierten Sinogramme von der XCAT-Hüfte. Die beiden hellgrauen Kurven repräsentieren die als metallbeeinflusst definierten Regionen. Diese werden für die Neubestimmung der Daten zunächst entfernt und sollen daraufhin mit einer beliebigen Interpolation auf Basis der restlichen Daten neu bestimmt werden. Nach dem Entfernen der Daten im Maskenbereich liegen in der weiß markierten Spalte keinerlei Informationen mehr über die durch Pfeile gekennzeichneten Strukturen vor. Wird nun eine eindimensionale Datenneubestimmung durchgeführt, so kann dieser Strukturverlauf durch die Spalte in der Regel nicht korrekt restauriert werden.

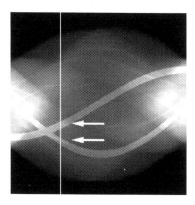

Abbildung 8.2: Ein Sinogramm von der XCAT-Hüfte. Die hellgrauen Kurven repräsentieren den metallbeeinflussten Bereich, an denen eine Neubestimmung der Daten durchgeführt werden soll. Die Pfeile kennzeichnen Strukturen, die bei einer Interpolation entlang der weiß markierten Spalte unter Umständen nicht erkannt werden können (in Anlehnung an [Kra12b]).

Es folgt somit die Annahme, dass Methoden zur Datenneubestimmung auf allen verfügbaren Dimensionen angewendet werden sollten. In der Regel liegen CT-Aufnahmen immer mindestens zweidimensional für alle unterschiedlichen Winkel und Detektorelemente als Sinogramm vor. Häufig ergeben sich auch dreidimensionale Datensätze beispielsweise durch die sequentielle Aufnahme unterschiedlicher axialer Positionen des Objektes in Fächer- oder Kegelstrahlgeometrie sowie durch Helixaufnahmen. Eine Erhöhung der Dimension erweist sich für die meisten Interpolationsverfahren jedoch als nicht trivial, da Fragen über das genaue Vorgehen der Dimensionserhöhung, über die Art höherdimensionaler Nachbarschaften und über die Einbeziehung höherdimensionaler Strukturinformationen in dem Datenneubestimmungsschritt zu beantworten sind. Durch die Beantwortung dieser Fragen wäre ein besseres MAR-Ergebnis im Gegensatz zu Ansätzen möglich, die nur begrenzte Dateninformationen in diesen Schritt einbeziehen.

Wie bereits in Abschnitt 7.1 erwähnt, wurden in den vergangenen Jahren verschiedene Ansätze für eine multidimensionale MAR-Lösung vorgeschlagen. Abdoli et al. stellte in [Abd11] eine zweidimensionale Inpainting-Strategie

vor. Es gilt jedoch, dass auch unter Verwendung der zweiten Dimension die
Methoden komplizierte Strukturen, die sich auch gegenseitig überschneiden,
adäquat fortsetzen müssen. Durch eine weitere Erhöhung bis zur dritten
Dimension ist es möglich, solche Strukturen sinnvoll zu erkennen und fortzusetzen. Prell et al. stellte ein Konzept für Sequenzen eines Flachdetektors vor
[Pre09, Pre10b, Pre10a]. Im Dreidimensionalen müssen Oberflächen korrekt
fortgesetzt werden, was sich als komplizierte Aufgabe herausstellt. Durch
die Verwendung einer dreidimensionalen Fouriertransformation ergibt sich
jedoch die Möglichkeit, alle strukturellen Informationen inhärent in den
Transformationsschritt einzubeziehen. Dadurch entfallen alle zuvor genannten Fragestellungen, die in den anderen Arbeiten durch komplexe Ansätze
gelöst werden mussten.

Basierend auf Fouriertransformationen können beliebig viele Dimensionen
der Daten durch eine entsprechende Anpassung der Fouriertransformation
einbezogen werden. Es ergeben sich zusammenfassend drei verschiedene
Möglichkeiten, eine Interpolation durchzuführen:

1. eine eindimensionale Interpolation für ein Sinogramm $p(\gamma_w, \xi_d, \tau_a)$ an
   allen Detektorelementen ξ_d, mit $d = 0, \ldots, D - 1$ bei konstantem Aufnahmewinkel γ_w und axialer Position τ_a,

2. eine zweidimensionale Interpolation für ein Sinogramm $p(\gamma_w, \xi_d, \tau_a)$ mit
   verschiedenen Aufnahmewinkeln $\gamma_w, w = 0, \ldots, W - 1$ und Detektorpositionen $\xi_d, d = 0, \ldots, D - 1$ an einer konstanten axialen Position τ_a,

3. eine dreidimensionale Interpolation für einen Stapel von Sinogrammen
   $p(\gamma_w, \xi_d, \tau_a)$ mit verschiedenen Aufnahmewinkeln $\gamma_w, w = 0, \ldots, W - 1$
   und Detektorpositionen $\xi_d, d = 0, \ldots, D - 1$ an verschiedenen axialen
   Positionen $\tau_a, a = 0, \ldots, A - 1$.

In den beiden Schritten, die in Abbildung 8.1 bereits dargestellt und erläutert
wurden, muss lediglich die Dimension der jeweiligen NFFT- beziehungsweise
der darauf folgenden FFT-Berechnung angepasst werden. Dies bedeutet,
dass die jeweilige Dimension in Gleichung (8.1) einbezogen wird, indem die
Dimensionen der Koordinatenvektoren $\mathbf{r}_{i'}$ und $\mathbf{k}_\kappa$ entsprechend angepasst
werden.

8.5 Randbehandlung

Bei einer Datenneubestimmung anhand von Fourier-Methoden wird davon
ausgegangen, dass die zu transformierende Funktion entlang aller Dimensio-

nen periodisch ist. Bei beliebigen Bilddaten handelt es sich hierbei in der
Regel um eine Annahme, die nicht eingehalten wird. Ohne weitere Maßnahmen wird die Funktion bei der Transformation als periodisch entlang
aller Dimensionsachsen behandelt. Dies soll anhand des offensichtlich nicht
periodischen Bildes in Abbildung 8.3 verdeutlicht werden.

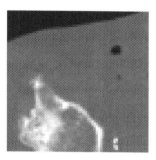

Abbildung 8.3: Beispiel eines nicht periodischen Bildes $f(x, y)$, das aus
einem Schichtausschnitt des klinischen Hüftdatensatzes besteht.

Der logarithmierte Absolutbetrag der Fourierkoeffizienten des Bildes ist in
Abbildung 8.4 (b) zu sehen. Auffällig sind dabei die sehr hohen Werte entlang
der beiden Dimensionsachsen. Entsprechend deutliche Frequenzen lassen sich
im Ursprungsbild in Form von starken Kanten so nicht wiederfinden. Anhand
von Abbildung 8.4 (c) wird deutlich, woraus sich die hohen Koeffizienten
im Fourierraum ergeben. Es handelt sich dabei um die Randübergänge
der periodischen Fortsetzungen. Da die jeweiligen Bildgrenzen strukturell
nichts miteinander zu tun haben, ergeben sich deutliche Sprungstellen, die
entsprechend in hohe Frequenzen im Fourierraum resultieren.

Die Eigenschaft der periodischen Fortsetzung erweist sich bei verschiedensten Fourier-basierten Methoden als problematisch. Ein Beispiel ist die
Fourier-Interpolation, die unter anderem in [Moi11] verwendet wird und
eine Annäherung an die sinc-Interpolation darstellt (siehe beispielsweise in
[Sch92]). Die Fourier-Interpolation ist lediglich auf äquidistanten Stützstellen
durchführbar und erfolgt in drei Schritten, die in Algorithmus 8.3 zusammengefasst dargestellt werden. Unter Verwendung dieser Methode kann ein
Datensatz entlang einer beliebigen Dimension um s Werte vergrößert werden.

In Abbildung 8.4 (a) ist das Ergebnis für das Bild aus Abbildung 8.3
anhand von Algorithmus 8.3 dargestellt. Dabei wurde eine Vergrößerung
mit den Parametern $X = 64$ und $s = 64$ in Richtung beider Dimensionen

---

Algorithmus 8.3 Algorithmus zur FFT-basierten Interpolation.

Eingabe:	$x_j, j = 0, \ldots, X - 1$	äquidistante Stützstellen
	$f_j, j = 0, \ldots, X - 1$	Funktionswerte
	$s \in \mathbb{N}$	Vergrößerung

1: **for** $k = -\frac{X}{2}, \ldots, \frac{X}{2} - 1$ **do**

2: $\qquad \hat{f}_k = \sum\limits_{j=0}^{X-1} f_j e^{-\frac{2\pi i k j}{X}}$

3: $\qquad$ **if** $-\frac{X}{2} \leq k \leq \frac{X}{2} - 1$ **then**

4: $\qquad\qquad \hat{f}_k^s = \hat{f}_k$

5: $\qquad$ **end if**

6: **end for**

7: **for** $\frac{X}{2} \leq k \leq \frac{X}{2} - 1 + s$ **do**

8: $\qquad \hat{f}_k^s = 0$

9: **end for**

10: **for** $l = 0, \ldots, X - 1 + s$ **do**

11: $\qquad f_l^s = \sum\limits_{j=-\frac{X+s}{2}}^{\frac{X+s}{2}-1} \hat{f}_j^s e^{2\pi i l j}$

12: **end for**

Ausgabe: f_l^s für $l = 0, \ldots, X - 1 + s$ Extrapolierte Daten.

---

durchgeführt. Ohne Randbehandlung ergeben sich insbesondere am rechten und am unteren Bildrand Randartefakte, die sich auf die periodische Interpretation aus Abbildung 8.4 (c) zurückführen lassen.

Es kann zuvor jedoch eine Randbehandlung durchgeführt werden, so dass die periodische Fortestzung entsprechend Abbildung 8.4 (f) vorgenommen wird (Näheres dazu folgt im nächsten Abschnitt). Die zugehörige Fouriertransformierte (Abbildung 8.4 (e)) weist nicht die erwähnten hohen Einträge entlang beider Achsen auf und das resultierende Bild enthält keine Randeffekte (siehe Abbildung 8.4 (d)).

Die Notwendigkeit einer adäquaten Randbehandlung lässt sich auf die Anwendung der NFFT-Algorithmen zur Datenneubestimmung erweitern, da es sich ebenfalls um eine Fourier-basierte Datenextrapolation handelt, wobei lediglich beliebig verteilte Stützstellen verwendet werden. Wie bereits erwähnt, kann von der geforderten Datensymmetrie jedoch auch bei diesem Ansatz nicht ausgegangen werden. Für den speziellen Fall von CT-Rohdaten

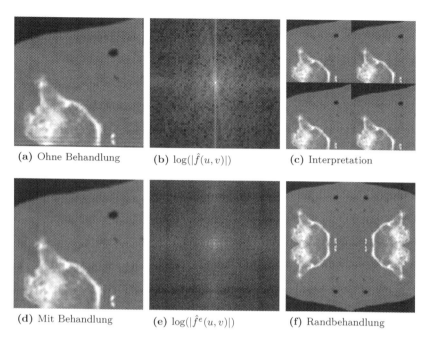

(a) Ohne Behandlung   (b) $\log(|\hat{f}(u,v)|)$ (c) Interpretation

(d) Mit Behandlung   (e) $\log(|\hat{f}^e(u,v)|)$ (f) Randbehandlung

Abbildung 8.4: FFT-Vergrößerung von Bild 8.3: Ohne Randbehandlung entstehen Randeffekte (a) und im Fourierraum ergeben sich hohe Werte entlang beider Achsen (b), die durch die periodische Interpretation (c) entstanden. Durch eine Randbehandlung (f) werden die hohen Einträge im Fourierraum (e) und die Randeffekte (d) vermieden (in Anlehnung an [Moi11]).

ist zwar zumindest entlang aller Aufnahmewinkel W über 180° eine Punktsymmetrie und über 360° eine Achsensymmetrie gegeben (dies ergibt sich aus den Eigenschaften der Radontransformation aus Gleichung (3.5)). Entlang der Detektorelemente D sowie insbesondere entlang aller axialer Positionen A ist jedoch in der Regel keine Symmetrie gegeben. Daraus ergibt sich die Schlussfolgerung, dass im Rahmen dieser Arbeit mit Randartefakten zu rechnen und daher eine Randbehandlung für die Fourier-basierte Interpolation in Betracht zu ziehen ist. Im Folgenden werden zwei verschiedene Behandlungen vorgestellt, um Randeffekte zu vermeiden.

8.5.1 Datenbasierte Randbehandlung

Wie an dem Beispiel aus Abbildung 8.3 bereits zu sehen war, sind gegenüberliegende Bildkanten im Allgemeinen nicht ähnlich. Da dies jedoch durch
die periodische Fortsetzung des Eingabebildes während einer Fouriertransformation angenommen wird, ergeben sich die erwähnten hohen Frequenzen
im Fourierraum, die zu den Randeffekten im Ergebnis führen.

Bei einer Fourier-basierten Datenneubestimmung nicht periodischer Daten,
kann eine Periodizität durch eine angepasste Datenduplizierung erreicht
werden. Durch eine Spiegelung der Daten an den jeweiligen Dimensionsachsen
ergibt sich insgesamt eine symmetrische Funktion. Für den eindimensionalen
Fall $f(x_j)$, mit $j = 0, \ldots, X - 1$ entspricht dies

$$f^e(x_{X+u}) = f(x_{X-1-u}), \text{ für } u = 0, \ldots, X - 1. \qquad (8.24)$$

Die erweiterten und dadurch in sich symmetrischen Daten $f^e(x_j)$, mit $j = 0, \ldots, 2 \cdot X - 1$ können ohne Randeffekte transformiert werden [But11, Moi11].
In Abbildung 8.4 (f) wurde gerade diese Randbehandlung vorgenommen.
Die Duplizierung der Daten ist für jede Dimension notwendig, wodurch sich
somit jedes Mal eine Vergrößerung des Datensatzes um den Faktor 2 ergibt.
Insbesondere für dreidimensionale Daten handelt es sich bei hoch aufgelösten
CT-Daten um eine immense Datenvergrößerung, was weitere Berechnungen
erschwert.

8.5.2 Verwendung nichtäquidistanter Kosinustransformationen

Bei einer diskreten Fouriertransformation liegt die Annahme zu Grunde,
dass das Signal außerhalb des betrachteten Intervalls periodisch fortgesetzt
wird [But11]. Wie in den vorherigen Abschnitten bereits beschrieben, können
bei Nichteinhalten dieser Voraussetzung Fehler in den Daten entstehen. Sind
vor der Transformation Informationen über die Daten gegeben, kann sich
alternativ zu einer Fouriertransformation eine Kosinustransformation als
sinnvoll erweisen. Die Kosinustranformation entspricht der Fouriertransformation nach einer Datenspiegelung aus Gleichung (8.24) [Bri82, Opp10].
Diese Äquivalenz führt dazu, dass mit der alternativen Transformation eine
Randbehandlung inhärent in die Berechnung integriert werden kann. Im
Folgenden wird die Kosinustransformation und die hier verwendete Variante
vorgestellt. Daran anschließend wird die Idee der schnellen, nichtäquidistanten Kosinustransformation und ihrer Inversion nur in Kürze angesprochen,
da die Idee primär auf der bereits vorgestellten NFFT-Approximation aus

den Abschnitten 8.2 und 8.3 basiert. Es wird wieder nur der eindimensionale Fall für eine bessere Lesbarkeit betrachtet und eine Erweiterung auf höhere Dimensionen ergibt sich durch Tensorprodukte.

8.5.2.1 Diskrete Kosinustransformation

Sei $f(x_j)$, mit $j = 0, \ldots, X - 1$ eine gerade und reelle Funktion, so dass $f(x) = f(-x)$ erfüllt ist. Eine Fouriertransformation ergibt sich dann durch

$$\hat{f}(k) = \sum_{j=0}^{X-1} f(x_j) e^{\frac{-2\pi i k j}{X}} \tag{8.25}$$

$$= \sum_{j=0}^{X-1} f(x_j) \cos(\frac{-2\pi k j}{X}) + i \cdot \sum_{j=0}^{X-1} f(x_j) \sin(\frac{-2\pi k j}{X}), \tag{8.26}$$

wobei die Summenaufteilung in Gleichung (8.26) basierend auf der Euler-formel durchgeführt werden kann. Die zweite Summe in Gleichung (8.26) beinhaltet das Produkt zwischen einer geraden und einer ungeraden Funktion, woraus eine ungerade Funktion resultiert und die Summe über eine gesamte Periode somit gleich Null ist. Der Imaginärteil entfällt

$$\hat{f}(k) = \sum_{j=0}^{X-1} f(x_j) \cos(\frac{-2\pi k j}{X}), \tag{8.27}$$

was der diskreten Kosinustransformation (englisch: „discrete cosine transform", DCT) von $f(x)$ entspricht. Anhand von Gleichung (8.27) kann geschlossen werden, dass die Fouriertransformierte $\hat{f}$ als Produkt zweier geraden Funktionen ebenfalls eine gerade Funktion ist.

In der praktischen Anwendung wird die DCT insbesondere im Bereich der Datenkompression verwendet (siehe beispielsweise [Wal92, Gon08]). Die DCT geht implizit von einem periodischen Eingangssignal aus, genauso wie die DFT. Zusätzlich jedoch wird angenommen, dass es sich um eine gerade Symmetrie handelt. Die Fouriertransformation eines duplizierten Signales, wie es in Gleichung (8.24) beschrieben wurde, entspricht somit der DCT des einfachen Signales.

Es ergeben sich mehrere Möglichkeiten, wie eine symmetrische, periodische Fortsetzung der Daten interpretiert werden kann. Daher existieren auch verschiedene Ansätze, wie eine DCT implementiert werden kann. Hier wird ausschließlich die sogenannte DCT-I Variante verwendet, wie sie in [Pot03b]

bertachtet und ursprünglich in [Wan84] eingeführt worden ist. Bei dieser
Variante ergibt sich die Kosinustransformation durch

$$x_k = \sum_{j=0}^{X} \varepsilon_{X,j} \hat{x}_j \cos \frac{jk\pi}{X}, \tag{8.28}$$

wobei $\varepsilon_{X,0} = \varepsilon_{X,X} = \frac{1}{2}$ und $\varepsilon_{X,j} = 1$, für $j = 1, \ldots, X - 1$ gilt. Die Variante
DCT-I wird ebenfalls in allen Kosinusalgorithmen aus [Kei06] realisiert und
ist auch in der Standard C-Bibliothek für die schnelle Fourierberechnungen
verfügbar [Fri05]. Ausführlichere Informationen zur Kosinustransformation
sind beispielsweise in [Bri82] oder [Opp10] zu finden.

8.5.2.2 Schnelle, nichtäquidistante Kosinustransformation

Der Zusammenhang zwischen DCT und DFT, der im vorherigen Abschnitt
verdeutlicht wurde, gilt entsprechend auch für die hier verwendeten nichtäquidistanten Verfahren. Die nichtäquidistante, inverse, schnelle Kosinustransformation (NFCT) und ihre Adungierte (NFCT^{H}) können anhand der Algorithmen NFFT sowie NFFT^{H} aus Abschnitt 8.2 hergeleitet werden. Die
folgende Beschreibung basiert auf den Erläuterungen aus [Pot03a], [Pot03b],
[Fen04] und [Kei09].

Es seien die Fourierkoeffizienten für eine gerade Funktion $f(x)$ durch
$\hat{f}^F$ und die Kosinuskoeffizienten durch $\hat{f}^C$ definiert. Aus dem vorherigen
Abschnitt ist bekannt, dass für gerade Funktionen auch $\hat{f}^F_k = \hat{f}^F_{-k}$ gilt.
Zusätzlich sei $\hat{f}^F_{-X} = 0$. Die inverse, nichtäquidistante Fouriertransformation
ist dann gegeben durch

$$f(x_j) = \sum_{k=-X}^{X-1} \hat{f}^F_k e^{2\pi \mathrm{i} k x_j}. \tag{8.29}$$

Durch die gerade Symmetrie lässt sich die Summe umformen zu

$$f(x_j) = \hat{f}^F_{-X} e^{-2\pi X x_j} - \hat{f}^F_0 + 2 \cdot \sum_{k=0}^{X-1} \hat{f}^F_k e^{2\pi \mathrm{i} k x_j}, \tag{8.30}$$

wobei der erste Term durch $\hat{f}^F_{-X} = 0$ entfällt. Durch die Einführung des
Parameters

$$\varepsilon_{X,k} = \begin{cases} \frac{1}{2}, & k = 0 \\ 1, & k = 1, \ldots, X - 1 \end{cases} \tag{8.31}$$

lässt sich Gleichung (8.30) dann durch

$$f(x_j) = 2 \cdot \sum_{k=0}^{X-1} \varepsilon_{X,k} \hat{f}_k^F e^{2\pi i k x_j} \tag{8.32}$$

beschreiben. Wie im vorherigen Abschnitt kann die inverse Fouriertransformation nun anhand der Eulerformel zu

$$f(x_j) = 2 \cdot \sum_{k=0}^{X-1} \varepsilon_{X,k} \hat{f}_k^F \left(\cos(2\pi k x_j) + \mathrm{i} \sin(2\pi k x_j) \right) \tag{8.33}$$

$$= 2 \cdot \sum_{k=0}^{X-1} \varepsilon_{X,k} \hat{f}_k^F \cos(2\pi k x_j) + \varepsilon_{X,k} \hat{f}_k^F \mathrm{i} \sin(2\pi k x_j) \tag{8.34}$$

umgeformt werden. Bei dem zweiten Summanden handelt es sich erneut um eine ungerade Funktion, die über eine gesamte Periode aufsummiert wird und sich dadurch aufhebt. Es verbleibt somit

$$f(x_j) = 2 \cdot \sum_{k=0}^{X-1} \varepsilon_{X,k} \hat{f}_k^F \cos(2\pi k x_j). \tag{8.35}$$

Um die Äquivalenz der beiden Transformationen zu zeigen, muss Gleichung (8.35) nun mit der nichtäquidistanten, inversen Kosinustransformation

$$f(x_j) = \sum_{k=0}^{X-1} \hat{f}_k^C \cos(2\pi k x_j) \tag{8.36}$$

verglichen werden. Daraus ergibt sich, dass $\hat{f}_k^C = 2\varepsilon_{X,k} \hat{f}_k^F$ gelten muss. Mit dieser Aussage lässt sich die Approximation von $f(x_j)$ aus Gleichung (8.19) übernehmen

$$f(x_j) \approx \sum_{l=2x_j\sigma X-m}^{2x_\sigma X+m} \tilde{\psi}\left(x_j - \frac{l}{2\sigma X}\right)$$

$$\cdot \sum_{k=0}^{X} \frac{\varepsilon_{\sigma X,k}}{\sigma X c_k(\tilde{\varphi})} \cdot \frac{\hat{f}_k^C}{2\varepsilon_{\sigma X,k}} \cdot \cos\frac{\pi k l}{\sigma X}. \tag{8.37}$$

Gleichung (8.37) kann, wie der NFFT-Algorithmus, ebenfalls in adäquater Zeit bestimmt werden. Diese Berechnung, im Folgenden als NFCT bezeichnet, ist in Algorithmus 8.4 noch einmal in Pseudocode dargestellt. Wie die NFCT auf die NFFT-Berechnung zurückgeführt werden konnte, ergeben sich ebenfalls für die NFCT^{H} und iNFCT die angepassten Algorithmen auf Basis der zuvor vorgestellten Strategien (Näheres dazu wird beispielsweise [Kei06] gegeben).

Algorithmus 8.4 Algorithmus NFCT zur schnelle Berechnung von Gleichung (8.36).

Eingabe:	$x_j, j = 0, \ldots, X' - 1$	Stützstellen
	$\hat{f}_j^C \in \mathbb{R}, j = 0. \ldots, X - 1$	Kosinuskoeffizienten
	$\sigma > 1$	Überabtastungsfaktor

1: **for** $k = 0, \ldots, X - 1$ **do**

2:     $\hat{g}_k = \dfrac{1}{\sigma X c_k(\tilde{\varphi})} \cdot \dfrac{\hat{f}_k^C}{2\varepsilon_{\sigma X, k}}$

3: **end for**

4: **for** $l = 0, \ldots, \sigma X$ **do**

5:     Schnelle inverse DCT-I von $g_l = \displaystyle\sum_{k=0}^{\sigma X} \varepsilon_{\sigma X, k} \cdot \hat{g}_k \cdot \cos \frac{\pi k l}{\sigma X}$

6: **end for**

7: **for** $j = 0, \ldots, X' - 1$ **do**

8:     $f_j = \displaystyle\sum_{l=2\sigma X - m}^{2\sigma X + m} g_l \tilde{\psi}(x_j - \frac{l}{2\sigma X})$

9: **end for**

Ausgabe: f_j für $j = 0, \ldots, X' - 1$ Approximierte Werte.

8.6 Integration von Vorwissen

In Abschnitt 8.3 wurde eine iterative Bestimmung der iNFFT vorgestellt (siehe Gleichung (8.22)). Dazu ist eine Dämpfung $\hat{\mathbf{W}} = \mathrm{diag}(\hat{w}_k)_{k=0}^{|\mathbf{R}|-1} > 0$ zu definieren. Die Werte sollten homogen abfallend gewählt werden, da dies zu einem Gesamtergebnis mit entsprechenden Eigenschaften führt [Kei09]. Diese Dämpfung kann zur Einbeziehung zusätzlicher Informationen verwendet werden. In der Vergangenheit wurden bereits Dämpfungen vorgeschlagen, die verschiedene analytische Definitionen der Faktoren vorschen (siehe beispielsweise [Grö01, Kun03, Kun07, Kei07]). Im Rahmen dieser Arbeit wird eine zusätzliche, datenbasierte Dämpfung betrachtet. Hierbei wird der Spezialfall bei der MAR-Anwendung einbezogen, dass in der Regel der größte Anteil des Datensatzes bereits gegeben ist. Eine erste Schätzung der fehlenden Daten, gefolgt von einer anschließenden Fouriertransformation, liefert einen vorläufigen Verlauf, wie sich die Daten im Fourierraum tendenziell verhalten sollten. Nicht nur die Art der ersten Schätzung spielt eine bedeutende Rolle, sondern auch der hohe Rauschanteil bei realen Daten. Letzterer Einfluss wird die Homogenität der Dämpfung beeinträchtigen und es ist zu prüfen, ob die iterative Berechnung trotzdem zu zufriedenstellenden Ergebnissen führt.

8.6.1 Analytische Dämpfung

Für $\hat{\mathbf{W}}$ können analytische Funktionen verwendet werden. In [Kun03] wurden zwei verschiedene Vorschläge für eine Sobolev-Dämpfung betrachtet, die im Eindimensionalen durch

$$\text{S1} := \frac{1}{1 + (2\pi k)^2} \quad \text{und} \tag{8.38}$$

$$\text{S2} := \frac{1}{1 + k^2} \tag{8.39}$$

gegeben sind. Sie sind nur von der Frequenz k abhängig und bringen keine weiteren variablen Parameter in die Berechnung ein. Die zwei Varianten sind in Abbildung 8.5 grafisch für den eindimensionalen Fall dargestellt. Im Rahmen dieser Arbeit wurden beide Varianten für die MAR-Anwendung betrachtet.

8.6.2 Datenbasierte Dämpfung

Häufig sind für metallbeeinflusste CT-Daten Zusatzinformationen gegeben, die potenziell als Vorwissen für eine Datenneubestimmung ausgenutzt werden können. Beispielsweise sind alle Werte außerhalb des Maskenbereiches bereits bekannt, wobei es sich insbesondere für klinische Aufnahmen oft um den größten Teil des gesamten Datensatzes handelt. Außerdem ist es möglich, erste Ergebnisse bereits durchgeführter Datenneubestimmungen innerhalb des Maskenbereiches als Initialwerte zu verwenden.

In [Lem09] wird weiterhin argumentiert, dass bei den meisten CT-Aufnahmen innerhalb der definierten Maskenregionen noch Restinformationen vorhanden sein können. In der Regel findet durch metallische Objekte keine Totalabsorption der Röntgenstrahlung statt. Die metallbeeinflussten

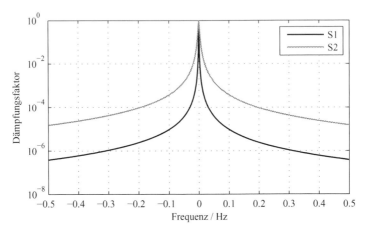

Abbildung 8.5: Beispiele analytischer Dämpfungsfaktoren für das ge-
dämpfte Minimierungsproblem aus Gleichung (8.22) zur Bestimmung der
iNFFT. Dargestellt sind, jeweils eindimensional, S1 aus Gleichung (8.38)
und S2 aus Gleichung (8.39).

Projektionswerte können somit noch hilfreiche Informationen über die korrekte Fortsetzung der Rohdaten innerhalb der Maskenregion beinhalten. Im
Rahmen dieser Arbeit werden daher neben den in Abschnitt 8.6.1 vorgestellten analytischen Dämpfungsfaktoren datenbasierte Dämpfungen für die
iterativen Berechnung durchgeführt. Durch eine Annäherung der Fourierkoeffizienten an den Verlauf der Dämpfungswerte kann Gleichung (8.22)
minimiert und gleichzeitig ein zur Dämpfung ähnlicher Verlauf angestrebt
werden. Eine datenbasierte Dämpfung wird anhand der Fouriertransformation der Rohdaten $p(\mathbf{r}_j)$ vorgenommen

$$DB = \sum_{j=0}^{|\mathbf{R}|-1} p_{DB}(\mathbf{r}_j)e^{\frac{2\pi i \mathbf{k}_\kappa^T \mathbf{r}_j}{|\mathbf{R}|}}, \kappa = -\frac{|\mathbf{R}|}{2}, \dots, \frac{|\mathbf{R}|}{2} - 1. \qquad (8.40)$$

Als ersten Ansatz können die Ergebnisse der weithin bekannten Polynominterpolationen LI und CU verwendet werden, die in Abschnitt 7.3 als Vergleichsverfahren vorgestellt wurden. In Gleichung (8.40) gilt somit DB $\in$ {LI,CU}.
    Da unter anderem die sehr hohen, metallbeeinflussten Projektionswerte
während der Rekonstruktion zu Metallartefakten im Bild führen, kann eine
Verwendung von niedrigeren Werten in den Maskenbereichen bereits eine
erste Annäherung für eine Artefaktreduktion darstellen. Diese Werteanpas-

sung wurde ebenfalls in [Lem09] ausgenutzt. Die generelle Vorgehensweise im Rahmen dieser Arbeit wird in Abbildung 8.6 verdeutlicht. Der metall-beeinflusste Datensatz wird im ersten Schritt rekonstruiert, woraus sich das Schnittbild mit Metallartefakten ergibt. Durch eine Segmentierung mit dem Schwellwert T (siehe Abschnitt 7.2) lassen sich im zweiten Schritt die Bildkoordinaten bestimmen, an denen sich metallische Objekte befinden (kreisförmigen Markierungen in $\mathbf{f}$). Aus diesen Information ergibt sich zudem die binäre Maske im Bildraum $\mathbf{f}^{M}$. Als Drittes werden an alle Metallpositionen neue Werte gesetzt, auf deren mögliche Belegungen im Folgenden noch näher eingegangen wird. Das so adaptierte Bild $\mathbf{f}_{ad}$ wird dann im vierten Schritt in den Radonraum transformiert, woraus sich ein zweiter Radonda-tensatz $\mathbf{p}_{ad}$ ergibt, der neue Projektionswerte ohne direkten Metalleinfluss im Maskenbereich aufweist. Durch Kombination von $\mathbf{p}$ und $\mathbf{p}_{ad}$ an den Positionen mit metallbeeinflussten Rohdaten (gegeben durch die zuvor bestimmte Maske $\mathbf{p}^{M}$ im Radonraum) kann eine Belegung der Gewichte gewonnen wer-den. Der verwendete Operator $\oplus_{\mathbf{p}^{M}}$ definiert die Datenkombination, gegeben durch

$$\mathbf{p} \oplus_{\mathbf{p}^{M}} \mathbf{p}_{ad} = \{\ p(\mathbf{r}_i)\ \text{für}\ p^{M}(\mathbf{r}_i) = 0, p_{ad}(\mathbf{r}_i)\ \text{sonst}\ \}. \tag{8.41}$$

Dort, wo die binäre Maske $\mathbf{p}^{M}$ im Radonraum Einträge gleich Eins aufweist, werden die Werte aus dem Datensatz $\mathbf{p}_{ad}$ verwendet und für den Fall gleich Null werden die entsprechenden Einträge aus dem Datensatz $\mathbf{p}$ verwendet. Die Kombination von $\mathbf{p}$ und $\mathbf{p}_{ad}$ im Radonraum entspricht dem fünften Schritt, der in Abbildung 8.6 dargestellt wird. Daraus ergibt sich ein Datensatz $\mathbf{w}$, der als Dämpfung für die iNFFT verwendet werden kann.

In Abbildung 8.6 sind außerdem bestimmte Bereiche im resultierenden Datensatz $\mathbf{w}$ durch Pfeile markiert. Diese Bereiche fallen als dunkle Werte innerhalb des Maskenbereiches auf. Sie entsprechen den Bildbereichen, an denen der durch die Vowärtstranformation simulierte Strahlenverlauf im vierten Schritt mehrere der ursprünglichen Metallpositionen durchkreuzt. Hier befinden sich im Bild die bereits beschriebenen Schattenartefakte, die mehrere Metallobjekte miteinander verbinden. Diese Schattenartefakte werden somit in Schritt vier mit in den Radonraum transformiert und ergeben die offensichtlich nicht korrekten Werte im Maskenbereich. Im Folgenden bleibt zu evaluieren, ob sich diese Einflüsse negativ auf das Endergebnis der Fourier-basierten Interpolation auswirken.

Im Weiteren wird eine Variante basierend auf den Nachbarschaftswerten der Metallobjekte im Bildraum betrachtet, um die Werte der Maskenre-gion neu zu bestimmen. Dazu werden mit einer vordefinierten Nachbar-schaftsfunktion $n(\mathbf{f}, \mathbf{f}^{M})$ alle Werte im Umfeld der Metallpositionen (also

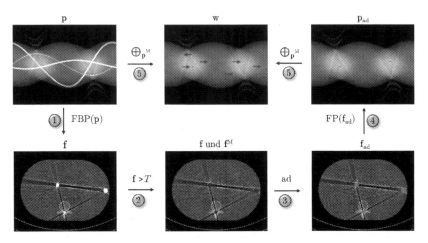

Abbildung 8.6: Adaptionsprozess, der anhand von adaptierten Bildinformationen zu datenbasierten Dämpfungsfaktoren für die NFFT-Berechnung führt. Zunächst wird das Originalbild rekonstruiert (Schritt 1), die markierten, kreisförmigen Metallpositionen ermittelt (Schritt 2) und für diese Stellen neue Werte definiert (Schritt 3). Das adaptierte Bild $\mathbf{f}_{ad}$ wird in den Radonraum transformiert, wodurch sich ein zweiter Rohdatensatz $\mathbf{p}_{ad}$ ergibt (Schritt 4). Durch eine Kombination mit $\mathbf{p}$ ergibt sich ein adaptierter Datensatz, der für die Belegung der NFFT-Dämpfungsfaktoren verwendet werden kann (Schritt 5).

für $f^{M}(\mathbf{b_o}) == 1$) betrachtet, die nicht zu den Metallobjekten gehören. Aus diesen Werten wird dann der Median ermittelt. Insgesamt ergibt sich

$$\mathbf{f}_{ME} = \mathbf{f} \oplus_{\mathbf{f}^M} \left(\mathrm{median}(n(\mathbf{f}, \mathbf{f}^M)) \cdot \mathbf{f}^M \right). \qquad (8.42)$$

Dieser Ansatz ähnelt dem DB-Verfahren, das in Abschnitt 7.3.1 vorgestellt wurde, wobei jedoch keine weiteren Adaptionen des gesamten, rekonstruierten Bildes vorgenommen werden. Im weiteren Verlauf der Arbeit wird diese Vorgehensweise der Dämpfung durch ME abgekürzt.

Für eine weitere Dämpfungsvariante wird, der Idee aus [Lem09] folgend, die Restinformation innerhalb der Maskenregion ausgenutzt. Dazu werden die metallbeeinflussten Projektionswerte als Dämpfung verwendet. Durch die iterative Berechnung können potenziell in sich konsistente Daten angenähert werden, wobei die originalen Strukturen im Maskenbereich erhalten bleiben. Diese Strategie könnte insbesondere für Daten mit wenig Metall vorteilhaft sein, bei denen durch die Übersegmentierung verhältnismäßig viele unbeeinflusste Daten mit entfernt werden. Simulierte Daten sind bei dieser Anwendung anders zu interpretieren. Da es sich bei den simulierten Daten im Maskenbereich um nicht beeinflusste Referenzwerte handelt, kann das mögliche Optimum der datenbasierten Dämpfung überprüft werden. Diese Vorgehensweise der Dämpfung wird im weiteren Verlauf durch OR abgekürzt.

Bei allen datenbasierten Dämpfungen für die iNFFT ist zu beachten, dass insbesondere reale CT-Daten in der Regel stark verrauscht sind. Die Amplitude des Rauschens ist abhängig von gewählten Aufnahmeparametern sowie der verwendeten Leistung (siehe auch Abschnitt 3.5.2). Die Forderung der Homogenität an die Dämpfungsbelegung ist somit nicht notwendigerweise erfüllt. Trotzdem wird in Kapitel 9 untersucht, ob anhand der Dämpfungen DB $\in \{LI, CU, ME, OR\}$ sinnvolle Daten bestimmt werden können.6

Abbildung 8.7 zeigt die zuvor vorgestellten datenbasierten Dämpfungen im Fourierraum für einen Datensatz des anthropomorphen Abdomenphantoms mit Metallobjekten. Zu sehen sind die Dämpfungsfaktoren LI, CU, ME sowie OR, wobei letztere Variante die metallbeeinflussten Daten des Originals beinhaltet. Zwar weisen alle Ansätze einen ähnlichen Verlauf auf, jedoch sind alle Daten ebenfalls stark verrauscht und es liegt kein monotoner Abfall mit zunehmender Frequenz vor.

8.7 Bildrekonstruktion mit Metallartefaktreduktion

Bezüglich einer NFFT-Anwendung ergibt sich abschließend eine naheliegende Idee aus dem Fourier-Scheiben-Theorem, welches in Abschnitt 3.4.1 vorgestellt wurde. Anhand der NFFT-Bibliothek kann die problematische Transformation von polaren zu kartesischen Koordinaten gelöst werden und somit kann das Theorem direkt als Fourier-basierte Bildrekonstruktion umgesetzt werden. In Arbeiten wie [Nat85, Pot00, Mat04] wurde gezeigt, dass Bilder rekonstruiert werden können, die mit der Qualität einer FBP-Rekonstruktion vergleichbar sind. Darauf basierend wurde im Rahmen dieser Arbeit eine Kombination von Fourier-basierter Artefaktreduktion sowie Fourier-basierter Bildrekonstruktion entwickelt [Kra08b].

Es seien dazu erneut $p(\mathbf{r}_i)$ die gemessenen Projektionswerte, wobei in diesem Abschnitt nur zweidimensionale Rohdaten an den Positionen $\mathbf{r_i} = (\gamma_w, \xi_d)$ mit $w = 0, \ldots, W - 1$, $d = 0, \ldots, D - 1$ und $i = 0, \ldots, |\mathbf{R}| - 1$ betrachtet werden. Gesucht ist eine Rekonstruktion der Daten, um das Bild

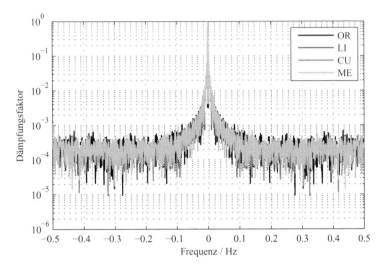

Abbildung 8.7: Eindimensionale datenbasierte Dämpfungsfaktoren für das anthropomorphe Abdomenphantom mit Metallobjekten. Zwar ergibt sich insgesamt eine abfallende Tendenz mit zunehmender Frequenz, jedoch ist diese nicht monoton.

$f(\mathbf{b}_o)$ mit den jeweiligen Abschwächungskoeffizienten innerhalb des Objektes zu erhalten. Das rekonstruierte Bild ist an den Positionen $\mathbf{b}_o = (x_j, y_k)$ mit $j = 0, \ldots, X-1$, $k = 0, \ldots Y-1$ und $o = 0, \ldots, |\mathbf{B}|-1$ definiert. Wie bereits beschrieben, lautet die zentrale Aussage des Fourier-Scheiben-Theorems

$$P_{\gamma_w}(q) = F(u, v), \tag{8.43}$$

wobei $P_{\gamma_w}(q)$ die eindimensionale Fouriertransformation von $p(\mathbf{r}_i)$ für jeden festen Winkel γ_w ist und $F(u, v)$ die zweidimensionale Fouriertransformation mit $f(\mathbf{b}_o)$ repräsentiert, mit $u = q \cdot \cos\gamma_w$ und $v = q \cdot \sin\gamma_w$. Die Fourier-basierte Rekonstruktion von CT-Bildern kann daher anhand der folgenden

Gleichungen durchgeführt werden

$$p(\mathbf{r}) = \int\limits_{-\infty}^{\infty} P_{\gamma_w}(q) e^{2\pi i q \xi_d} \, dq, \tag{8.44}$$

$$F(u,v) = \int\limits_{-\infty}^{\infty} \int\limits_{-\infty}^{\infty} f(x,y) e^{-2\pi i \mathbf{b}^{\mathrm{T}} \cdot (u,v)} \, dx \, dy. \tag{8.45}$$

Falls alle Stützstellen $p(\mathbf{r})$ für eine Rekonstruktion verfügbar sind, kann $P_{\gamma_w}(q)$ anhand einer herkömmlichen FFT-Berechnung bestimmt werden. Für den Schritt in Gleichung (8.45) ergibt sich nun das bereits erwähnte Problem des Theorems, dass die neu angeordneten Daten im zweidimensionalen Fourierraum nicht an kartesischen, sondern an polaren Koordinaten vorliegen. Zur Vermeidung einer Reduktion der Bildqualität durch eine Standardinterpolation der benötigten Koordinaten bedarf es einer alternativen Herangehensweise wie die Verwendung der NFFT-Algorithmen zur Bestimmung von $\mathbf{f}$.

Die metallbeeinflussten Rohdaten werden zunächst maskiert (siehe Abschnitt 7.2). Daraus ergeben sich die Projektionswerte $p(\mathbf{r}_{i'}) \in \mathbf{R}'$ im Radonraum, die keine Metalleinflüsse aufweisen. Für eine MAR-Anwendung ist es nun möglich, eine eindimensionale NFFT-basierte Interpolation für jeden Winkel γ_w durchzuführen, um die fehlenden Daten mit

$$p(\mathbf{r}_{i'}) = \sum_{k=0}^{D-1} \hat{p}_k e^{2\pi i \xi_{d'} k}, \tag{8.46}$$

neu zu bestimmen, wobei $\hat{p}_k$ die jeweiligen Fourierkoeffizienten darstellen. Die fehlenden Werte $p(\mathbf{r}_{i'})$ können anhand der in Abschnitt 8.1 vorgestellten MAR-Methode durch eine Transformation in den Fourierraum und zurück in den Radonraum interpoliert werden. Das Interpolationsergebnis wird dann abschließend durch Gleichung (8.44) und den NFFT-Algorithmen rekonstruiert [Pot00].

Alternativ ist eine direkte MAR-Rekonstruktion der konsistenten Rohdaten $p(\mathbf{r}_{i'})$ möglich, ohne dass eine separate eindimensionale NFFT-Interpolation als Zwischenschritt durchgeführt wird. Die Diskretisierung von Gleichung (8.44) an den Positionen $q_m, m = 0, \ldots, D-1$ ergibt sich durch

$$p(\mathbf{r}_{i'}) = \sum_{m=0}^{D-1} P_{\gamma_w}(q_m) e^{2\pi i m \xi_{d'}}. \tag{8.47}$$

Die Werte $P_{\gamma_w}(q_m)$ können somit effizient mit einer eindimensionalen iNFFT bestimmt werden. Daraufhin kann das Bild $f(\mathbf{b}_o) = f((x_j, y_k))$ anhand von

$$F(u, v) = \sum_{j=0}^{X-1} \sum_{k=0}^{Y-1} f\left((x_j, y_k)\right) e^{-2\pi \mathrm{i}(x_j, y_k)^{\mathrm{T}}(u,v)} \qquad (8.48)$$

durch eine zweidimensionale iNFFT berechnet werden. Vergleiche dieser direkten Rekonstruktionsmethode mit den rekonstruierten Ergebnissen der eindimensionalen NFFT-Interpolation, gefolgt von einer NFFT-Rekonstruktion, wiesen eine identische Bildqualität auf. Bei der NFFT-basierten Interpolation findet eine eindimensionale Transformation in den Fourierraum und zurück statt. Bei einer anschließenden NFFT-Rekonstruktion wird nach Gleichung (8.44) erneut eine eindimensionale Transformation in den Fourierraum durchgeführt, was sich dann mit der Transformation nach der Interpolation aufhebt. Es verbleiben die Schritte der direkten MAR-Rekonstruktion und beide Ansätze entsprechen sich letztendlich auch in der Theorie.

Die NFFT-basierte direkte MAR-Rekonstruktionsstrategie kann daher als eine schnelle Alternative interpretiert werden, um eine eindimensionale NFFT-Interpolation der metallbeeinflussten Daten durchzuführen. Aufgrund der Äquivalenz beider Ansätze und der zur FBP vergleichbaren Qualität, wird diese Vorgehensweise im Folgenden jedoch nicht weiter betrachtet.

9 Ergebnisse und Diskussion der Metallartefaktreduktionen

In diesem Kapitel werden die Ergebnisse Fourier-basierter MAR-Interpolationen aus Kapitel 8 vorgestellt und diskutiert. Eine numerische Evaluation wird exemplarisch anhand des REL-Verfahrens vorgenommen, sofern entsprechende Referenzdaten zur Verfügung stehen. Sollte solch ein Datensatz nicht verfügbar sein, wird eine referenzlose Evaluation anhand der REL^{FP}-Methode durchgeführt. Zunächst wird in Abschnitt 9.1 eine kurze Erläuterung über die Konvergenz der iterativen Fourier-Berechnung gegeben, da diese sich deutlich auf die Qualität des Interpolationsergebnisses auswirken kann. In Abschnitt 9.2 werden repräsentative Interpolationsergebnisse für die in Abschnitt 8.5 eingeführten Randbehandlungen bei einer Fourier-basierten Interpolation präsentiert. Darauf basierend wird eine Entscheidung über die im Weiteren verwendete Randbehandlung getroffen. Daran anschließend werden in Abschnitt 9.3 alle Ergebnisse der verschiedenen Dämpfungen (siehe Abschnitt 8.6) und Interpolationsdimensionen vorgestellt sowie untereinander als auch mit LI und CU verglichen.

9.1 Konvergenz der iterativen Fouriertransformation

In Kapitel 8 wurde auf eine Beschreibung des iterativen CGNE-Verfahrens zur Bestimmung der iNFFT verzichtet. Für die Artefaktreduktion ist jedoch das Konvergenzverhalten von Interesse, da es die resultierende Bildqualität beeinflusst. In den ersten Iterationen ergeben sich Werte, die unter Umständen noch weit von der gesuchten Lösung entfernt sind. Mit zunehmender Iterationsanzahl i nähern sie sich den endgültigen Werten an, wozu ebenfalls die Stützstellen gehören. Im Rahmen dieser Arbeit wurde die Einhaltung aller Stützstellen als Konvergenzkriterium verwendet. Erst wenn die Werte außerhalb der Maskenbereiche den ursprünglichen Daten genügend ähneln, wird von einer Konvergenz ausgegangen. Ein Beispiel für eine iterative Annäherung der Daten ist in Abbildung 9.1 zu sehen. Dargestellt sind die REL-Werte zwischen den Ergebnissen der jeweiligen Iterationsanzahl i. Mit zunehmender Anzahl von Iterationen verringert sich der Fehler deutlich und strebt gegen Null.

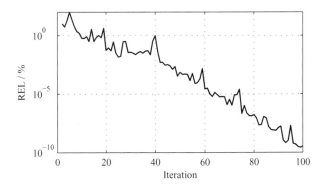

Abbildung 9.1: Beispielhaftes Konvergenzverhalten der iNFFT für eine Sinogrammspalte des Datensatzes XCAT-Dental. Dargestellt sind die REL-Werte in Prozent nach jeder Iteration.

Fast alle im Folgenden präsentierten Ergebnisse weisen ein ähnliches Konvergenzverhalten auf. Das Abbruchkriterium wurde auf REL< 1 % gesetzt. Die Überprüfung wurde in großen Schrittweiten für i durchgeführt, um die Komplexität gering zu halten und um lokale Minima durch den nicht monotonen Fehlerverlauf (siehe Abbildung 9.1) zu überwinden. Eine genauere Konvergenzbetrachtung wird für weiterführende Anwendungen empfohlen. Je nach Interpolationsdimension, Dämpfung und Datenumfang benötigt eine Iteration mehrere Sekunden bis Minuten, wobei die Algorithmen nicht laufzeitoptimiert wurden. Im Eindimensionalen konvergieren alle Methoden für $i \approx 100$ und im Zweidimensionalen für $i \approx 400$. Eine Ausnahme bildet die zweidimensionale S1-Dämpfung, welche erst bei $i \approx 4000$ ein vergleichbares Konvergenzverhalten aufweist. Bei der dreidimensionalen Anwendung wird eine ausreichende Konvergenz in der Regel für $i \approx 2000$ erreicht. Wiederum weicht die S1-Dämpfung hier ab, selbst für $i = 10000$ konnte das Abbruchkriterium nicht erreicht werden.

9.2 Evaluation der Randbehandlungen

Um die in Abschnitt 8.5 vorgestellten Möglichkeiten zur Randbehandlung zu bewerten, wird für eine optimale Vergleichbarkeit in diesem Abschnitt zur Dämpfung immer die S2-Methode verwendet. Es werden für die drei relevanten Interpolationsdimensionen entsprechende Beispiele präsentiert, welche die sich ergebenden Effekte am besten verdeutlichen. Die Auswirkungen der unterschiedlichen Randbehandlungen werden zunächst anhand eines einfachen, eindimensionalen Beispiels verdeutlicht, das in Abbildung 9.2 dargestellt ist. Der Originaldatensatz (schwarz) besteht aus fünf Stützstellen. Durch eine Fourier-basierte Interpolation werden Daten zwischen den einzelnen Stellen bestimmt (dunkel- und mittelgrau).

Ohne eine Randbehandlung ergeben sich aus dieser Interpolation Daten mit einem ungewöhnlichen Verlauf an den beiden Intervallgrenzen (dunkelgraue Kurve). Der Grund für den deutlichen Anstieg an der rechten und den Abfall auf der linken Seite liegt in der angenommenen periodischen Fortsetzung des Signals (siehe Abbildung 8.4). Somit beeinflusst der deutlich höhere linke Wert die neu bestimmten Daten auf der rechten Seite und umgekehrt. Gewünscht ist jedoch eine Berechnung, die auch asymmetrische Daten ohne diese Randeffekte interpoliert. In Abbildung 9.2 ist das Ergebnis nach einer Randbehandlung in mittelgraue dargestellt. Die beiden möglichen Behandlungen, die in den Abschnitten 8.5.1 und 8.5.2 vorgestellt wurden, liefern nahezu identische Resultate (daher ist nur eine Kurve dargestellt). Diese neu bestimmten Daten weisen an den Intervallgrenzen den erwarteten Werteverlauf auf, der mit den jeweiligen Daten in der unmittelbaren Nachbarschaft übereinstimmt.

Eine Randbehandlung erscheint somit bei einer eindimensionalen, Fourierbasierten Interpolation ratsam zu sein, um negative Randeffekte an den Intervallgrenzen des Ergebnisses zu vermeiden. Außerdem liefert die in Abschnitt 8.5.2 vorgestellte NFCT-Randbehandlung durch die Verwendung einer Cosinustransformation zur Duplizierung der Daten vergleichbare Ergebnisse. Die Äquivalenz der beiden Randbehandlungen hat sich in ausführlichen Tests für alle im Rahmen dieser Arbeit betrachteten Daten auch für höherdimensionale Anwendungen ergeben. Alle weiteren Auswertungen werden daher ausschließlich für die NFCT-Variante vorgenommen.

Für den zweidimensionalen Anwendungsfall werden die Ergebnisse mit einer Sinogrammspalte der ersten Schicht von XCAT-Dental in Abbildung 9.3 dargestellt. Die schwarze Kurve zeigt die simulierten Originaldaten als den optimalen Verlauf in den gestrichelten Maskenbereichen. Das Ergebnis ohne Randbehandlung (mittelgrau) zeigt im ersten und dritten Maskenintervall

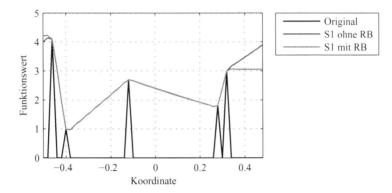

Abbildung 9.2: Einfluss der Randbehandlung auf die Fourier-basierten Interpolationsergebnisse für den eindimensionalen Anwendungsfall. Aus den Originaldaten (schwarz) ergeben sich ohne Randbehandlung und einer S2-Dämpfung die Daten der dunkelgrauen Kurve und mit Randbehandlung ergeben sich die Werte der mittelgrauen Kurve.

(die ersten beiden Intervalle gehen, bis auf eine Stützstelle, direkt ineinander über) deutlich niedrigere Werte als die Originalkurve. Der Grund für die niedrigen Werte der dunkegrauen Kurve im ersten und letzten Intervall ergibt sich erneut aus den Randeffekten beziehungsweise den deutlich niedrigeren Werten auf der rechten Seite des Sinogramms (siehe Abbildung 9.5 (a)). Im Gegensatz dazu kann mit einer Randbehandlung eine bessere Annäherung an die Referenz erreicht werden. Lediglich im zweiten Intervall ist für beide Ansätze eine deutliche Abweichung von der Originalkurve festzustellen. Dieser Effekt ist unabhängig von der verwendeten Randbehandlung und lässt sich auf Limitierungen der Interpolationen zurückführen.

Abschließend wird der positive Einfluss einer Randbehandlung ebenfalls für dreidimensionale Daten verdeutlicht. Dazu wird der klinische Dentaldatensatz verwendet. Da für diese Daten keine Referenz existiert, kann kein direkter Vergleich, wie in Abbildung 9.3, durchgeführt werden. Alternativ werden in Abbildung 9.4 die rekonstruierten Bilder der Interpolationsergebnisse dargestellt, in denen ebenfalls die Einflüsse der Randbehandlungen deutlich erkennbar sind. In den ersten drei Abbildungen ist jeweils Schicht 12 des Datensatzes zu sehen, ohne eine Datenneubestimmung (a) sowie nach einer Interpolation mit und ohne Randbehandlung (b und c). Zusätzlich ist in Abbildung (d) die Rekonstruktion von Schicht 1 des dreidimensionalen Datensatzes dargestellt. Anhand der Markierungen wird der Einfluss der pe-

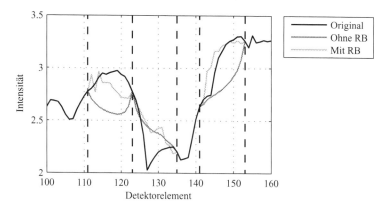

Abbildung 9.3: Detailansicht für eine Interpolation ohne (mittelgrau) und mit (hellgrau) Randbehandlung einer Sinogrammspalte von XCAT-Dental. Die hellgraue Kurve nähert sich dem Verlauf der simulierten, optimalen Daten (schwarz) im ersten und dritten Intervall deutlicher an. Im zweiten Intervall weichen beide Varianten deutlich ab, was somit nicht auf die Art der Randbehandlung, sondern auf eine Limitierung der Interpolation zurückzuführen ist.

riodischen Fortsetzung ohne eine Randbehandlung deutlich. In dem Ergebnis ohne Randbehandlung sind Strukturen sichtbar, die offensichtlich den Gaumenstrukturen entsprechen, die in Schicht 1 zu erkennen sind. Jedoch sollten sich diese anatomischen Strukturen in der letzten Schicht nicht wiederfinden, da sie sich bereits an einer anderen Position des Kopfes befindet. Durch Anwendung einer Interpolation mit Randbehandlung können die Einflüsse der ersten auf die letzte Schicht erfolgreich vermieden werden.

Es bestätigt sich somit für alle hier betrachteten Interpolationsdimensionen, dass eine Randbehandlung bei der Verwendung von Fouriertransformationen sinnvoll sein kann. Außerdem führt die NFCT als Randbehandlung zu Ergebnissen, die einer Spiegelung der Daten entlang aller Dimensionsachsen entsprechen.

9.3 Vergleich der Artefaktreduktionen

In diesem Abschnitt werden Ergebnisse für die Fourier-basierte Interpolation im Ein-, Zwei- und Dreidimensionalen sowie die Ergebnisse der Vergleichsverfahren LI und CU vorgestellt. Als Dämpfungen werden die Varianten S1,

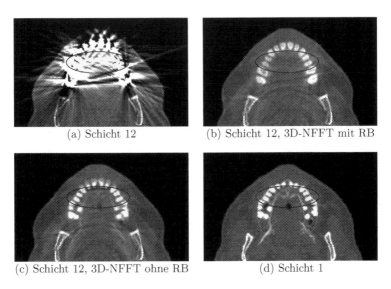

(a) Schicht 12   (b) Schicht 12, 3D-NFFT mit RB

(c) Schicht 12, 3D-NFFT ohne RB   (d) Schicht 1

Abbildung 9.4: Einfluss der Randbehandlung (RB) auf dreidimensionale Fourier-Interpolationen. Originalbild von Schicht 12 (a), NFFT-Ergebnis mit Randbehandlung (b), NFFT-Ergebnis ohne Randbehandlung (c), Originalbild von Schicht 1 (d).

S2, LI, CU, ME und OR betrachtet. Die ME-Dämpfung wird im Rahmen dieser Arbeit ausschließlich für die klinischen Testdaten verwendet, da nur hier das Einbeziehen einer ersten Bildrekonstruktion sinnvoll ist. Bei den simulierten Daten führt eine Bildrekonstruktion des ursprünglichen Datensatzes zu keinen realistischen Metallartefakten, da die dafür verantwortlichen physikalischen Prozesse bei der Datensimulation hier nicht beachtet wurden. Außerdem ist die OR-Dämpfung für simulierte und klinische Testdaten unterschiedlich zu interpretieren. Für simulierte Daten stellt sie das beste zu erreichende Ergebnis anhand einer NFCT mit einer datenbasierten Dämpfung dar. Bei klinischen Daten hingegen werden die ursprünglichen metallbeeinflussten Daten verwendet, da Referenzdaten ohne Metalleinflüsse im Allgemeinen nicht gegeben sind. Bei dieser Anwendung ist somit kein optimales NFCT-Ergebnis zu erwarten. Stattdessen ist von Interesse, ob mit den ursprünglichen Daten bereits eine Artefaktreduktion erreicht werden kann und ob aufgrund einer Interpolation verlorene Strukturinformationen erhalten werden.

Neben den Auswirkungen der Dämpfungen ist ebenfalls der Einfluss er-
höhter Interpolationsdimensionen von Interesse. Alle Ergebnisse werden im
Radonraum (Abschnitt 9.3.1) sowie im Bildraum (Abschnitt 9.3.2) miteinander verglichen. Die im Folgenden dargestellten numerischen Auswertungen
zeigen (wie in Kapitel 6) auf der horizontalen Achse die Qualitätswerte der
einzelnen Testbildern. Dabei wird auch hier, trotz dieser diskreten Menge,
für eine bessere Vergleichbarkeit der Qualitätsverläufe eine kontinuierliche
Kurve verwendet.

9.3.1 Vergleich im Radonraum

Bereits im Radonraum ist eine erste Auswertung der MAR-Ergebnisse möglich. Die Qualität der Interpolationsergebnisse und ihre Anpassung an die
originalen Rohdaten geben einen ersten Eindruck, welche Bildqualitäten
in den endgültigen Rekonstruktionen zu erwarten sind. Es werden lediglich repräsentative ROI-Ausschnitte der MAR-Ergebnisse im Radonraum
dargestellt, um einen ersten visuellen Qualitätseindruck zu erhalten und
gleichzeitig eine Verminderung der zu visualisierenden Daten zu erreichen.

XCAT-Dental enthält in elf Schichten simulierte Metalleinflüsse. Davon
wird im Folgenden ein Auswahl von fünf Schichten betrachtet, die in Abbildung 9.5 (a) bis (e) dargestellt sind. Für XCAT-Hüfte werden beide
Datenschichten mit simulierten Metalleinflüssen betrachtet (siehe Abbildung 9.5 (f) und (g)). Die ROI-Positionen sind durch helle Rechtecke und
die als metallbeeinflusst definierten Rohdaten in Form von hell hervorge-
hobenen sinusoidalen Strukturen in den Rohdaten verdeutlicht. Durch die
Betrachtung der neu bestimmten Daten innerhalb dieses Maskenbereiches
können Qualitätsaussagen über die jeweiligen Methoden getroffen werden.
Da für die simulierten Daten zudem die ursprünglichen Werte innerhalb
des Maskenbereiches als Referenz bekannt sind, kann außerdem ein direkter Vergleich im Radonraum sowie eine referenzbasierte Fehlerberechnung
durchgeführt werden.

Für den klinischen Dental- und den Hüftdatensatz werden alle metallbeeinflussten Schichten betrachtet (siehe Abbildung 9.5 (h) bis (m) und 9.5 (n)
bis (t)). Die metallbeeinflussten Bereiche heben sich als helle, sinusoidale
Strukturen von den restlichen Werten ab. Da für diese Daten keine Referenz existiert, wird im Radonraum ein visueller Vergleich der Ergebnisse
durchgeführt.

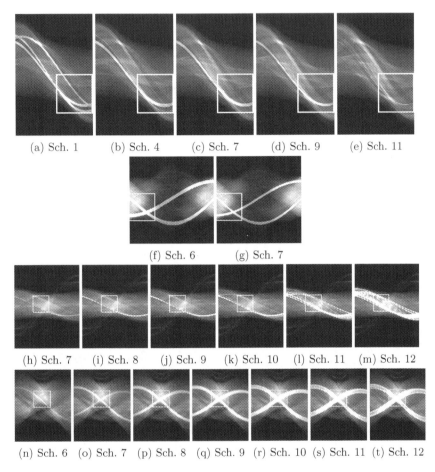

(a) Sch. 1   (b) Sch. 4   (c) Sch. 7   (d) Sch. 9   (e) Sch. 11

(f) Sch. 6   (g) Sch. 7

(h) Sch. 7   (i) Sch. 8   (j) Sch. 9   (k) Sch. 10   (l) Sch. 11   (m) Sch. 12

(n) Sch. 6   (o) Sch. 7   (p) Sch. 8   (q) Sch. 9   (r) Sch. 10 (s) Sch. 11 (t) Sch. 12

Abbildung 9.5: Schichten von XCAT-Dental (a-e), XCAT-Hüfte (f-g), dem klinischen Dentaldatensatz (h-m) und dem klinischen Hüftdatensatz (n-t). Sie werden bei den folgenden Ergebnissen als ROIs repräsentiert, die jeweils durch helle Rechtecke gekennzeichnet sind. In den Schichten von XCAT-Dental und XCAT-Hüfte sind die als metallbeeinflusst definierten Werte durch helle, sinusoidale Strukturen hervorgehoben.

9.3.1.1 Eindimensionale Ergebnisse

Beginnend mit dem Testdatensatz XCAT-Dental sind die ROIs der eindimensionalen Interpolationsergebnisse in Abbildung 9.6 dargestellt. Jede Zeile beinhaltet die fünf betrachteten ROIs nach der gleichen MAR-Anwendung: ohne eine Datenneubestimmung (a), LI (b), CU (c) sowie einer eindimensionalen NFCT mit den Dämpfungen S1 (d), S2 (e), LI (f), CU (g) und OR (h). Visuell sind bei den Ausschnitten kaum Unterschiede zwischen den jeweiligen Methoden festzustellen. Lediglich in den OR-Ergebnissen erscheinen die umliegenden Strukturen deutlicher in den Maskenbereich fortgesetzt.

Für einen besseren visuellen Vergleich wird daher (wie bereits in den vorherigen Abschnitten) ein exemplarischer Spaltenausschnitt aller Ergebnisse in Abbildung 9.7 betrachtet. Die drei gestrichelten Intervalle markieren die Bereiche, in denen eine Datenneubestimmung durchgeführt wurde. Die beiden ersten Intervalle gehen nahezu ineinander über. Sie werden nur von einer Stützstelle getrennt und scheinen daher in der Abbildung die gleiche Grenze zu haben. Die schwarze Kurve repräsentiert die Originalwerte, die in den Intervallen als Referenzkurve zu verstehen sind.

Die Ergebnisse von LI, NFCT mit S1 sowie mit S2 sind in diesem Beispiel kaum von einander zu unterscheiden und weisen deutche Abweichungen zur Referenzkurve auf. Das CU-Ergebnis zeigt einen Verlauf, der zumindest für das letzte Intervall eine bessere Näherung zu den Referenzwerten erreicht. Die Ergebnisse von NFCT mit LI und NFCT mit CU liefern keine eindeutige Tendenz für die drei Intervalle. Zwar ähneln die Werte in den beiden letzten Intervallen etwas mehr den Referenzdaten, als es bei LI, NFCT mit S1 und mit S2 der Fall ist. Dafür ist im ersten Intervall eine größere Abweichung vom gewünschten Verlauf zu erkennen. Abschließend ergibt sich durch die OR-Dämpfung die beste Annäherung an den Verlauf der Referenzwerte. Dies liefert die erste Bestätigung, dass eine NFCT-Dämpfung mit Werten nahe an dem gewünschten Verlauf ebenfalls ein sehr gutes Ergebnis liefert.

Für XCAT-Dental kann außerdem eine referenzbasierte Fehlerbestimmung durch das Distanzmaß REL im Radonraum vorgenommen werden (siehe Abschnitt 4.2.2). Die Ergebnisse aller Schichten, in denen Metall simuliert und dementsprechend eine Datenneubestimmung stattfand, sind in Abbildung 9.8 dargestellt. Hier werden die Verhalten bestätigt, die in Abbildung 9.7 bereits zu erkennen waren. Die drei Methoden LI, NFCT mit S1 und mit S2 führen für alle Schichten zu sehr ähnlichen Fehlern bezüglich der vorliegenden Referenzdaten. Die NFCT mit CU liefert ebenfalls vergleichbare Fehlerverläufe. Im Gegensatz dazu kann die CU-Methode die Fehler noch weiter reduzieren. Die NFCT mit LI führt hingegen zu leicht erhöhten

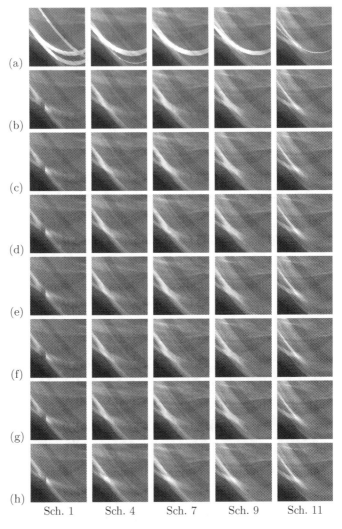

Abbildung 9.6: Ergebnisse der eindimensionalen Vergleichs- und der eindimensionalen NFCT-Verfahren für die Schichten von XCAT-Dental (siehe Abbildung 9.5 (a-e)) im Radonraum: Original (a), LI (b), CU (c) sowie NFCT mit S1 (d), S2 (e), LI (f), CU (g) und OR (h).

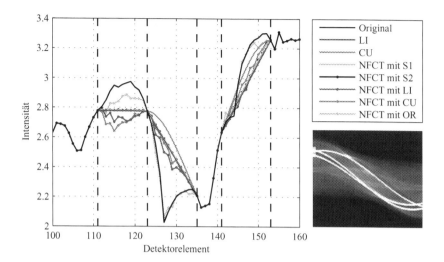

Abbildung 9.7: Spaltenausschnitt aus XCAT-Dental (rechts heller hervorgehoben). Die Referenzdaten sind als schwarze Kurve ohne Marker und die Maskenbereiche gestrichelt dargestellt. Die anderen Kurven zeigen die eindimensionalen LI-, CU- und NFCT-Ergebnisse.

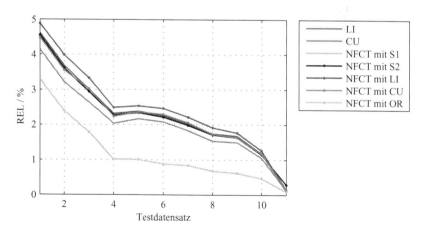

Abbildung 9.8: REL-Fehler der Ergebnisse der eindimensionalen Vergleichs- und aller eindimensionalen NFCT-Verfahren für XCAT-Dental im Radonraum.

Fehlern und damit zu dem schlechtesten eindimensionalen Ergebnis. Durch die NFCT mit OR kann, wie zuvor bereits vermutet, für alle Schichten die beste Fehlerreduktion erreicht werden.

Für den simulierten Datensatz XCAT-Hüfte sind die ROIs der eindimensionalen Ergebnisse in Abbildung 9.9 dargestellt. Wie bei dem vorherigen Datensatz ähneln sich auch hier alle Ergebnisse sehr. Die NFCT-Ansätze mit einer datenbasierten Dämpfung in den Abbildungen 9.9 (f) bis (h) und (n) bis (p) erscheinen innerhalb der Maskenbereiche leicht verrauscht. Der Grund liegt zum einen in der stärkeren ROI-Vergrößerung als bei dem vorherigen Beispiel. Dadurch wird das in der Regel leicht verrauschte Verhalten der datenbasierten NFCT-Dämpfungen visuell deutlicher, was sich auf die nicht monotonen abfallenden Dämpfungsfaktoren mit zunehmender Frequenz zurückführen lässt (siehe Abschnitt 8.6.2). Zum anderen wird dieses Verhalten bei homogeneren Datensätzen, wie es bei XCAT-Hüfte der Fall ist, als strukturelle Abweichungen visuell sichtbarer. Dieses Verhalten verstärkt sich zudem generell, wenn weniger Informationen für die Datenneubestimmung zur Verfügung stehen, was bei einer eindimensionalen Anwendung im Gegensatz zu den höherdimensionalen Ansätzen der Fall ist.

Als weitere Vergleichsmöglichkeit wird für diesen Datensatz ebenfalls ein Ausschnitt einer Sinogrammspalte exemplarisch in Abbildung 9.10 dargestellt. Auch hier entspricht die schwarze Kurve den Referenzwerten und die beiden gestrichelten Intervalle den Bereichen der Datenneubestimmung. Die Verfahren LI, NFCT mit S1 und mit S2 liefern abermals sehr ähnliche Werteverläufe. Die CU-Ergebnisse weisen im ersten Intervall eine schlechtere und im zweiten Intervall eine bessere Annäherung an die Referenzwerte als die zuvor genannten Methoden auf. Die NFCT mit datenbasierten Dämpfungen (NFCT mit LI, CU und OR) zeigen hier leicht verbesserte Tendenzen zur Referenzkurve. Der verrauschte Eindruck wird jedoch auch hier durch die schwankenden Werteverläufe dieser Ergebnisse deutlich.

Die sich ergebenen REL-Fehlerwerte sind in Tabelle 9.1 für beide Schichten mit simulierten Metalleinflüssen dargestellt. Wie bereits zuvor vermutet wurde, liefert die NFCT mit LI für beide Schichten die höchsten Fehler. LI, NFCT mit S1 und mit S2 führen erneut zu fast gleichen Fehlerwerten, die CU-Dämpfung ist leicht schlechter. Die CU-Methode ergibt für diesen Datensatz das zweitbeste Ergebnis und die NFCT mit OR liefert erneut die geringsten Fehler.

Für den klinischen Dentaldatensatz sind alle eindimensionalen ROIs der MAR-Ergebnisse in Abbildung 9.11 dargestellt. Die sechs Spalten der Abbildung entsprechen allen Schichten, in denen metallbeeinflusste Daten vorkamen und für die dementsprechend eine Datenneubestimmung mit den

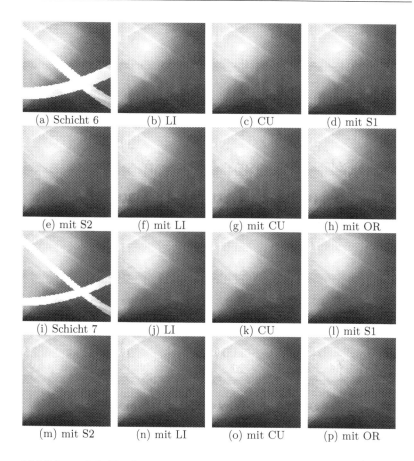

Abbildung 9.9: Ergebnisse der eindimensionalen Vergleichs- und der eindimensionalen NFCT-Verfahren für XCAT-Hüfte (siehe Abbildung 9.5 (f, g)) im Radonraum.

unterschiedlichen Interpolationsmethoden durchgeführt wurde (siehe Abbildung 9.5 (h) bis (m)). Die Zeilen zeigen jeweils die Ergebnisse ohne eine Artefaktreduktion (a), der LI (b), der CU (c) sowie der NFCT mit S1 (d), S2 (e), LI (f), CU (g), ME (h) und OR (i).

Wie bei den zuvor diskutierten Ergebnissen lassen sich auch hier visuell kaum Unterschiede zwischen den Methoden feststellen. Lediglich die beiden Dämpfungen ME und OR (Abbildung 9.11 Zeilen (h) und (i)) führen

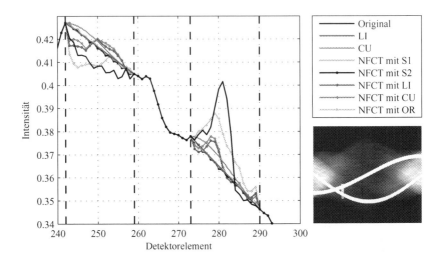

Abbildung 9.10: Spaltenausschnitt der XCAT-Hüfte (rechts heller hervorgehoben). Die Referenzdaten sind als schwarze Kurve ohne Marker und die Maskenbereiche gestrichelt dargestellt. Die anderen Kurven zeigen die eindimensionalen LI-, CU- und NFCT-Ergebnisse.

Tabelle 9.1: Prozentualer REL-Fehler der Ergebnisse aller eindimensionalen NFCT- und eindimensionalen Vergleichsverfahren für XCAT-Hüfte im Radonraum.

	LI	CU	m. S1	m. S2	m. LI	m. CU	m. OR
Sch. 6	0.744	0.733	0.742	0.757	0.940	0.904	0.593
Sch. 7	0.508	0.491	0.508	0.509	0.627	0.610	0.425

zu deutlich abweichenden visuellen Eindrücken, wobei dauraus an dieser Stelle keine Vor- oder Nachteile geschlossen werden können. Einige hellere Bereiche weisen lediglich auf einen potenziellen Einfluss der ursprünglichen metallbeeinflussten Daten hin (siehe Zeile (a)).

Bei den klinischen Daten wird auf die Betrachtung einer Sinogrammspalte verzichtet, da aufgrund der fehlenden Referenz keine Aussage über den gewünschten Verlauf getroffen werden kann. Die Fehlerberechnung entfällt bei klinischen Daten daher ebenfalls. Weitere Vergleichsmöglichkeiten ergeben sich erst bei der Betrachtung im Bildraum in Abschnitt 9.3.2.

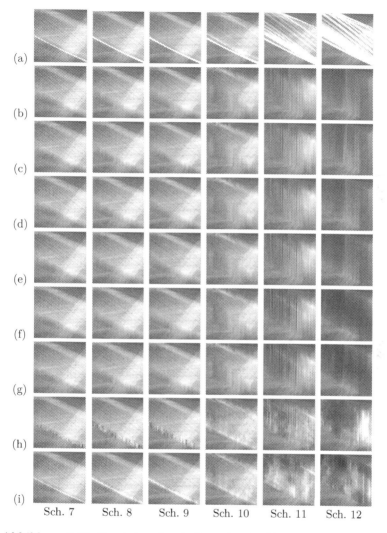

Abbildung 9.11: Ergebnisse der eindimensionalen Vergleichs- sowie der eindimensionalen NFCT-Verfahren für die Schichten des klinischen Dentaldatensatzes (siehe Abbildung 9.5 (h-m)) im Radonraum: Original (a), LI (b), CU (c) sowie NFCT mit S1 (d), S2 (e), LI (f), CU (g), ME (h) und OR (i).

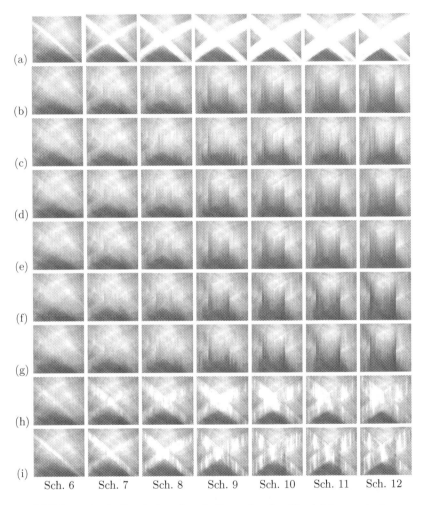

Abbildung 9.12: Ergebnisse der eindimensionalen Vergleichs- sowie der eindimensionalen NFCT-Verfahren für die Schichten des klinischen Hüftdatensatzes (siehe Abbildung 9.5 (n-t)) im Radonraum: Original (a), LI (b), CU (c) sowie NFCT mit S1 (d), S2 (e), LI (f), CU (g), ME (h) und OR (i).

Abschließend werden in Abbildung 9.12 die ROIs der eindimensionalen MAR-Ergebnisse für den klinischen Hüftdatensatz gezeigt. Die Spalten entsprechen auch hier den sieben Schichten, in denen metallbeeinflusste Daten vorlagen (siehe Abbildung 9.5 (n) bis (t)) und somit eine Artefaktreduktion durchgeführt wurde. Die Zeilen der Abbildung stellen in der gleichen Reihenfolge wie Abbildung 9.11 die Ergebnisse der verschiedenen MAR-Methoden dar. Der visuelle Eindruck entspricht der Beschreibung des klinischen Dentaldatensatzes. Die Ergebnisse zeigen visuell kaum Unterschiede, mit Ausnahme der ME- sowie der OR-Dämpfung, wo sich erneut an einigen Stellen hellere Strukturen innerhalb der Maskenbereiche ergeben. Ein detaillierterer Vergleich wird auch für diese Daten im Bildraum nach den jeweiligen Bildrekonstruktionen in Abschnitt 9.3.2 durchgeführt.

9.3.1.2 Zweidimensionale Ergebnisse

Nach der Betrachtung aller eindimensionalen Ergebnisse im Rohdatenraum folgen nun die Ergebnisse der zweidimensionalen NFCT-Anwendungen. Die beiden eindimensionalen Verfahren LI und CU werden dabei immer mit dargestellt, um weiterhin eine direkte Vergleichbarkeit mit bereits bekannten MAR-Verfahren zu gewährleisten.

Abbildung 9.13 zeigt die entsprechenden ROIs für den simulierten Datensatz XCAT-Dental, wobei die einzelnen Schichten erneut spaltenweise aufgetragen und die Ergebnisse der verschiedenen MAR-Methoden in jeweils einer Zeile dargestellt sind. Im Gegensatz zu den eindimensionalen Ergebnissen für diesen Datensatz lassen sich hier durchaus visuell einige Unterschiede zwischen den verschiedenen Methoden feststellen. In den Ergebnissen der beiden Vergleichsverfahren (Zeile (b) und (c)) heben sich die neu bestimmten Werte deutlich von den umliegenden ursprünglichen Daten in der Umgebung ab. Sie unterscheiden sich hinsichtlich ihrer Werte sowie Strukturen. Diese Abweichungen entsprechen neuen Inkonsistenzen, die bereits vor der Bildrekonstruktion deutlich wahrzunehmen sind und im späteren Bild potenziell zu neuen Artefakten führen.

Die Verwendung einer zweidimensionalen NFCT mit unterschiedlichen Dämpfungen (Zeile (d) bis (h)) hingegen weisen an einigen Stellen der neu bestimmten Daten eine homogenere Anpassung an die umliegenden Originaldaten auf. Optisch scheint mit der OR-Dämpfung (Zeile (h)) das beste Ergebnis erzielt worden zu sein, da die neu bestimmten Daten nicht mehr ohne Weiteres von den umliegenden zu trennen sind. Es ergibt sich somit eine erste Bestätigung, dass es sich bei der Erhöhung der Interpolationsdimension um eine sinnvolle Erweiterung für eine Datenneubestimmung handelt.

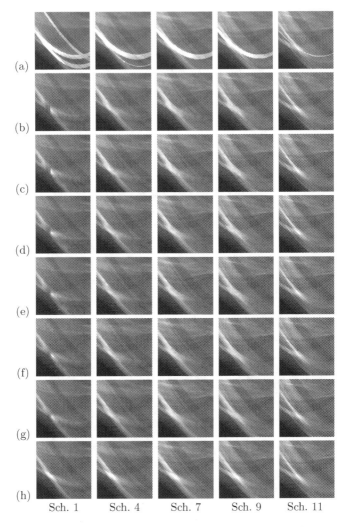

Sch. 1   Sch. 4   Sch. 7   Sch. 9   Sch. 11

Abbildung 9.13: Ergebnisse der eindimensionalen Vergleichs- und der zweidimensionalen NFCT-Verfahren für die Schichten von XCAT-Dental (siehe Abbildung 9.5 (a-e)) im Radonraum: Original (a), LI (b), CU (c) sowie NFCT mit S1 (d), S2 (e), LI (f), CU (g) und OR (h).

Für einen genaueren Vergleich sind für alle zweidimensionalen Ergebnisse
zusammen mit LI und CU ebenfalls die Werteverläufe eines Spaltenausschnit-
tes in Abbildung 9.14 dargestellt. Die Referenzwerte ergeben sich erneut
aus der schwarzen Kurve und die drei gestrichelten Intervalle verdeutlichen
wieder die Bereiche, in denen eine Datenneubestimmung stattgefunden hat.
Zwar ähneln sich die Verläufe der S1- sowie S2-Dämpfung untereinander,
jedoch weichen sie bei der zweidimensionalen Anwendung deutlich von den
LI-Werten ab, denen sie bei der eindimensionalen NFCT-Berechnung zuvor
noch nahezu entsprachen. Mit den beiden Dämpfungen ist es nun möglich,
den Verlauf der schwarzen Referenzkurve deutlicher anzunähern. Die LI-
und CU-Dämpfungen weisen ebenfalls leichte Tendenzen in Richtung des
gewünschten Kurvenverlaufes auf, zeigen jedoch noch größere Abweichungen
als die analytischen Dämpfungen. Mit der OR-Dämpfung schließlich werden die Referenzwerte sehr gut angenähert, wobei sich für diese einzelne
Sinogrammspalte keine deutliche Verbesserung im Vergleich zum eindimensionalen Ergebnis zeigt.

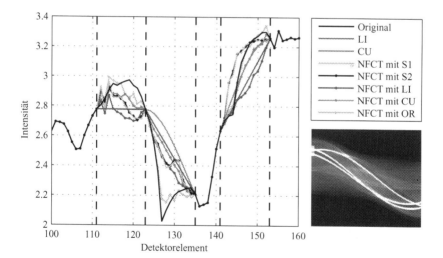

Abbildung 9.14: Spaltenausschnitt aus XCAT-Dental (rechts heller hervorgehoben). Die Referenzdaten sind als schwarze Kurve ohne Marker und
die Maskenbereiche gestrichelt dargestellt. Die anderen Kurven zeigen eindimensionalen LI- und CU- sowie die zweidimensionalen NFCT-Ergebnisse.

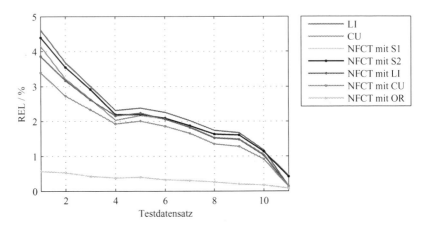

Abbildung 9.15: REL-Fehler der Ergebnisse der eindimensionalen Vergleichs- und aller zweidimensionalen NFCT-Verfahren für XCAT-Dental im Radonraum.

Durch die Verwendung des Referenzdatensatzes können außerdem wieder die REL-Fehler für alle Schichten bestimmt werden, in denen eine Datenneubestimmung stattgefunden hat. Die entsprechenden Fehlerkurven für alle zweidimensionalen NFCT-Varianten sowie LI und CU zum Vergleich sind in Abbildung 9.15 dargestellt. Die zweidimensionalen Verfahren führen insgesamt zu Fehlerreduktionen im Vergleich zu den eindimensionalen Ansätzen. Insbesondere die LI- und CU-Dämpfungen scheinen durch die Verwendung von zweidimensionalen Informationen an Qualität zu gewinnen. Deutlich wird außerdem der Vorteil der Kombination einer höherdimensionalen Interpolation mit einer NFCT-Dämpfung, die möglichst nahe am gewünschten Ergebnis liegt. Die OR-Dämpfung führt für alle Schichten zu den niedrigsten Fehlerwerten, die gegenüber der eindimensionalen Anwendung am meisten reduziert werden konnten.

Die zweidimensionalen Ergebnisse für den simulierten Datensatz XCAT-Hüfte sind in Abbildung 9.16 dargestellt. Im Gegensatz zu den eindimensionalen Ergebnissen heben sich die neu bestimmten Rohdaten hier für die entsprechenden Methoden weniger deutlich von den umliegenden Werten ab. Die Strukturen erscheinen angepasster, was eine Qualitätsverbesserung der finalen Bildrekonstruktionen vermuten lässt. Lediglich die NFCT-Ergebnisse mit den analytischen Dämpfungen S1 und S2 beinhalten am linken Rand der ROIs eine dunkle Abweichung von den umliegenden Daten.

Eine Betrachtung einer einzelnen Spalte der Ergebnisse, wie sie bereits für die eindimensionalen Ergebnisse dargestellt wurde, ist in Abbildung 9.17 zu sehen. Deutlich erreicht die NFCT mit OR einen Werteverlauf, der am ähnlichsten zur Originalkurve ist. Die anderen zweidimensionalen NFCT-Varianten ergeben für das erste Intervall eine bessere Tendenz zum Verlauf der Referenzdaten. Im zweiten Intervall ist so eine Annäherung jedoch nicht festzustellen und alle Ergebnisse bewegen sich in Intensitätsbereichen, die ebenfalls mit den Vergleichverfahren LI und CU erzielt werden.

Durch die Bestimmung der REL-Fehlermaße im Rohdatenraum kann auch für diese Ergebnisse eine erste Tendenz der Qualität basierend auf einer objektiven numerischen Auswertung gegeben werden. Die entsprechenden Fehlerwerte sind in Tabelle 9.2 aufgelistet. Die Fehler für LI und CU entsprechen dabei den Angaben für die eindimensionalen Verfahren in Tabelle 9.1, da es sich um dieselben Datensätze handelt, die hier zu Vergleichszwecken weiterhin mit betrachtet werden.

Bei der Betrachtung der Fehler wird deutlich, dass sich alle datenbasierten NFCT-Varianten durch die Hinzunahme der zweiten Dimension besser an die Referenz angepasst haben und somit zu einem niedrigeren Fehler führen. Dieses Verhalten war bereits visuell festzustellen, da sich alle neu bestimmten Werte deutlich besser an den umliegenden Bereichen angepasst haben. Die OR-Dämpfung führt, wie erwartet, erneut zu den geringsten Fehlern und zur deutlichsten Fehlerreduktion gegenüber der eindimensionalen Anwendung. Im Gegensatz zu den anderen zweidimensionalen Verfahren führen beide analytischen Dämpfungen zu einer Fehlervergrößerung. Dieses Verhalten lässt sich auf die bereits erwähnten dunklen Strukturen zurückführen, die sich deutlich von den gewünschten Werten der Referenz unterscheiden.

Die zweidimensionalen Ergebnisse für den klinischen Dentaldatensatz sind in Abbildung 9.18 in der gleichen Reihenfolge wie die eindimensionalen Ergebnisse dargestellt. Erneut passen die zweidimensional interpolierten Daten besser zu den umliegenden Werten. Bei den Dämpfungen S1 und S2 (Zeile (d) und (e)) ergeben sich leichte Ansätze neuer Strukturen (beispielsweise Schicht 11 und Schicht 12). Sie verlaufen nicht, wie erwartet, sinusoidal sondern eher horizontal durch die ROI. Durch so eine Strukturfortsetzung in horizontaler Richtung können ringförmige Artefakte im Bild verursacht werden, sofern es sich tatsächlich um nicht korrekt fortgesetzte Originalstrukturen handelt.

Mit den datenbasierten Dämpfungen LI, CU, ME und OR ergeben sich diese horizontal verlaufenden Strukturen nicht. Sie wirken hingegen deutlich verschwommener und es ergeben sich kaum deutliche Strukturverläufe innerhalb des Maskenbereiches. Dieser Eindruck verstärkt sich ebenfalls mit zunehmender Anzahl neu bestimmter Werte. Für die Dämpfungen ME

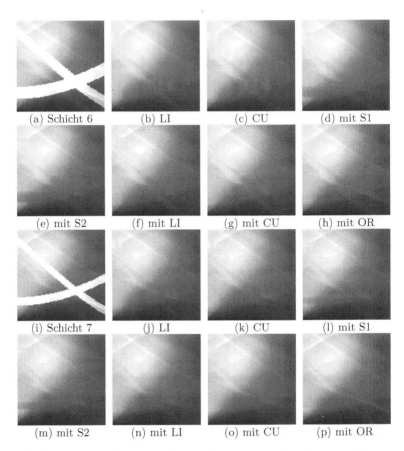

(a) Schicht 6	(b) LI	(c) CU	(d) mit S1
(e) mit S2	(f) mit LI	(g) mit CU	(h) mit OR
(i) Schicht 7	(j) LI	(k) CU	(l) mit S1
(m) mit S2	(n) mit LI	(o) mit CU	(p) mit OR

Abbildung 9.16: Ergebnisse der eindimensionalen Vergleichs- und der zweidimensionalen NFCT-Verfahren für XCAT-Hüfte (siehe Abbildung 9.5 (f, g)) im Radonraum.

und OR erscheint dieser Effekt leicht reduziert, was jedoch durch die neuen Strukturen innerhalb der Maskenbereiche verursacht wird, die wahrscheinlich von den Einflüssen der ursprünglichen Metallartefakte kommen.

Schließlich sind in Abbildung 9.19 alle zweidimensionalen Ergebnisse für den klinischen Hüftdatensatz in der gleichen Reihenfolge wie zuvor die eindimensionalen Ergebnisse dargestellt. Es wiederholen sich die bei dem klinischen Dentaldatensatz bereits erwähnten Feststellungen. Erneut

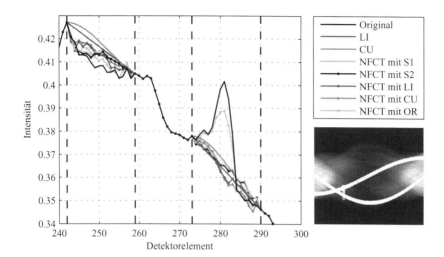

Abbildung 9.17: Spaltenausschnitt der XCAT-Hüfte (rechts heller hervorgehoben). Die Referenzdaten sind als schwarze Kurve ohne Marker und die Maskenbereiche gestrichelt dargestellt. Die anderen Kurven zeigen die eindimensionalen LI- und CU- sowie die zweidimensionalen NFCT-Ergebnisse.

Tabelle 9.2: Prozentualer REL-Fehler der Ergebnisse aller zweidimensionalen NFCT- und eindimensionalen Vergleichsverfahren für XCAT-Hüfte im Radonraum.

	LI	CU	m. S1	m. S2	m. LI	m. CU	m. OR
Sch. 6	0.744	0.733	1.195	1.249	0.657	0.603	0.226
Sch. 7	0.508	0.491	0.673	0.694	0.439	0.417	0.150

erscheinen die zweidimensionalen Daten in Struktur und Intensität passender zu den umliegenden Originaldaten. Außerdem weisen die Ergebnisse mit den S1- und S2-Dämpfungen auch hier leichte Strukturen in horizontaler Richtung auf, sobald sich die Anzahl von neu bestimmten Daten erhöht. Für die ME- und OR-Dämpfungen ergeben sich auch hier neue Strukturen innerhalb der Maskenbereiche, die jedoch wahrscheinlich auf die Einflüsse der ursprünglichen Metallartefakte zurückzuführen sind und sich somit potenziell negativ auf das rekonstruierte Bild auswirken.

Die Auswirkungen der erwähnten Eigenschaften auf die Ergebnisse der Methoden können in Abschnitt 9.3.2 genauer ausgewertet werden. Nach einer Rekonstruktion werden die Bilder im Bildraum betrachtet und außerdem eine numerische Auswertung anhand der REL^{FP}-Metrik durchgeführt.

9.3.1.3 Dreidimensionale Ergebnisse

Als letzte Variante werden im Folgenden die Ergebnisse der dreidimensionalen NFCT-Anwendung betrachtet, bei der eine dreidimensionale Transformation des gesamten Datensatzes durchgeführt wurde. Beginnend mit dem simulierten Datensatz XCAT-Dental sind die entsprechenden Interpolationsergebnisse in Abbildung 9.20 in der gleichen Reihenfolge dargestellt, wie die ein- und zweidimensionalen Ergebnisse dieses Datensatzes. Deutlich sind die guten Anpassungen der neu bestimmten Daten an ihre Umgebung zu erkennen. Insbesondere im direkten Vergleich mit den eindimensionalen Verfahren LI und CU wird die verbesserte Strukturfortsetzung in den simulierten Metallbereich deutlich. Diese Beobachtungen gelten insbesondere für die datenbasierten Ansätze (Zeile (f), (g) und (h)). Bei den analytischen Dämpfungen ist zwar eine entsprechende Tendenz erkennbar, jedoch erscheinen außerdem an einigen Stellen die bei den zweidimensionalen Ergebnissen bereits erwähnten horizontalen Strukturen.

Unter Betrachtung des Spaltenbeispiels in Abbildung 9.21 ergibt sich ein vom visuellen Eindruck abweichendes Bild. Für dieses Beispiel weisen die NFCT mit LI und CU zwar im mittleren Intervall eine leichte Tendenz zum gewünschten Referenzverlauf auf. Für die beiden anderen Intervalle ist dies jedoch nicht der Fall. Anders verhalten sich demgegenüber die analytischen Dämpfungen S1 und S2. In dieser Spalte erreichen sie insbesondere in den ersten beiden Intervallen eine bessere Approximation an die Referenzkurve. Im dritten Intervall kann die S2-Dämpfung die Referenzkurve besser als die anderen Verfahren annähern. Wie bei den niederdimensionalen Ergebnissen führt auch hier die OR-Dämpfung zu der besten Annäherung an die Referenzkurve, wobei auch für diese Spalte keine deutliche Verbesserung gegenüber der anderen OR-Dämpfungen festzustellen ist.

Die numerische Auswertung in Abbildung 9.22 verdeutlicht, dass es sich bei dem Spaltenbeispiel um eine Ausnahme handelt. Insgesamt liefert die S1-Dämpfung die schlechteste Referenzannäherung. Alle anderen dreidimensionalen Verfahren führen zu einer Fehlerreduktion gegenüber der zweidimensionalen Anwendung. Mit der CU-Dämpfung kann das zweitbeste Ergebnis erreicht werden und die OR-Dämpfung liefert mit Abstand die kleinsten Fehler.

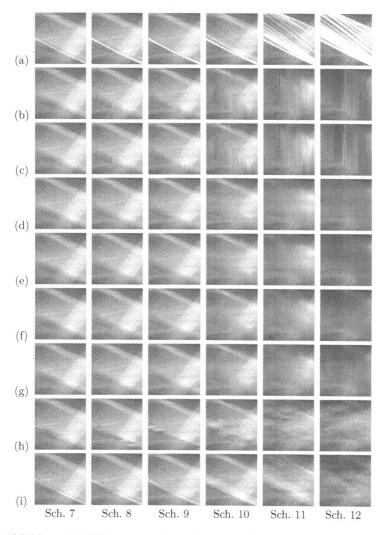

Abbildung 9.18: Ergebnisse der eindimensionalen Vergleichs- sowie der zweidimensionalen NFCT-Verfahren für die Schichten des klinischen Dentaldatensatzes (siehe Abbildung 9.5 (h-m)) im Radonraum: Original (a), LI (b), CU (c) sowie NFCT mit S1 (d), S2 (e), LI (f), CU (g), ME (h) und OR (i).

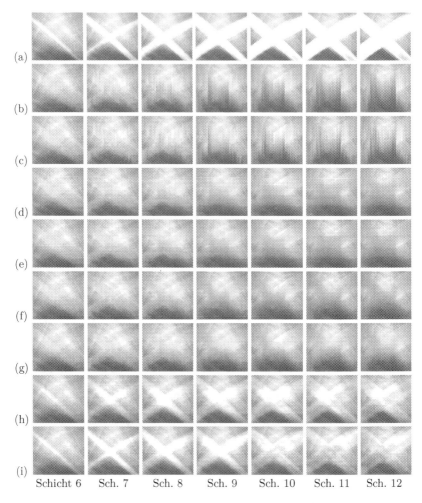

Abbildung 9.19: Ergebnisse der eindimensionalen Vergleichs- sowie der zweidimensionalen NFCT-Verfahren für die Schichten des klinischen Hüft-datensatzes (siehe Abbildung 9.5 (n-t)) im Radonraum: Original (a), LI (b), CU (c) sowie NFCT mit S1 (d), S2 (e), LI (f), CU (g), ME (h) und OR (i).

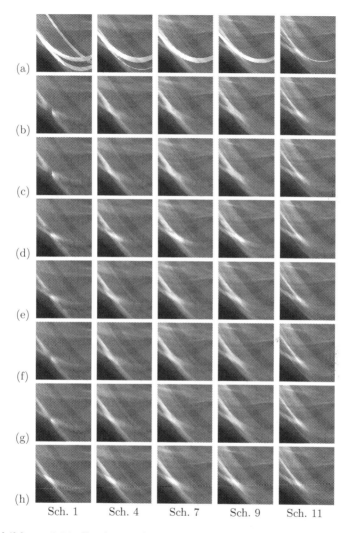

Abbildung 9.20: Ergebnisse der eindimensionalen Vergleichs- und der dreidimensionalen NFCT-Verfahren für die Schichten von XCAT-Dental (siehe Abbildung 9.5 (a-e)) im Radonraum: Original (a), LI (b), CU (c) sowie NFCT mit S1 (d), S2 (e), LI (f), CU (g) und OR (h).

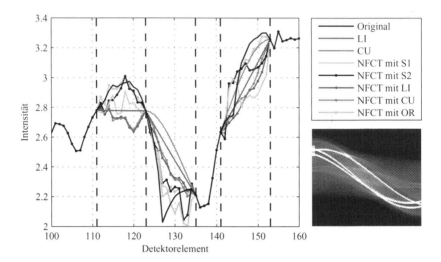

Abbildung 9.21: Spaltenausschnitt aus XCAT-Dental (rechts heller hervorgehoben). Die Referenzdaten sind als schwarze Kurve ohne Marker und die Maskenbereiche gestrichelt dargestellt. Die anderen Kurven zeigen eindimensionalen LI- und CU- sowie die dreidimensionalen NFCT-Ergebnisse.

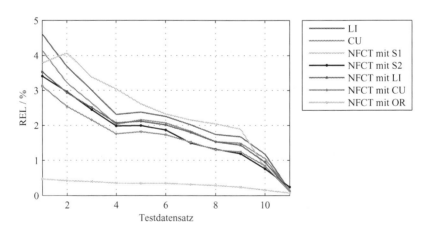

Abbildung 9.22: REL-Fehler der Ergebnisse der eindimensionalen Vergleichs- und aller dreidimensionalen NFCT-Verfahren für XCAT-Dental im Radonraum..

Für XCAT-Hüfte sind alle dreidimensionalen Ergebnisse in Abbildung 9.23 dargestellt. Die neuen Werte sind für alle NFCT-Varianten nur noch anhand weniger, falscher Strukturfortsetzungen zu erkennen. Zusätzlich ergeben sich auch hier für die S1-Dämpfung neue, horizontale Strukturen, die bei den S2-Ergebnissen jedoch kaum zu erkennen sind. In den Ergebnissen der OR-Dämpfung ist der ursprüngliche Verlauf des Maskenbereiches nicht mehr festzustellen, da sich die neu bestimmten Daten optimal an die umliegenden Strukturen anpassen.

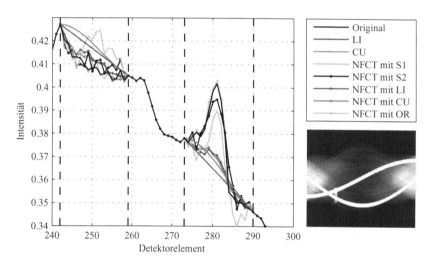

Abbildung 9.24: Spaltenausschnitt der XCAT-Hüfte (rechts heller hervorgehoben). Die Referenzdaten sind als schwarze Kurve ohne Marker und die Maskenbereiche gestrichelt dargestellt. Die anderen Kurven zeigen die eindimensionalen LI- und CU- sowie die dreidimensionalen NFCT-Ergebnisse.

Das Spaltenbeispiel für alle dreidimensionalen Ergebnisse von XCAT-Hüfte ist in Abbildung 9.24 zu sehen. Im ersten Intervall weisen fast alle NFCT-Varianten einen zur Referenz ähnlichen Werteverlauf auf. Die einzige Ausnahme bildet hier die S1-Dämpfung, welche teilweise deutlich von den gewünschten Werten abweicht. Im Gegensatz dazu erreichen im zweiten Intervall die analytischen Varianten S1 und S2 gute bis sehr gute Annäherungen an die Originalkurve, wobei hier am rechten Intervallrand wiederum für S1 eine deutliche Abweichung zu erkennen ist. Insgesamt liefert erneut die OR-Dämpfung das beste Interpolationsergebnis.

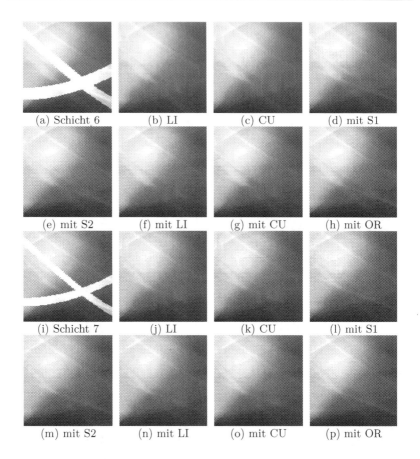

Abbildung 9.23: Ergebnisse der eindimensionalen Vergleichs- und der dreidimensionalen NFCT-Verfahren für XCAT-Hüfte (siehe Abbildung 9.5 (f, g)) im Radonraum.

Anhand der Fehlerbestimmung durch die REL-Werte, dargestellt in Tabelle 9.3, ergibt sich ein deutlicheres Bild der Ergebnisse im Rohdatenraum. Im Gegensatz zu den eindimensionalen Vergleichsmethoden LI und CU wird mit allen dreidimensionalen Varianten ein niedrigerer Fehler erzielt, der insbesondere bei den analytischen Dämpfungen deutlich geringer als bei der zweidimensionalen Anwendung ist. Die S1-Dämpfung führt jedoch erneut zu dem schlechtesten Ergebnis der dreidimensionalen Verfahren, während die S2-Dämpfung das zweitbeste Ergebnis liefert. Mit Abstand führt die OR-Dämpfung zu dem geringsten Fehler im Rohdatenraum.

Tabelle 9.3: Prozentualer REL-Fehler der Ergebnisse aller dreidimensionalen NFCT- und eindimensionalen Vergleichsverfahren für XCAT-Hüfte im Radonraum.

	LI	CU	m. S1	m. S2	m. LI	m. CU	m. OR
Sch. 6	0.744	0.733	0.587	0.402	0.579	0.525	0.121
Sch. 7	0.504	0.491	0.422	0.290	0.399	0.372	0.101

Die dreidimensionalen Ergebnisse für den klinischen Dentaldatensatz sind in Abbildung 9.25 dargestellt. Die bei den simulierten Daten bereits festgestellten Effekte lassen sich auch hier wiederfinden. Die dreidimensionalen NFCT-Anwendungen (Zeile (d) bis (i)) führen zu weitaus homogeneren Ergebnissen als die Varianten mit niedrigeren Interpolationsdimensionen (Zeilen (a) und (b)).

Zusätzlich sind auch hier Für die S1-Dämpfung neue, horizontal verlaufende Strukturen innerhalb der neuen Daten zu erkennen. Insbesondere für die S2-Dämpfung erscheinen die realen Strukturen jedoch sehr gut innerhalb des Maskenbereiches fortgesetzt, während gleichzeitig weniger intensive horizontale Strukturen verursacht wurden. Die Ergebnisse mit LI- und CU-Dämpfung erscheinen mit zunehmender Anzahl an neu bestimmten Daten deutlich verschwommener. Im Gegensatz zu den zweidimensionalen Ergebnissen dieser Dämpfungsvarianten werden nun jedoch einige Strukturverläufe sichtbar.

Abschließend sind für den klinischen Hüftdatensatz die dreidimensionalen Ergebnisse in Abbildung 9.26 zu sehen. Für beide analytischen Dämpfungen sind erneut horizontale Strukturverläufe zu erkennen, die wiederum für die S2-Dämpfung intensitätsärmer erscheinen. Für alle NFCT-Ergebnisse wirken die Ergebnisse zwar in sich stimmiger, jedoch ist nicht so eine deutliche Strukturfortsetzung innerhalb der Maskenbereiche wie beispielsweise bei dem klinischen Dentaldatensatz festzustellen. Dies lässt sich in der generell reduzierten Anzahl von Strukturen innerhalb dieses Datensatzes begründen. Die ME- und OR-Dämpfungen (Zeilen (h) und (i)) weisen außerdem eine höhere Ähnlichkeit mit dem ursprünglichen, metallbeeinflussten Rohdatenverlauf in Zeile (a) auf, wobei ihre Intensitäten jedoch deutlich reduziert wurden.

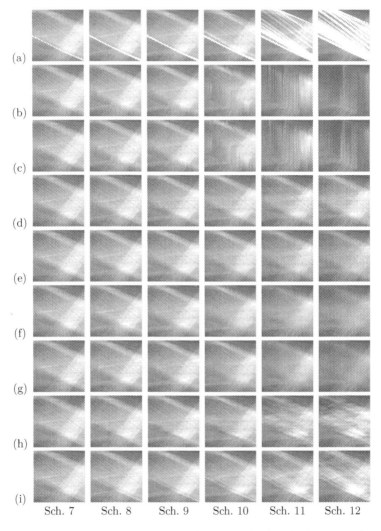

(a)

(b)

(c)

(d)

(e)

(f)

(g)

(h)

(i)

Sch. 7   Sch. 8   Sch. 9   Sch. 10   Sch. 11   Sch. 12

Abbildung 9.25: Ergebnisse der eindimensionalen Vergleichs- sowie der dreidimensionalen NFCT-Verfahren für die Schichten des klinischen Dentaldatensatzes (siehe Abbildung 9.5 (h-m)) im Radonraum: Original (a), LI (b), CU (c) sowie NFCT mit S1 (d), S2 (e), LI (f), CU (g), ME (h) und OR (i).

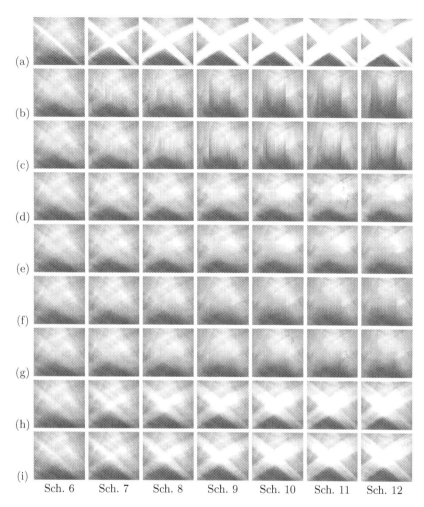

Sch. 6 Sch. 7 Sch. 8 Sch. 9 Sch. 10 Sch. 11 Sch. 12

Abbildung 9.26: Ergebnisse der eindimensionalen Vergleichs- sowie der dreidimensionalen NFCT-Verfahren für die Schichten des klinischen Hüftdatensatzes (siehe Abbildung 9.5 (n-t)) im Radonraum: Original (a), LI (b), CU (c) sowie NFCT mit S1 (d), S2 (e), LI (f), CU (g), ME (h) und OR (i).

9.3.1.4 Zusammenfassung für den Radonraum

Basierend auf den Ergebnissen im Radonraum lassen sich bereits vor der eigentlichen Bildrekonstruktion erste Rückschlüsse auf das Potenzial der betrachteten MAR-Varianten treffen. Keines der eindimensionalen Verfahren ist in der Lage, umgebende Strukturen in den Rohdaten zufriedenstellend fortzusetzen. Dieses Verhalten ergibt sich als logische Konsequenz aus der Limitierung der Interpolationsdimension. Lediglich durch die Dämpfung mit der Referenz ergeben sich Tendenzen von fortgesetzten sinusoidalen Strukturen innerhalb der Maskenbereiche, was auf die Integration von zusätzlichem Wissen durch diese Dämpfung zurückzuführen ist.

Durch die Erhöhung der Interpolationsdimension ist es möglich, umliegende Strukturen in den Schritt der Datenneubestimmung einzubeziehen. Dadurch erhöht sich die Anpassung der neuen Daten an die ursprünglichen Werte, was wiederum zu einer potenziellen Verbesserung der Bildqualität führt, da Inkonsistenzen innerhalb der Rohdaten reduziert werden. Dieser Vorteil ist von der Art der vorliegenden Daten abhängig. Es bleibt jedoch festzuhalten, dass mit einer höherdimensionalen Interpolation in der Regel gleichwertige oder aber bessere Ergebnisse erzielt werden können als mit Verfahren, die weniger von den vorliegenden Informationen in den Schritt der Datenneubestimmung einbeziehen.

Zusätzlich ergeben sich teilweise deutliche Unterschiede bei den verschiedenen Dämpfungen. Die S1-Dämpfung erzeugt für höherdimensionale Anwendungen neue, horizontale Strukturen innerhalb der Maskenbereiche, die in geringerer Intensität und Anzahl auch bei der S2-Dämpfung festzustellen sind. Diese Strukturen können entweder die Bildqualität erhöhen, sofern es sich um korrekte Fortsetzungen handelt oder aber zu neuen Bildartefakten führen.

9.3.2 Vergleich im Bildraum

Nach der Betrachtung aller Ergebnisse im Radonraum wird in diesem Abschnitt eine visuelle sowie numerische Evaluation der Bilder im Bildraum durchgeführt. Für alle Bilder wird auch hier die referenzbasierte REL-Metrik verwendet, sofern eine Referenz vorliegt. Für die klinischen Testdaten werden die Ergebnisse der referenzlosen REL^{FP}-Methode betrachtet. Die schichtweisen Ergebnisbilder werden, wie in Abschnitt 9.3.1, in platzsparenden ROIs dargestellt. Dabei werden jedoch alle Bildbereiche eingeschlossen, die für die Einstufung der Qualität von besonderem Interesse sind.

9.3.2.1 Eindimensionale Ergebnisse

Beginnend mit XCAT-Dental sind alle Rekonstruktionen der eindimensionalen MAR-Methoden in Abbildung 9.27 dargestellt. Dabei handelt es sich um die gleiche Reihenfolge und Auswahl der Schichten, wie sie bereits in Abschnitt 9.3.1 verwendet wurde. Die Eindrücke aus dem Radonraum bestätigen sich für diesen Datensatz. Es sind keine deutlichen Unterschiede der eindimensionalen Ergebnisse bezüglich ihrer Bildqualität sichtbar. Die einzige Ausnahme bildet die NFCT mit OR (Zeile (h)). Hier wird deutlich, dass eine datenbasierte Dämpfung, die nah an dem gewünschten Ergebnis liegt, bereits für den eindimensionalen Anwendungsfall zu tatsächlich sehr guten Ergebnissen führt.

Die Auswertung anhand der REL-Werte im Bildraum liefert die Fehlerkurven, welche in Abbildung 9.28 dargestellt sind. CU liefert die zweitkleinsten Fehler und die NFCT mit OR resultiert in den deutlich geringsten Fehlerwerten. Die Verfahren LI, CU sowie NFCT mit S1, S2 und CU zeigen allesamt einen sehr ähnlichen Fehlerverlauf und NFCT mit LI führt zu den größten Fehlern aller eindimensionalen Interpolationen. Dies bestätigt die Erwartungen, die auf Basis der Auswertungen im Radonraum getroffen wurden.

Die Ergebnisse aller eindimensionalen Verfahren im Bildraum für XCAT-Hüfte sind in Abbildung 9.29 zu sehen. Insbesondere LI, CU sowie die NFCT-Ergebnisse der beiden analytischen Dämpfungen S1 und S2 ergeben für beide Schichten sehr ähnliche Qualitätseindrücke. Die neu verursachten Artefakte verlaufen in den gleichen Bereichen als strahlenförmige Strukturen um die simulierten Metallpositionen herum und weisen ähnliche Intensitäten auf. Im Gegensatz zu den eher breit erscheinenden Artefakten dieser Ergebnisse zeichnen sich die datenbasierten Dämpfungen durch eine erhöhte Anzahl feinerer Fehler aus, die das Bild überlagern. Durch die OR-Dämpfung kann ihre Intensität und Anzahl signifikant reduziert werden. Diese Strukturen lassen sich auf die bereits erwähnten, verrauschten Ergebniswerte im Rohdatenraum zurückführen.

Die zugehörigen REL-Fehlerwerte im Bildraum, dargestellt in Tabelle 9.4, bestätigen diese visuellen Eindrücke. Die Fehlerwerte von LI, CU sowie NFCT mit S1 und S2 liegen für beide Schichten sehr nah beieinander. Die NFCT mit LI und CU resultieren in höheren Fehlerwerten und die NFCT mit OR liefert für Schicht 6 den geringsten Fehler. In Schicht 7 liegt diese Methode jedoch hinter LI, CU sowie hinter beiden analytischen Methoden. Der Grund liegt in den zahlreichen feinen Strukturen, die für die OR-Dämpfung zwar reduziert auftreten, jedoch immer noch deutlich zu erkennen sind und daher die

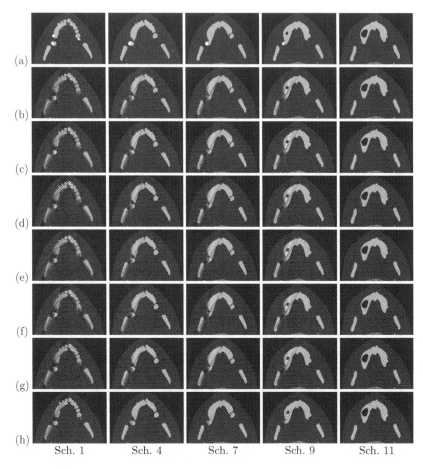

Abbildung 9.27: Bilder für den Datensatz XCAT-Dental: Original (a), LI (b), CU (c) sowie die eindimensionale NFCT mit S1 (d), S2 (e) LI (f), CU (g) und OR (h).

Gesamtqualität der Bilder beeinträchtigen. Die feinen Strukturen lassen sich auf das verrauschte Verhalten der neu bestimmten Rohdaten zurückführen.

Die Ergebnisse der eindimensionalen Interpolationsverfahren im Bildraum sind für den klinischen Dentaldatensatz in Abbildung 9.30 dargestellt. Zum einen ist bei allen Verfahren eine erfolgreiche Vermeidung der ursprüngli-

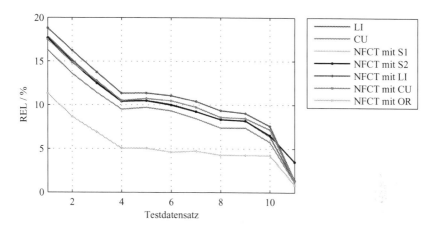

Abbildung 9.28: REL-Fehler der Ergebnisse aller eindimensionalen NFCT- und eindimensionalen Vergleichsverfahren für XCAT-Dental im Bildraum.

chen Metallartefakte zu erkennen, welche in Zeile (a) zu sehen sind. Zum anderen ergeben sich für alle Verfahren neue Artefakte durch Inkonsistenzen innerhalb der Rohdaten, die durch die Interpolationen verursacht wurden. Diese Artefakte unterscheiden sich je nach angewandter Methode und Größe des Bereiches neu bestimmten Daten.

Die Ergebnisse für LI, CU sowie NFCT mit S1 und S2 ähneln sich auch für diesen Datensatz sehr. Die datenbasierten Dämpfungen LI und CU weisen ebenfalls kaum visuelle Unterschiede auf. Für die Dämpfungen ME und OR (Zeilen (h) und (i)) ergeben sich hingegen mehr Artefakte. Im Rahmen dieser Arbeit wurden alle ME-Dämpfungen gleich ermittelt, um zusätzliche Parameter zu vermeiden. Bei diesem Datensatz hätte aufgrund der hohen Artefaktanzahl eine stärkere Medianfilterung verwendet werden sollen. So wirken sich die Einflüsse der verbleibenden Metallartefakte negativ auf die NFCT-Ergebnisse aus, wie insbesondere in den Schichten 10, 11 und 12 zu sehen ist. Zusammen mit der Einschränkung der Interpolationsdimension liefert dieser Ansatz auch für Schichten mit wenig Metallen keine zufriedenstellenden Ergebnisse (Schicht 7 bis 9). Mit der OR-Dämpfung ergeben sich ähnliche Ergebnisse. Jedoch können mit einer geringen Anzahl ursprünglicher Artefakte noch gute Ergebnisse erreicht werden, was anhand von Schicht 7 zu sehen ist. Das Ergebnis ist ein guter Kompromiss zwischen den ursprünglichen lokalen, intensiven und den neu entstandenen Streifenartefakten.

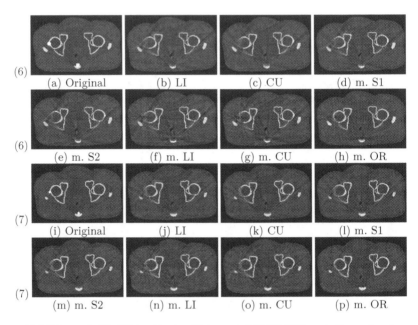

Abbildung 9.29: Bilder für den Datensatz XCAT-Hüfte: eindimensionale Vergleichsverfahren sowie eindimensionale NFCT-Methoden (ersten beiden Zeilen für Schicht 6 und letzten beiden Zeilen für Schicht 7).

Tabelle 9.4: Prozentualer REL-Fehler der Ergebnisse aller eindimensionalen NFCT- und eindimensionalen Vergleichsverfahren für XCAT-Hüfte im Bildraum.

	LI	CU	m. S1	m. S2	m. LI	m. CU	m. OR
Sch. 6	3.913	3.744	3.919	3.956	5.058	4.926	3.648
Sch. 7	3.048	2.900	3.076	3.080	4.132	4.029	3.148

Da für die klinischen Daten keine Referenz existiert, werden hier die REL^{FP}-Fehlerwerte betrachtet. Für den Dentaldatensatz sind die Fehlerkurven in Abbildung 9.31 dargestellt. Die meisten Fehler der MAR-Methoden ähneln sich untereinander. Lediglich die ME- und OR-Ergebnisse führen zu höheren Fehlern in allen Schichten. Visuell wirkte das OR-Ergebnis für Schicht 7 zwar zufriedenstellend, in der numerischen Auswertung ergibt sich

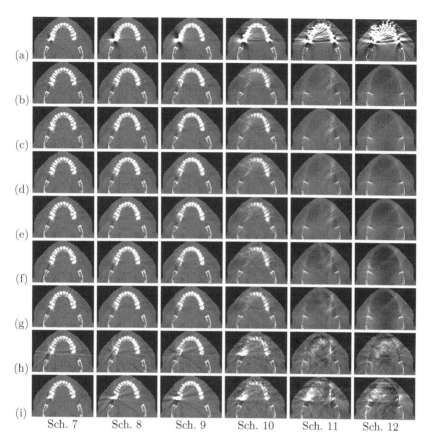

Abbildung 9.30: Bilder für den klinischen Dentaldatensatz: Original (a), LI (b), CU (c) sowie die eindimensionale NFCT mit S1 (d), S2 (e) LI (f), CU (g), ME (h) und OR (i) (WL=0 HU, WW=2000 HU).

jedoch der zweithöchste Fehler. Der Einfluss des kleinen, aber intensitätsstarken Schattenartefaktes in der direkten Zahnnachbarschaft wirkt sich stärker auf den Gesamtfehler aus, als die entstehenden Streifenartefakte, die beispielsweise die Zähne mit der ursprünglichen Metallposition verbinden (Zeile (b) bis (g)). Dies führt zu erhöhten Fehlerwerten für die OR-Dämpfung im Gegensatz zu den Methoden mit den intensitätsärmeren Streifenartefakten.

Für den klinischen Hüftdatensatz sind die rekonstruierten Ergebnisse der eindimensionalen Vergleichsverfahren sowie allen eindimensionalen NFCT-

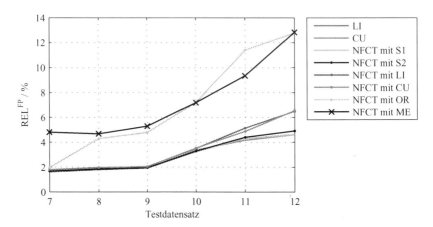

Abbildung 9.31: REL^{FP}-Fehler der Ergebnisse aller eindimensionalen NFCT- und eindimensionalen Vergleichsverfahren für den klinischen Dentaldatensatz.

Methoden in Abbildung 9.32 dargestellt. Erneut erscheinen die meisten Ergebnisse mit dem bloßem Auge sehr ähnlich zueinander. Ausnahmen bilden auch hier die Ergebnisse der NFCT mit ME- sowie die OR-Dämpfungen, welche mit steigender Anzahl von neu bestimmten Werten zu deutlich unruhigeren Bildern führen (Schicht 10 bis 12). Während die Ergebnisse für Schicht 6 bis 9 homogener erscheinen, beinhalten die Bilder mit vielen neu bestimmten Daten stark strukturierte Artefakte. Gleichzeitig bleiben jedoch mehr ursprüngliche Strukturinformationen des Objektes in der direkten Metallnachbarschaft erhalten als bei den Ergebnissen der anderen Methoden.

Die zugehörigen REL^{FP}-Fehlerkurven sind in Abbildung 9.33 dargestellt. Der optische Eindruck wird durch die Fehlerkurven der beiden Dämpfungen ME und OR bestätigt, da sie für die meisten Schichten die höchsten Fehler wiedergeben. Für die erste Schicht ergeben sich noch vergleichbare beziehungsweise für die ME-Dämpfung sogar die niedrigsten Fehler. Hier konnte erneut ein optimaler Kompromiss zwischen Reduktion der Metallartefakte und Vermeidung neuer Artefakte erzielt werden. Für die zweite Schicht liefert die ME-Dämpfung noch zu den anderen Verfahren vergleichbare Fehler. Für die restlichen Schichten führt sie, ebenso wie die OR-Dämpfung, jedoch zu deutlich höheren Fehler als die anderen Methoden. Die ansteigende Anzahl von Metallartefakten, die durch die Medianfilterung nicht beseitigt wer-

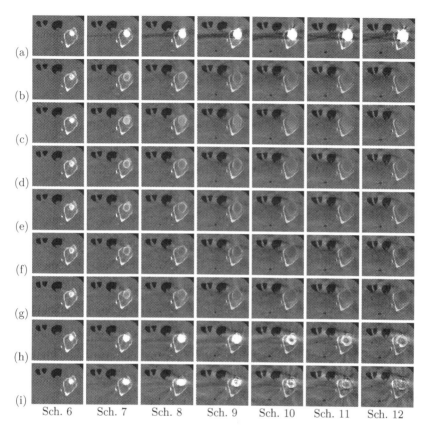

Abbildung 9.32: Bilder für den klinischen Hüftdatensatz: Original (a), LI (b), CU (c) sowie die eindimensionale NFCT mit S1 (d), S2 (e) LI (f), CU (g), ME (h) und OR (i).

den konnten, kann mit einer eindimensionalen Interpolation nicht beseitigt werden und wirkt sich zunehmend negativ auf den resultierenden Fehlerwert aus. Insgesamt liefert die CU-Methode bezüglich des eindimensionalen Anwendungsfalles die niedrigsten Fehler.

9.3.2.2 Zweidimensionale Ergebnisse

Die zweidimensionalen, rekonstruierten MAR-Ergebnisse für den simulierten Testdatensatz XCAT-Dental sind in Abbildung 9.34 dargestellt. Im direkten

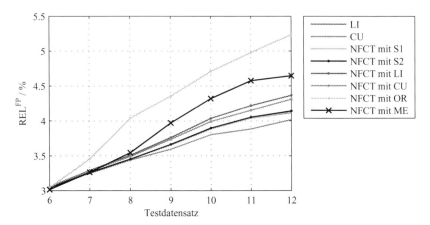

Abbildung 9.33: REL^{FP}-Fehler der Ergebnisse aller eindimensionalen NFCT- und eindimensionalen Vergleichsverfahren für den klinischen Hüftdatensatz.

Vergleich mit den eindimensionalen Ergebnissen erscheinen die zweidimensionalen Ansätze mit datenbasierter Dämpfung besser in der Lage zu sein, neu entstehende Fehler zu vermeiden. Zwar ergeben sich eine ähnliche Anzahl und Verläufe der neuen Fehler, jedoch wirkt ihre Intensität reduziert. Insbesondere für die OR-Dämpfung (siehe Abbildung 9.34 (h)) sind die Fehler in den einzelnen Schichten kaum noch sichtbar. Im Gegensatz dazu ergeben sich für die analytischen Dämpfungen (Zeile (d) und (e)) teilweise sogar zusätzliche, neue Artefakte.

Die entsprechenden REL-Fehlerwerte in Abbildung 9.28 bestätigen diesen Eindruck. In der eindimensionalen Anwendung lieferten die LI- und CU-Dämpfungen größere Fehler als die Vergleichsmethoden LI und CU. Durch die Erhöhung der Interpolationsdimension erzielt die CU-Dämpfung nun niedrigere Fehler (insgesamt das zweitbeste Ergebnis) und die LI-Dämpfung liegt zwischen den Fehlern beider Vergleichsverfahren. Die analytischen Dämpfungen für diesen Datensatz verschlechtern sich im Gegensatz zur eindimensionalen Anwendung, was auf die zuvor erwähnten neuen Artefakte zurückzuführen ist. Die OR-Dämpfung führt schließlich auch hier zur besten Fehlerreduktion, die sich deutlich von den anderen Ergebnissen abhebt.

Die zweidimensionalen Ergebnisse im Bildraum für die simulierte XCAT-Hüfte sind in Abbildung 9.36 zu sehen. Bei diesem Beispiel heben sich die Ergebnisse der analytischen Dämpfungen S1 und S2 ebenfalls deutlich

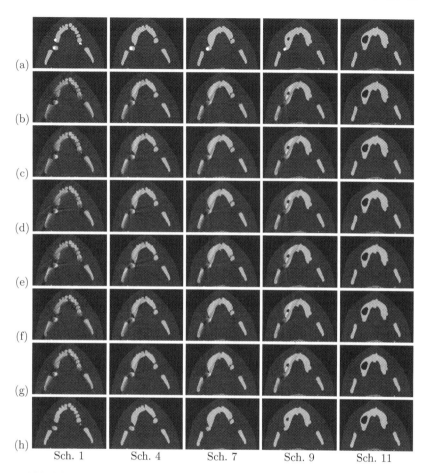

(a)

(b)

(c)

(d)

(e)

(f)

(g)

(h)

Sch. 1   Sch. 4   Sch. 7   Sch. 9   Sch. 11

Abbildung 9.34: Bilder für den Datensatz XCAT-Dental: Original (a), LI (b), CU (c) sowie die zweidimensionale NFCT mit S1 (d), S2 (e) LI (f), CU (g) und OR (h).

von den anderen MAR-Varianten ab. Sie ergeben keine zufriedenstellende Artefaktreduktion, da neue Artefakte in den Bildern entstanden sind. Diese Fehler lassen sich auf die dunklen Bereiche in den neu bestimmten Rohdaten zurückführen, die sich von den ursprünglichen Werten unterscheiden. Dies führt zu neuen Inkonsistenzen und während der Rekonstruktion zu neuen Fehlern im Bild.

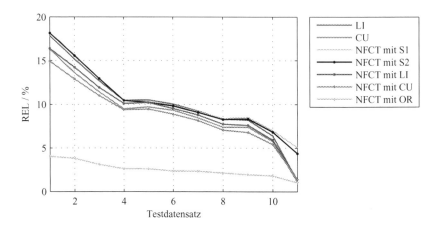

Abbildung 9.35: REL-Fehler der Ergebnisse aller zweidimensionalen NFCT- und eindimensionalen Vergleichsverfahren für XCAT-Dental im Bildraum.

Dahingegen erweisen sich die datenbasierten Dämpfungen in der zweidimensionalen Anwendung auch bei diesem Beispiel als vielversprechende MAR-Anwendung. Im Vergleich zu den eindimensionalen Ergebnissen der LI-, CU- und OR-Dämpfungen konnte der sehr unruhige Bildeindruck, verursacht durch feine strahlenförmige Artefakte, deutlich reduziert werden. Das direkte Umfeld der simulierten Metallpositionen erscheint zudem weniger unscharf als bei den Vergleichsmethoden LI und CU.

Unter Betrachtung der REL-Fehlerwerte aller zweidimensionalen Ergebnisse in Tabelle 9.5 kann auch für diese Ergebnisse der optische Eindruck bestätigt werden. Die analytischen Dämpfungen führen zu größeren Fehlern als bei der eindimensionalen Anwendung. Die datenbasierten Dämpfungen sind durch die Erhöhung der Interpolationsdimension in der Lage, die Fehler gegenüber allen eindimensionalen Varianten so zu verbessern, dass sie niedrigere Fehler als die Vergleichsmethoden LI und CU liefern. Erneut führt die CU-Dämpfung zu den zweitbesten Ergebnissen nach der OR-Dämpfung, welche durch die Dimensionserhöhung ebenfalls zu einer deutlichen Fehlerreduktion führt.

Für den klinischen Dentaldatensatz sind alle zweidimensionalen Ergebnisse in Abbildung 9.37 dargestellt. Für die NFCT mit S1, S2, LI und CU (Zeile (d) bis (g)) ergeben sich im Vergleich zu den eindimensionalen Ergebnissen reduzierte Artefakteinflüsse. Die ME- und OR-Dämpfungen (Zeile (h) und

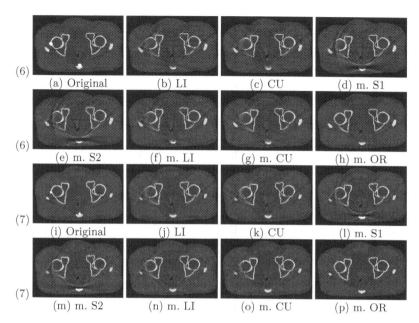

Abbildung 9.36: Bilder für den Datensatz XCAT-Hüfte: eindimensionale Vergleichsverfahren sowie zwedimensionale NFCT-Methoden (ersten beiden Zeilen für Schicht 6 und letzten beiden Zeilen für Schicht 7).

Tabelle 9.5: Prozentualer REL-Fehler der Ergebnisse aller zweidimensionalen NFCT- und eindimensionalen Vergleichsverfahren für XCAT-Hüfte im Bildraum.

	LI	CU	m. S1	m. S2	m. LI	m. CU	m. OR
Sch. 6	3.913	3.744	5.817	5.970	3.861	3.707	1.713
Sch. 7	3.047	2.900	4.064	4.139	2.948	2.882	1.354

(i)) scheinen ebenfalls zu einer verbesserten Qualität geführt zu haben. Insbesondere in Schicht 10 der OR-Dämpfung wird die grundlegende Motivation dieser Variante bestätigt. Im Gegensatz zu den anderen Verfahren kann hier immer noch eine Aussage über die ursprüngliche Position der linken Zahnreihe in der Nachbarschaft des Metallobjektes getroffen werden. Es werden somit mehr ursprüngliche Strukturinformationen erhalten. Trotzdem stellen diese Methoden insgesamt aufgrund der immer noch sehr hohen Artefakt-beeinflussung keine zufriedenstellenden Ergebnisse dar. Die Ergebnisse der analytischen NFCT-Dämpfungen (Zeile (d) und (e)) weisen mit zunehmender Anzahl neu bestimmter Werte pro Schicht kreisförmige Artefakte im Bild auf (ab Schicht 10). Der Grund dieser Fehler liegt in den bereits erwähnten horizontalen Strukturen innerhalb der neu bestimmten Rohdaten. Durch die inverse Radontransformation werden sie zu ringförmigen Artefakten im rekonstruierten Bild transformiert.

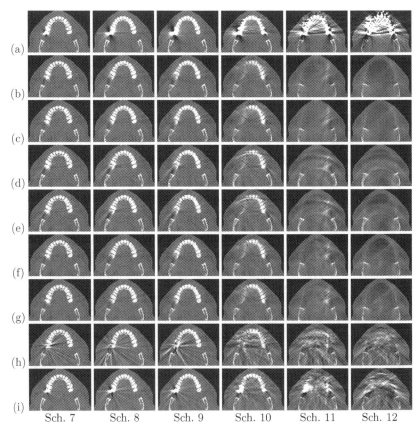

Abbildung 9.37: Bilder für den klinischen Dentaldatensatz: Original (a), LI (b), CU (c) sowie die zweidimensionale NFCT mit S1 (d), S2 (e) LI (f), CU (g), ME (h) und OR (i) (WL=0 HU, WW=2000 HU).

In Abbildung 9.38 sind die zugehörigen REL^{FP}-Fehlerwerte dargestellt. Insgesamt führen alle zweidimensionalen Verfahren, bis auf die ME- und OR-Dämpfungen, zu einer Fehlerreduktion gegenüber ihrer eindimensionalen Anwendung und erzielen niedrigere Fehler als die Vergleichsverfahren LI und CU. Für die analytischen Methoden ergeben sich zu den LI- und CU-Dämpfungen vergleichbare Fehlerverläufe. Zwar sind die zuvor erwähnten Ringartefakte zu erkennen, welche ebenfalls zu höheren Fehlern in den letzten Schichten führen. Jedoch erweisen sich die einzelnen Bilder insgesamt als weniger artefaktbehaftet. Für die meisten Schichten bildet die NFCT mit CU-Dämpfung das beste Ergebnis. Während die ME-Dämpfung weiterhin zu deutlich höheren Fehlern als die anderen Verfahren führt, erzielt die OR-Dämpfung aufgrund der erhaltenen Originalstrukturen für die ersten Schichten gute Fehlerreduktionen.

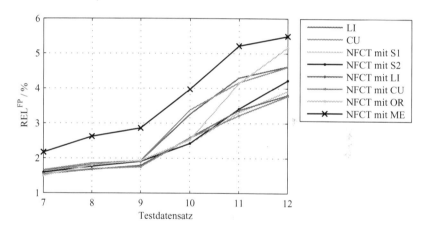

Abbildung 9.38: REL^{FP}-Fehler der Ergebnisse aller zweidimensionalen NFCT- und eindimensionalen Vergleichsverfahren für den klinischen Dentaldatensatz.

Die Rekonstruktionen der zweidimensionalen Ergebnisse des klinischen Hüftdatensatzes sind in Abbildung 9.39 dargestellt. Es fallen auch für diesen Datensatz die kreisförmigen Fehler in den Ergebnissen der analytischen Dämpfungen auf. Diese lassen sich ebenfalls auf die horizontalen Strukturen zurückführen, die bereits in den Sinogrammausschnitten aus Abbildung 9.19 zu erkennen waren. Die beiden NFCT-Varianten mit LI- sowie CU-Dämpfungen führen im zweidimensionalen Anwendungsfall zu verbesserten

Bildeindrücken. Insbesondere die Artefakte in der direkten Metallumgebung sind durch die Einbeziehung der zweiten Dimension reduziert worden.

Durch die ME-Dämpfung ergeben sich für die ersten Schichten verbesserte Eindrücke im Gegensatz zu den eindimensionalen Ergebnissen. Je mehr Artefakte jedoch in den ursprünglichen Schichten verlaufen, desto schlechter erscheint das Endergebnis dieses datenbasierten Ansatzes. Gleiches ist für die OR-Dämpfung festzustellen, wobei hier der Grad der Verschlechterung aufgrund der ungefilterten Einflüsse der Originaldaten noch deutlicher zu erkennen ist.

Anhand der REL^{FP}-Fehlerwerte, dargestellt in Abbildung 9.40, ergeben sich teilweise vom visuellen Eindruck abweichende Bewertungen der Ergebnisse. Die LI- und CU-Dämpfungen liefern auch für diesen Datensatz im zweidimensionalen Anwendungsfall Ergebnisse mit geringeren Fehlern, welche sich gegenüber der eindimensionalen Fehler reduziert haben und deutlich unter denen der Vergleichsmethoden LI und CU liegen. Trotz der kreisförmigen Artefaktstrukturen können auch die S1- und S2-Dämpfungen ihre Fehler im Verhältnis zur eindimensionalen Anwendung reduzieren. Im Gegensatz zum visuellen Eindruck liefern die ME- und OR-Dämpfungen nicht die schlechtesten Ergebnisse. Während die OR-Dämpfung Fehler im Mittelfeld aller hier dargestellten Verfahren liefert, resultiert die ME-Dämpfung für alle Schichten die bisher am geringsten erzielten Fehler für diesen Datensatz. Für die Schichten 6 bis 9 ist dies noch aus Abbildung 9.39 Zeile (h) ersichtlich. Die Schichten 10 bis 12 hingegen erscheinen artefaktbehafteter als die Ergebnisse der anderen Verfahren. Dieser optische Eindruck widerspricht an dieser Stelle der numerischen Fehlerberechnung. Die Vergleichsverfahren LI und CU liefern beispielsweise homogen erscheinende Bilder, die jedoch durch die Überlagerung flächiger Fehler verfälscht wurden. Die feinen Streifenartefakte in den Ergebnissen der ME-Dämpfung sind visuell deutlicher wahrnehmbar, da sie sich strukturell offensichtlicher von den eigentlichen Objektstrukturen abheben. Numerisch weisen sie jedoch den kleineren Unterschied zu den gewünschten Bildwerten auf, welche durch die ursprünglichen Rohdaten als inhärent gegebene Referenz definiert sind. Deutlich ist außerdem der bereits erwähnte Qualitätsunterschied der Verfahren bezüglich der erhaltenen Strukturinformationen im näheren Metallumfeld. Die Strukturen konnten insbesondere mit der ME-Dämpfung noch besser als bei der eindimensionalen Anwendung erhalten werden.

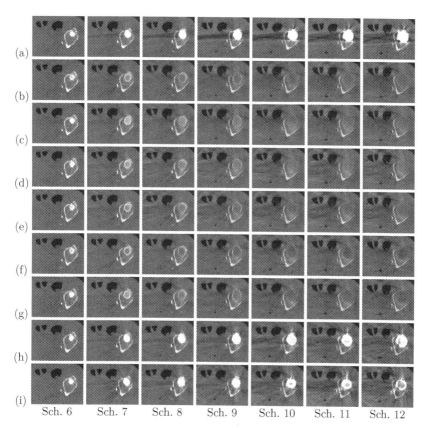

Sch. 6 Sch. 7 Sch. 8 Sch. 9 Sch. 10 Sch. 11 Sch. 12

Abbildung 9.39: Bilder für den klinischen Hüftdatensatz: Original (a),
LI (b), CU (c) sowie die zweidimensionale NFCT mit S1 (d), S2 (e) LI (f),
CU (g), ME (h) und OR (i).

9.3.2.3 Dreidimensionale Ergebnisse

Abschließend werden in diesem Abschnitt alle Bildrekonstruktionen der
letzten, hier betrachteten Variante, der Fourier-basierten Interpolation vorgestellt, die durch die dreidimensionale Anwendung gegeben ist.

Für den ersten simulierten Testdatensatz XCAT-Dental sind die entsprechenden Schichtbilder in Abbildung 9.41 in der gleichen Reihenfolge wie
zuvor dargestellt. Deutlich fallen die teilweise erneut verstärkten Artefakte
für die S1-Dämpfung (Zeile (d)) auf, wobei auch hier in Schicht 1 Tendenzen

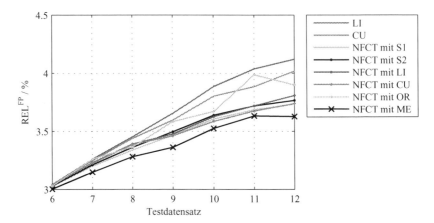

Abbildung 9.40: REL^{FP}-Fehler der Ergebnisse aller zweidimensionalen NFCT- und eindimensionalen Vergleichsverfahren für den klinischen Hüftdatensatz.

kreisförmiger Fehler zu erkennen sind. Die Ergebnisse der S2-Dämpfungen (Zeile (e)) wirken weniger artefaktbehaftet und es sind keine kreisförmigen Bildfehler sichtbar. Jedoch kann auch hier keine deutliche Verbesserung der Bildqualität gegenüber der zweidimensionalen Anwendung erreicht werden.

Die LI- und CU-Dämpfungen (Zeile (f) und (g)) liefern Ergebnisse, die visuell sehr den zweidimensionalen Ergebnissen ähneln, jedoch an einigen Stellen zu leichten Artefaktreduktionen geführt haben. Wiederum weist auch bei dieser Anwendung die OR-Dämpfung die deutlich beste Bildqualität für alle Schichten auf (Zeile (h)). Hier ist visuell kaum noch ein Unterschied zu den ursprünglichen Daten (Zeile (a)) zu bemerken.

Die REL^{FP}-Fehlerkurven sind in Abbildung 9.42 dargestellt. Die Verschlechterung der analytischen Dämpfung S1 von der zweidimensionalen zur dreidimensionalen Anwendung zeigt sich durch große Fehler für die meisten Schichten. Dies lässt sich zum einen auf die bereits erwähnten horizontalen Strukturen zurückführen, die bei der Bildrekonstruktion zu kreisförmigen Artefakten transformiert werden. Zum anderen ist anzumerken, dass sich für diese Dämpfung bei der dreidimensionalen Anwendung ein gravierend schlechteres Konvergenzverhalten der iterativen Berechnung als für die anderen Ansätze ergeben hat. Die gezeigten Ergebnisse beziehen sich auf 10000 durchlaufene Iterationen, wobei das in Abschnitt 9.1 vorgestellte Konvergenzkriterium nach dieser Anzahl noch nicht erreicht worden ist.

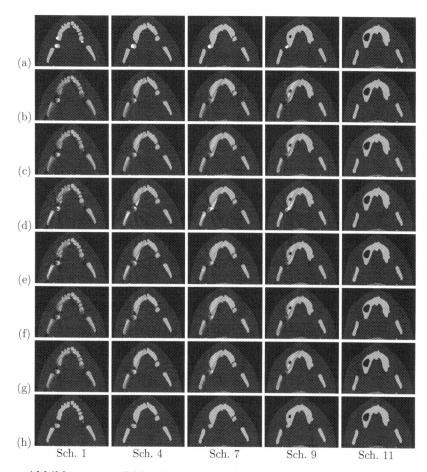

(a)

(b)

(c)

(d)

(e)

(f)

(g)

(h)

| Sch. 1 | Sch. 4 | Sch. 7 | Sch. 9 | Sch. 11 |

Abbildung 9.41: Bilder für den Datensatz XCAT-Dental: Original (a), LI (b), CU (c) sowie die dreidimensionale NFCT mit S1 (d), S2 (e) LI (f), CU (g) und OR (h).

Bei der Wahl der NFCT-Dämpfungen ist somit nicht nur die reduzierte Gewichtung horizontaler Strukturen zu beachten, wie sie bereits im vorherigen Abschnitt angegeben wurde. Es ist ebenfalls auf eine beschleunigte Konvergenz der iterativen Berechnung zu achten. Die Konvergenzgeschwindigkeit ist neben der schlechten Bildqualität ein weiteres Indiz dafür, dass es sich bei der S1-Variante um keine adäquate Dämpfung im höherdimensionalen

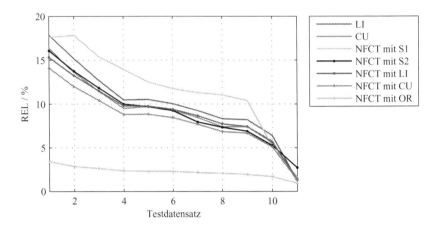

Abbildung 9.42: REL-Fehler der Ergebnisse aller dreidimensionalen NFCT- und eindimensionalen Vergleichsverfahren für XCAT-Dental im Bildraum.

Anwendungsfall für die Interpolation von CT-Rohdaten handelt. Für die S2-Dämpfung ergab sich hingegen ein deutlich besseres Konvergenzverhalten in allen betrachteten Dimensionen. Die Ursachen dieser Unterschiede sollten in Zukunft genauer betrachtet werden, werden im Rahmen dieser Arbeit jedoch nicht weiter vertieft.

Bei den dreidimensionalen Ergebnissen des Testdatensatzes XCAT-Hüfte, dargestellt in Abbildung 9.43, sind deutliche Verbesserungen der analytischen Ergebnisse gegenüber der zweidimensionalen Anwendung zu erkennen. Durch Hinzuziehung der dritten Dimension konnten fehlerhafte Bereiche in den Rohdaten vermieden werden, wodurch ebenfalls die Fehler in den rekonstruierten Bildern deutlich geringer wurden. Diese Verbesserung zeigt sich für die S2-Dämpfung ((e) und (m)) noch deutlicher als für die S1-Dämpfung ((d) und (l)).

Die anderen Ergebnisse unterscheiden sich visuell nur an wenigen Stellen voneinander. Einige Artefakte wurden reduziert und insbesondere bei der CU-Dämpfung sowie den analytischen Dämpfungen konnte im näheren Metallbereich eine bessere Annäherung an das gewünschte Ergebnis erzielt werden, da mehr der ursprünglichen Strukturen erhalten wurden. Die deutlichste Artefaktreduktion kann auch hier durch die OR-Dämpfung erzielt werden, wobei in den Bildern kaum noch Fehler zu erkennen sind (Zeile (h)).

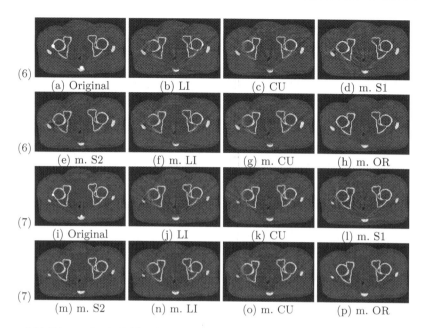

Abbildung 9.43: Bilder für den Datensatz XCAT-Hüfte: eindimensionale Vergleichsverfahren sowie dreidimensionale NFCT-Methoden (ersten beiden Zeilen für Schicht 6 und letzten beiden Zeilen für Schicht 7).

Unter Betrachtung der REL^{FP}-Fehlerwerte in Tabelle 9.6 werden die zuvor erwähnten Verbesserungen der analytischen Dämpfung bestätigt. Die S2-Dämpfung führt zu niedrigeren Werten, als die LI- und CU-Dämpfungen und liefert hinter der OR-Dämpfung das zweitbeste Ergebnis für diesen Datensatz. Die Fehler der LI- und CU-Dämpfungen reduzierten sich ebenfalls. Die OR-Dämpfung führt erneut mit Abstand zu den kleinsten Fehlern.

Tabelle 9.6: Prozentualer REL-Fehler der Ergebnisse aller dreidimensionalen NFCT- und eindimensionalen Vergleichsverfahren für XCAT-Hüfte im Bildraum.

	LI	CU	m. S1	m. S2	m. LI	m. CU	m. OR
Sch. 6	3.913	3.744	4.042	2.989	3.433	3.237	1.103
Sch. 7	3.047	2.900	3.171	2.368	2.741	2.622	1.008

Die Rekonstruktionen der dreidimensionalen Ergebnisse für den klinischen Dentaldatensatz sind in Abbildung 9.44 dargestellt. Die S1-Dämpfung liefert erneut bei einer deutlich langsameren Konvergenz kreisförmige Artefakte in Schichten mit vielen neu bestimmten Daten. Die S2-Dämpfung beinhaltet auch diese Fehler, jedoch in niedrigerer Intensität und Anzahl. Beide Methoden setzen dreidimensionale Strukturen, wie beispielsweise die Zähne, innerhalb des Maskenbereiches deutlich fort. Die LI- und CU-Dämpfungen lassen ebenfalls solche Rückschlüsse auf die Zahnpositionen zu, jedoch in reduzierter Intensität.

Es ist ersichtlich, dass es sich bei den Zahnstrukturen nicht um die exakten, realen Positionen handeln kann, da diese nur interpoliert wurden. Jedoch erweist es sich bereits als hilfreich, eine ungefähre Zahnlage zu erhalten. Die datenbasierten ME- und OR-Dämpfungen liefern schließlich leicht reduzierte Artefakte in den Bildern mit besser erhaltenen Originalstrukturen, jedoch sind die Qualitäten weiterhin nicht zufriedenstellend.

Die REL^{FP}-Fehlerwerte sind in Abbildung 9.45 zu sehen. Die Verläufe der ME- und OR-Dämpfungen bleiben nahezu unverändert. Die Fehler der Dämpfungen LI, CU sowie S1 und S2 konnten jedoch deutlich reduziert werden, wobei S1 zu den größten und S2 zu den kleinsten Fehlern führt. Diese Reduktionen lassen sich auf die reduzierte Anzahl neuer Fehler durch das Einbeziehen aller Dimensionsinformationen zurückführen. Außerdem sind die guten approximativen Aussagen der Informationen im Maskenbereich ein Indiz für die Gesamtqualität der Datenneubestimmung.

In Abbildung 9.46 sind die Bilder der dreidimensionalen Ergebnisse des klinischen Hüftdatensatzes dargestellt. Erneut fallen die kreisförmigen Artefakte bei den analytischen Dämpfungen auf, wobei ihre Intensität und Anzahl wieder für die S1-Dämpfung überwiegen. Bei den anderen Methoden sind kaum visuelle Unterschiede zu den vorherigen Ergebnissen festzustellen. Lediglich die ME- und OR-Dämpfungen erreichen deutliche Verbesserungen.

Durch die REL^{FP}-Fehlerverläufe in Abbildung 9.47 bestätigt sich, dass bei diesem Datensatz kaum ein Verfahren zu einer Fehlerreduktion durch die Dimensionserhöhung führt. Einzige Ausnahmen bilden hier die ME- und OR-Dämpfungen. Wie bei den zweidimensionalen Ergebnissen wirken die Bilder zwar durch die feinen Artefakte unruhiger, jedoch können diese Fehler insgesamt reduziert werden und nähern somit die korrekten Bildwerte noch besser an. Gleichzeitig bleiben Originalstrukturen deutlich erhalten.

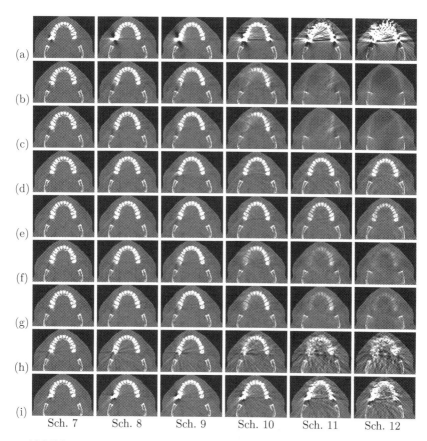

Sch. 7 Sch. 8 Sch. 9 Sch. 10 Sch. 11 Sch. 12

Abbildung 9.44: Bilder für den klinischen Dentaldatensatz: Original (a), LI (b), CU (c) sowie die dreidimensionale NFCT mit S1 (d), S2 (e) LI (f), CU (g), ME (h) und OR (i) (WL=0 HU, WW=2000 HU).

9.3.2.4 Zusammenfassung für den Bildraum

Bei den Ergebnissen im Bildraum wird deutlich, wann eine gute Artefaktkorrektur und Artefaktvermeidung durch die verschiedenen Interpolationsmethoden möglich ist. Je nach Art der vorliegenden Daten führen unterschiedliche NFCT-Dämpfungen zu den besten Ergebnissen. Neben der Reduktion der Metallartefakte ergeben sich bei allen Ansätzen neue Artefakte, die durch Inkonsistenzen zwischen ursprünglichen und neu bestimmten Rohdaten ver-

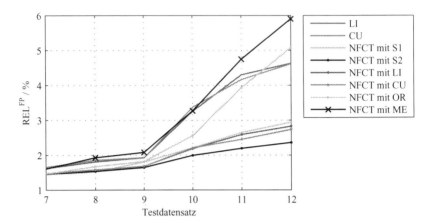

Abbildung 9.45: REL^{FP}-Fehler der Ergebnisse aller dreidimensionalen NFCT- und eindimensionalen Vergleichsverfahren für den klinischen Dentaldatensatz.

ursacht werden. Das beste Verfahren ergibt sich somit generell aus dem bestmöglichem Kompromiss zwischen Metallartefaktreduktion und der Vermeidung neuer Bildfehler.

Deutlich wird außerdem die Tendenz, dass eine Erhöhung der Interpolationsdimension entweder zu einer weiteren Verbesserung der Bildqualität oder aber zu kaum merklichen Veränderungen führt. Eine Ausnahme bildet hier die S1-Dämpfung, die für höhere Interpolationsdimensionen einiger Datensätze schlechter wird. Diese Variante erscheint somit nicht optimal gewählt und müsste vor einer weiteren Anwendung weiter modifiziert werden.

Bei Strukturinformationen, die sich überwiegend über die dritte Dimension ergeben, wird auf der anderen Seite der potenzielle Vorteil der analytischen Dämpfungen deutlich, die solche Informationen sehr gut in die neuen Daten integrieren. Es ist außerdem festzuhalten, dass insbesondere für höherdimensionale Anwendungen bei der Fouriermethode auf eine Dämpfung geachtet werden muss, die die Strukturen entlang der zweiten Dimension nicht zu sehr in horizontaler Richtung fortsetzt. In diese Richtung wirken sich falsche Strukturen stärker auf das rekonstruierte Bild aus, da ringförmige Artefakte verursacht werden. Bei inkorrekten Strukturen entlang der ersten Dimension, also in vertikaler Richtung im Sinogramm, können Fehler während des Rekonstruktionsschrittes durch die inhärente Mittelung während dieser Transformation besser unterdrückt werden beziehungsweise führen sie zu

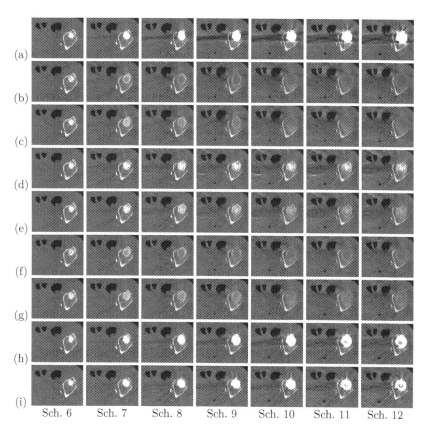

(a)

(b)

(c)

(d)

(e)

(f)

(g)

(h)

(i)

Sch. 6   Sch. 7   Sch. 8   Sch. 9   Sch. 10   Sch. 11   Sch. 12

Abbildung 9.46: Bilder für den klinischen Hüftdatensatz: Original (a), LI (b), CU (c) sowie die dreidimensionale NFCT mit S1 (d), S2 (e) LI (f), CU (g), ME (h) und OR (i).

lokalen Unschärfen im Umfeld der ursprünglichen Metallpositionen. Daher wäre für eine erfolgreichere Anwendung der analytischen Dämpfungen in Zukunft daher eine Belegung denkbar, die der zweiten Dimension einen reduzierten Einfluss auf die Gesamtdämpfung zuweist.

Es ist somit zu schlussfolgern, dass eine erhöhte Interpolationsdimension generell ratsam ist. Die NFCT-Methode bietet eine gute Möglichkeit, eine Datenneubestimmung in beliebiger Dimension durchzuführen. Das Potenzial dieses Verfahrens entfaltet sich mit Erhöhung der Interpolationsdimension

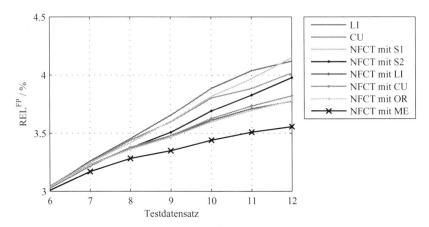

Abbildung 9.47: REL^{FP}-Fehler der Ergebnisse aller dreidimensionalen NFCT- und eindimensionalen Vergleichsverfahren für den klinischen Hüftdatensatz.

deutlich. Schließlich können generell mit der CU-Dämpfung zufriedenstellende Ergebnisse erreicht werden. Um das Optimum eines individuellen Datensatzes zu finden, empfiehlt sich hingegen eine Betrachtung verschiedener Dämpfungsvarianten.

10 Zusammenfassung und Ausblick

Im Rahmen dieser Arbeit wurde zunächst eine Studie durchgeführt, in der radiologische Experten die Qualität verschiedener CT-Bilder mit Metall- oder MAR-Artefakten einstuften (siehe Kapitel 4). Ein CT-Bild, das mit einem MAR-Verfahren bearbeitet wurde, soll potenziell aussagekräftiger für eine medizinische Diagnose sein als vor der Artefaktreduktion. Daher ist die Qualitätsbeurteilung radiologischer Experten von zentraler Bedeutung, weshalb sie im weiteren Verlauf der Arbeit als Referenzeinstufungen verwendet wurden. Methoden zur automatisierten Bewertung der Bildqualität erweisen sich nur als anwendbar, wenn sie eine Annäherung an die Bewertungen der Experten für die jeweiligen Testbilder erzielen können.

In Kapitel 4 wurden verschiedene Distanzmaße vorgestellt, deren Werte als Qualitätsmaß verwendbar sind. Diese Ansätze basieren auf einem numerischen Vergleich mit einer Referenz, also einem Datensatz ohne die unerwünschten Artefakte. Da insbesondere bei der Bewertung klinischer CT-Bilder, so eine Referenz nicht vorhanden ist, wurden im Rahmen dieser Arbeit ebenfalls zwei referenzlose Verfahren zur Qualitätsbewertung betrachtet (Kapitel 5). Die JNB-Metrik beruht auf der menschlichen Wahrnehmung von scharfen und unscharfen Bildkanten. Da sich Metallartefakte strahlenförmig über das gesamte Bild erstrecken, beinhalten sie ebenfalls überwiegend Kanteninformationen und die Metrik wurde daher als Qualitätsbewertung in Betracht gezogen. Eine weitere referenzlose Methode stellt die FP-Methode dar, bei der das zu evaluierende Bild in den Radonraum zu transformieren ist. Dabei wird die Eigenschaft ausgenutzt, dass die Artefakte erst während der Bildrekonstruktion entstehen. Es konnte gezeigt werden, dass Unterschiede zwischen dem ursprünglichen Sinogramm und der Vorwärtsprojektion des artefaktbehafteten Bildes den Bildfehlern entsprechen. Der ursprüngliche Rohdatensatz kann dann als inhärent gegebene Referenz für ein numerisches Distanzmaß dienen.

In Kapitel 6 wurden die referenzbasierten und die referenzlosen Methoden sowie die Ergebnisse der Expertenbefragung bezüglich aller Testbilder der durchgeführten Studie präsentiert und miteinander verglichen. Dabei zeigte sich, dass die JNB-Metrik von den Expertenantworten abweichende Ergebnissen lieferte. Bei dieser Methode besteht außerdem die Notwendigkeit, vor ihrer Anwendung variable Parameter in Abhängigkeit der vorliegenden Daten zu belegen. Im Gegensatz dazu erzielte die FP-Metrik ohne zusätzliche, variable Parameter eine gute Annäherung an die Antworten der Experten. Die Antworten waren außerdem mit den Qualtitätseinstufungen der referenzbasierten Metriken vergleichbar. Somit bildet das FP-Verfahren eine Qualitätseinstufung im Rahmen der Metallartefaktreduktion. Diese Anwendbarkeit wurde von weiteren Arbeitsgruppen bestätigt [Moo13].

Neben der Qualitätsbewertung fand in dieser Arbeit ebenfalls eine Betrachtung von Verfahren zur Metallartefaktreduktion statt. Nach einem Überblick in Kapitel 7 über einige bekannte MAR-Ansätze, wurde ein in dieser Arbeit verwendetes Vorgehen zur Segmentierung metallbeeinflusster Rohdaten beschrieben. Basierend auf den nicht beeinflussten Daten können beliebige Verfahren zur Datenneubestimmung verwendet werden. Mit den neu bestimmten Daten kann dann eine reduzierte Anzahl von Artefakten im Bild erzielt werden. Außerdem wurden drei Verfahren zur Datenneubestimmung vorgestellt, die im weiteren Verlauf dieser Arbeit als MAR-Varianten im Rahmen der Expertenbefragung dienten.

In Kapitel 8 wurde ein neuer Ansatz zur Datenneubestimmung vorgestellt, der auf der Verwendung nichtäquidistanter, schneller Fourier-Algorithmen basiert. Anhand dieser Algorithmen ist eine Dateninterpolation der zuvor entfernten, metallbeeinflussten Projektionswerte möglich. Es handelt es sich um einen vielseitigen Ansatz, der je nach vorliegenden Daten in der Interpolationsdimension angepasst werden kann. Außerdem ergeben sich Möglichkeiten, Vorwissen in die Neubestimmung der Daten einzubeziehen, wobei im Rahmen dieser Arbeit unterschiedliche Möglichkeiten dafür vorgestellt wurden.

In Kapitel 9 wurden die Ergebnisse der Fourier-basierten MAR-Methode vorgestellt und mit zwei weithin bekannten, eindimensionalen Interpolationsverfahren verglichen. Es bestätigte sich, dass durch das Einbeziehen möglichst vieler Dimensionsinformationen präzisere Dateninterpolationen erzielt werden. Da sich die Dimensionserhöhung bei der Verwendung von Fouriertransformationen durch eine entsprechend höherdimensionale Transformation anbietet, ergibt sich für diesen Ansatz ein deutlicher Vorteil gegenüber anderen Verfahren. Außerdem können durch die unterschiedlichen Integrationen von Vorwissen je nach Datensatz zusätzliche Verbesserungen erzielt werden. Dabei erreichte die Variante mit einem Ergebnis einer eindimensionalen, kubischen Interpolation als Vorwissen für alle betrachteten Testdaten zufriedenstellende Ergebnisse.

Es erweist sich somit generell als empfehlenswert, alle vorliegenden Strukturinformationen in den Schritt der Datenneubestimmung einzubeziehen. Bei dieser Vorgehensweise muss in jedem Fall eine inkorrekte Fortsetzung horizontal verlaufender Strukturen innerhalb der Rohdaten vermieden werden. Es hat sich gezeigt, dass sich diese falsche Fortsetzung deutlich negativer auf das resultierende CT-Bild auswirkt, als in den Rohdaten vertikal verlaufende Fehler. Der Grund liegt in der inversen Radontransformation, die ausgehend von den Rohdaten zur Bestimmung des CT-Schnittbildes durchgeführt wird. Horizontale Strukturen, die nicht zur eigentlichen Radontransformierten eines Objektes gehören, werden während der Inversion in kreisförmige Strukturen transformiert, die sich konzentrisch um das Zentrum über die eigentlichen Bildinhalte erstrecken. So ein struktureller Fehler ist deutlicher zu erkennen, als beispielsweise unscharfe Regionen, die durch Fehler in vertikaler Richtung innerhalb der Rohdaten entstehen.

Für zukünftige Arbeiten ergeben sich weitere Aspekte, die zu einer Optimierung der hier gezeigten Ergebnisse führen können. Eine ausgiebigere Auswertung des Konvergenzverhaltens der iterativen Fourier-Berechnung kann zu einer Beschleunigung der Berechnung beziehungsweise zu einem optimal konvergierten Ergebnis führen. Außerdem empfiehlt sich ein gewichteter Einfluss der dimensionalen Informationen in Abhängigkeit der Dimensionsachse. Dadurch können eventuell die zuvor genannten, deutlichen Auswirkungen von Fehlern entlang der zweiten Dimensionsachse reduziert werden.

Darüber hinaus ergeben sich weitere Möglichkeiten, eine Integration von Vorwissen durchzuführen. Im Rahmen dieser Arbeit wurden, neben den hier vorgestellten Ansätzen, weitere Vorgehensweisen betrachtet. Je nach Art des Datensatzes erweisen sich unterschiedliche Varianten als vorteilhaft. Daraus ableitend empfiehlt sich jedoch weniger, einen allgemeingültigen MAR-Ansatz zu verwenden, sondern die Ergebnisse verschiedener Variationen in Betracht zu ziehen. Aus der Menge aller Ergebnisse kann dann anhand einer Qualitätsbeurteilung eine Bestimmung des besten Ergebnisses durchgeführt werden. In jedem Fall sollte jedoch neben dem Ergebnis einer Artefaktreduktion immer ebenfalls der ursprüngliche Datensatz mit betrachtet werden. MAR-Ansätze, die auf der Datenneubestimmung basieren, können lediglich eine Annäherung an die Realität liefern. Durch die Artefaktreduktion gehen eventuell ursprüngliche Strukturinformationen verloren oder werden verfälscht. Durch die Gegenüberstellung der MAR-Ergebnisse mit den Originaldaten können solche Einflüsse entsprechend beurteilt werden.

Literaturverzeichnis

[Abd78] I. E. Abdou. Quantitative Methods of Edge Detection. Uscipi report 830, Image Processing Institute, University of Southern California, 1978.

[Abd10a] M. Abdoli, M. R. Ay, A. Ahmadian, R. A. J. O. Dierckx, H. Zaidi. Reduction of dental filling metallic artifacts in CT-based attenuation correction of PET data using weighted virtual sinograms optimized by a genetic algorithm. *Medical Physics*, 37(12):6166–6177, 2010.

[Abd10b] M. Abdoli, M. R. Ay, A. Ahmadian, H. Zaidi. A virtual sinogram method to reduce dental metallic implant artefacts in computed tomography-based attenuation correction for PET. *Nuclear Medicine Communications*, 31:22–31, 2010.

[Abd11] M. Abdoli, J. R. De Jong, J. Pruim, R. A. O. Dierckx, H. Zaidi. Reduction of artefacts caused by hip implants in CT-based attenuation corrected PET images using 2-D interpolation of a virtual sinogram on an irregular grid. *European Journal of Nuclear Medicine and Molecular Imaging*, 38(12):2257–2268, 2011.

[Bal06] M. Bal, L. Spies. Metal artifact reduction in CT using tissue-class modeling and adaptive prefiltering. *Medical Physics*, 33(8):2852–2859, 2006.

[Ber04] M. Bertram, F. Rose, D. Schäfer, J. Wiegert, T. Aach. Directional Interpolation of Sparsely Sampled Cone-Beam CT Sinogram data. In *Proceedings of IEEE International Symposium on Biomedical Imaging*, Band 1, Seiten 928–931. 2004.

[Bjö96] A. Björck. *Numerical Methods for Least Squares Problems*. SIAM Press, Philadelphia, 1996.

[Bri82] E. O. Brigham. *FFT: Schnelle Fourier-Transformation*. Oldenbourg-Verlag, München, 1982.

[Bur01] K. Burg, H. Haf, F. Wille. *Höhere Mathematik für Ingenieure, Band 1 Analysis*. 5. Auflage. Teubner, Stuttgart, 2001.

[But11] T. Butz. *Fouriertransformation für Fußgänger*. 7. Auflage. Vieweg und Teubner, Wiesbaden, 2011.

[Buz04] T. M. Buzug. *Einführung in die Computertomographie*. Springer–Verlag, 2004.

[Buz08] T. M. Buzug. *Computed Tomography: From Photon Statistics to Modern Cone-Beam CT*. Springer–Verlag, Berlin, 2008.

[Che02] B. Chen, R. Ning. Cone-beam volume CT breast imaging: feasibility study. *Medical Physics*, 29(5):755–770, 2002.

[Che12] Y. Chen, Y. L, H. Guo, Y. Hu, L. Luo, X. Yin, J. Gu, C. Toumoulin. CT Metal Artifact Reduction Method Based on Improved Image Segmentation and Sinogram In-Painting. *Mathematical Problems in Engineering*, 2012:1–18, ID 786281, 2012.

[Coo65] J. W. Cooley, J. W. Tukey. An Algorithm for the Machine Calculation of Complex Fourier Series. *Mathematics of Computation*, 19(90):297–301, 1965.

[De 00] B. De Man, J. Nuyts, P. Dupont, G. Marchal, P. Suetens. Reduction of metal streak artifacts in x-ray computed tomography using a transmission maximum a posteriori algorithm. *IEEE Transactions on Nuclear Science*, 47(3):977–981, 2000.

[De 01] B. De Man. *Iterative Reconstruction for Reduction of Metal Artifacts in Computed Tomography*. Doktorarbeit, Katholieke Universiteit Leuven Faculteit Toegepaste Wetenschappen, 2001.

[De 04] B. De Man, S. Basu. Distance-Driven Projection and Backprojection in Three Dimensions. *Physics in Medicine and Biology*, 49(11):2463–2475, 2004.

[De 05] B. De Man, S. Basu. Generalized Geman Prior for Iterative Reconstruction. *Biomedizinische Technik*, 50(1):358–359, 2005.

[Def06] M. Defrise, G. T. Gullberg. Image reconstruction. *Physics in Medicine and Biology*, 51(13):R139–R154, 2006.

[Den12] P. P. Dendy, B. Heaton. *Physics for Diagnostic Radiology*. Series in Medical Physics and Biomedical Engineering. 3. Auflage. CRC Press, Boca Raton, 2012.

[Dew11] D. K. Dewangan, Y. Rathore. Image Quality Costing of Compressed Image Using Full Reference Method. *International Journal of Technology*, 1(2):38–71, 2011.

[Due78] A. J. Duerinckx, A. Macovski. Polychromatic streak artifacts in computed tomography images. *Journal of Computer Assisted Tomography*, 2(4):481–487, 1978.

[Due79] A. J. Duerinckx, A. Macovski. Nonlinear polychromatic and noise artifacts in x-ray computed tomography images. *Journal of Computer Assisted Tomography*, 3(4):519–526, 1979.

[Dut93] A. Dutt, V. Rokhlin. Fast Fourier Transforms for Nonequispaced data. *SIAM Journal on Scientific Computing*, 14(6):1368–1393, 1993.

[Dut95] A. Dutt, V. Rokhlin. Fast Fourier Transforms for Nonequispaced Data, II. *Applied and Computational Harmonic Analysis*, 2(1):85–100, 1995.

[Egg07] H. Eggers, T. Knopp, D. Potts. Field inhomogeneity correction based on gridding reconstruction for magnetic resonance imaging. *IEEE Transactions on Medical Imaging*, 26(3):374–384, 2007.

[Ens09] S. Ens, J. Müller, B. Kratz, T. M. Buzug. Sinogram-Based Motion Detection in Transmission Computed Tomography. In *Proceedings of 4th European Congress for Medical and Biomedical Engineering*, Band 22/7, Seiten 505–508. IFMBE Springer Series, Antwerpen, 2009.

[Ens10] S. Ens, B. Kratz, T. M. Buzug. Automatische Beurteilung von Artefakten in tomographischen Bilddaten. In *Biomedizinische Technik*, Band 55/1, Seite BMT.2010.550. Rostock, 2010.

[Ens11] S. Ens, B. Kratz, T. M. Buzug. Metric-Based Estimation of Movement Positions in Cone-Beam CT. In *Biomedizinische Technik*, Band 56/1, Seite BMT.2011.566. Freiburg, 2011.

[Erh08] A. Erhardt. *Einführung in die Digitale Bildverarbeitung: Grundlagen, Systeme und Anwendungen.* Vieweg und Teubner, Wiesbaden, 2008.

[Fah96] L. Fahrmeir, W. Häußler, G. Tutz. Diskriminanzanalyse. In L. Fahrmeir, A. Hamerle, G. Tutz (Herausgeber), *Multivariate statistische Verfahren*, Kapitel 8, Seiten 357–436. De Gryter, Berlin, 2 Auflage, 1996.

[Fei95] H. G. Feichtinger, K. Gröchenig, T. Strohmer. Efficient numerical methods in non-uniform sampling theory. *Numerische Mathematik*, 69(4):423–440, 1995.

[Fel84] L. A. Feldkamp, L. C. Davis, J. W. Kress. Practical cone-beam algorithm. *Jorunal of the Optical Society of America*, 1(6):612–619, 1984.

[Fen04] M. Fenn, D. Potts. Fast summation based on fast trigonometric transforms at nonequispaced nodes. *Numerical Linear Algebra with Applications*, 12:161–169, 2004.

[Fer06a] R. Ferzli, L. J. Karam. A Human Visual System-Based Model for Blur/Sharpness Perception. In *Second International Workshop on Video Processing and Quality Metrics for Consumer Electronics.* 2006. http://enpub.fulton.asu.edu/resp/vpqm/vpqm2006/papers06/323.pdf (Zugriff: 27.05.2014).

[Fer06b] R. Ferzli, L. J. Karam. Human Visual System Based No-Reference Objective Image Sharpness Metric. *IEEE International Conference on Image Processing*, Seiten 2949–2952, 2006.

[Fer09] R. Ferzli, L. J. Karam. A No-Reference Objective Image Sharpness Metric Based on the Notion of Just Noticeable Blur (JNB). *IEEE Transactions on Image Processing*, 18(4):717–728, 2009.

[Fes03] J. A. Fessler, B. P. Sutton. Nonuniform fast Fourier Transforms Using min-max Interpolation. *IEEE Transactions on Signal Processing*, 51(2):560–574, 2003.

[Fis08] B. Fischer, J. Modersitzki. Ill-posed medicine – an introduction to image registration. *Inverse Problems*, 24(3):1–19, 2008.

[Fri05]   M. Frigo, S. G. Johnson. The Design and Implementation of FFTW3. *Proceedings of the IEEE*, 93(2):216–231, 2005. Special issue on "Program Generation, Optimization, and Platform Adaptation".

[Gha12]   K. Ghafourian, D. Younes, L. A. Simprini, G. Weigold, G. Weissman, A. J. Taylor. Scout View X-Ray Attenuation Versus Weight-Based Selection of Reduced Peak Tube Voltage in Cardiac CT Angiography. *Journal of the American College of Cardiology: Cardiovascular Imaging*, 5(6):589–595, 2012.

[Glo80]   G. H. Glover, N. J. Pelc. Nonlinear partial volume artifacts in x-ray computed tomography. *Medical Physics*, 7(3):238–248, 1980.

[Glo81]   G. H. Glover, N. J. Pelc. An algorithm for the reduction of metal clip artifacts in CT reconstructions. *Medical Physics*, 8(6):799–807, 1981.

[Glo82]   G. H. Glover. Compton scatter effects in CT reconstructions. *Medical Physics*, 9(6):860–867, 1982.

[Gon08]   R. C. Gonzalez, R. E. Woods. *Digital image processing*. 3. Auflage. Pearson education, Upper Saddle River, 2008.

[Grö92]   K. Gröchenig. Reconstruction algorithms in irregular sampling. *Mathematics of Computation*, 59(199):181–194, 1992.

[Grö01]   K. Gröchenig, T. Strohmer. Numerical and Theoretical Aspects of Nonuniform Sampling of Band-Limited Images. In F. Marvasti (Herausgeber), *Nonuniform Sampling*, Information Technology: Transmission, Processing, and Storage, Seiten 283–324. Kluwer Academic, New York, 2001.

[Grä09]   M. Gräf, S. Kunis, D. Potts. On the computation of nonnegative quadrature weights on the sphere. *Applied and Computational Harmonic Analysis*, 27(1):124–132, 2009.

[Gri08]   D. Griffiths. *Head First Statistics*. O'Reilly Media, Sebastopol, 2008.

[Gri09]   R. Grimmer, C. Maaß, M. Kachelrieß. A new method for cupping and scatter precorrection for flat detector CT. In *Nuclear Science Symposium and Medical Imaging Conference (NSS/MIC), 2009 IEEE*, Seiten 3517–3522. 2009.

[Gua96] H. Guany, R. Gordon. Computed tomography using algebraic reconstruction techniques (ARTs) with different projection access schemes: a comparison study under practical situations. *Physics in Medicine and Biology*, 41(9):1727–1743, 1996.

[Gug12] R. Guggenberger, S. Winklhofer, G. Osterhoff, G. A. Wanner, M. Fortunati, G. Andreisek, H. Alkadhi, P. Stolzmann. Metallic artefact reduction with monoenergetic dual-energy CT: systematic ex vivo evaluation of posterior spinal fusion implants from various vendors and different spine levels. *European Radiology*, 22(11):2357–2364, 2012.

[Ham12] J. Hamer, B. Kratz, J. Müller, T. M. Buzug. Modified Euler´s Elastica Inpainting for Metal Artifact Reduction in CT. In *Bildverarbeitung für die Medizin 2012*, Seiten 310–315. Springer–Verlag, Berlin, 2012.

[Han02] A. Handl. *Multivariate Analysemethoden*. Springer–Verlag, Berlin, 2002.

[Han08] E. Hansis, D. Schläfer, O. Dössel, M. Grass. Projection-based motion compensation for gated coronary artery reconstruction from rotational x-ray angiograms. *Physics in Medicine and Biology*, 53(14):3807–3820, 2008.

[Han09] H. Handels. *Medizinische Bildverarbeitung: Bildanalyse, Mustererkennung und Visualisierung für die computergestützte ärztliche Diagnostik und Theapie*. Studienbücher Medizinische Informatik. 2. Auflage. Vieweg und Teubner, Stuttgart, 2009.

[Her09] G. T. Herman. *Fundamentals of Computerized Tomography: Image Reconstruction from Projections*. 2. Auflage. Springer–Verlag, London, 2009.

[Hsi09] J. Hsieh. *Computed Tomography: Principles, Design, Artifacts and Recent Advances*. SPIE and Sohn Wiley & Sons, Bellingham, 2009.

[Jay93] N. Jayant, J. Johnston, R. Safranek. Signal compression based on models of human perception. *Proceedings of the IEEE*, 81(10):1385–1422, 1993.

[Kac98] M. Kachelriess. *Reduktion von Metallartefakten in der Röntgen-Computer-Tomographie*. Doktorarbeit, Friedrich-Alexander-Universität Erlangen-Nürnberg, 1998.

[Kae11a] C. Kaethner, B. Kratz, S. Ens, T. M. Buzug. No-Reference Quality Assessment for CT-Images. In *Biomedizinische Technik*, Band 56/1, Seite BMT.2011.246. Freiburg, 2011.

[Kae11b] C. Kaethner, B. Kratz, S. Ens, T. M. Buzug. Referenzlose Qualitätsbestimmung von CT-Bildern. In *Bildverarbeitung für die Medizin*, Seiten 439–443. Springer–Verlag, Berlin, 2011.

[Kak01] A. C. Kak, M. Slaney. *Principles of Computerized Tomographic Imaging*. SIAM, Philadelphia, 2001.

[Kal87] W. A. Kalender, R. Hebel, J. Ebersberger. Reduction of CT Artifacts Caused by Metallic Implants. *Radiology*, 164(2):576–577, 1987.

[Kal90] W. A. Kalender, W. Seissler, E. Klotz, P. Vock. Spiral volumetric CT with single-breath-hold technique, continuous transport, and continuous scanner rotation. *Radiology*, 176(1):181–183, 1990.

[Kal05] W. A. Kalender. *Computed Tomography: Fundamentals, System Technology, Image Quality, Applications*. Publicis, Erlangen, 2005.

[Kam94] D. Kamke, W. Walcher. *Physik für Mediziner*. Teubner, Stuttgart, 1994.

[Kei06] J. Keiner, S. Kunis, D. Potts. NFFT3.0, Softwarepackage, C subroutine library. http://www.tu-chemnitz.de/~potts/nfft, 2006.

[Kei07] J. Keiner, S. Kunis, D. Potts. Efficient reconstruction of functions on the sphere from scattered data. *The Journal of Fourier Analysis and Applications*, 13(4):435–458, 2007.

[Kei09] J. Keiner, S. Kunis, D. Potts. Using NFFT 3 - A Software Library for Various Nonequispaced Fast Fourier Transforms. *ACM Transactions on Mathematical Software*, 36(4):Artikel 19, 1–30, 2009.

[Ken07] J. A. Kennedy, O. Israel, A. Frenkel, R. Bar-Shalom, H. Azhari. The reduction of artifacts due to metal hip implants in CT-attenuation corrected PET images from hybrid PET/CT scanners. *Medical and Biological Engineering and Computing*, 45(6):553–562, 2007.

[Kha05] M. F. Khan, C. Herzog, K. Landenberger, A. Maataoui, S. M. H. Ackermann, A. Moritz, T. J. Vogl. Visualisation of non-invasive coronary bypass imaging: 4-row vs. 16-row multidetector computed tomography. *European Radiology*, 15(1):118–126, 2005.

[Kim10] K. J. Kim, B. Kim, R. Mantiuk, T. Richter, H. Lee, H.-S. Kang, J. Seo, K. H. Lee. A Comparison of Three Image Fidelity Metrics of Different Computational Principles for JPEG2000 Compressed Abdomen CT Images. *IEEE Transactions on Medical Imaging*, 29(8):1496–1503, 2010.

[Kop97] H. Kopp. *Bildverarbeitung interaktiv*. Teubner, Stuttgart, 1997.

[Kra08a] B. Kratz, T. Knopp, J. Müller, M. Oehler, T. M. Buzug. Comparison of Nonequispaced Fourier Transform and Polynomial based Metal Artifact Reduction Methods in Computed Tomography. In *Bildverarbeitung für die Medizin*, Seiten 21–25. Springer–Verlag, Berlin, 2008.

[Kra08b] B. Kratz, M. Oehler, T. Knopp, S. Ens, T. M. Buzug. CT-MAR-Reconstruction using Non-Uniform Fourier Transform. In *Proceedings of 4th European Congress for Medical and Biomedical Engineering*, Band 22/7, Seiten 861–865. Springer IFMBE Series, Antwerpen, 2008.

[Kra09a] B. Kratz, T. M. Buzug. Metal Artifact Reduction in Computed Tomography Using Nonequispaced Fourier Transform. In *Nuclear Science Symposium and Medical Imaging Conference (NSS/MIC), 2009 IEEE*, Seiten 2720–2723. 2009.

[Kra09b] B. Kratz, T. M. Buzug. Metallartefakte in der Computertomographie. Softwarebasierte Ansätze zur Artefaktreduktion. In *39. Jahrestagung der Gesellschaft für Informatik, Lecture Notes in Informatics (LNI)*, Seiten 1213–1222. Lübeck, 2009.

[Kra09c] B. Kratz, M. Oehler, T. M. Buzug. On Limitations of 1D Interpolation-Based Metal Artefact Reduction Approaches – A Comparison of FBP versus MLEM. In *World Congress on Medical Physics and Biomedical Engineering*, Band 25/2, Seiten 398–401. IFMBE Springer Series, München, 2009.

[Kra10] B. Kratz, M. Oehler, T. M. Buzug. Vorwissensbasierte NFFT zur CT-Metallartefaktreduktion. In *Bildverarbeitung für die Medizin*, Seiten 122–126. Springer–Verlag, Aachen, 2010.

[Kra11] B. Kratz, S. Ens, J. Müller, T. M. Buzug. Reference-free ground truth metric for metal artifact evaluation in CT images. *Medical Physics*, 38(7):4321–4328, 2011.

[Kra12a] B. Kratz, S. Ens, C. Kaethner, J. Müller, T. M. Buzug. Quality evaluation for metal influenced CT-data. In *Proceedings of SPIE Medical Imaging 2012: Image Processing*, Band 8314, Seiten 83143Y–1–83143Y–6. 2012.

[Kra12b] B. Kratz, I. Weyers, T. M. Buzug. A fully 3D approach for metal artifact reduction in computed tomography. *Medical Physics*, 39(11):7042–7054, 2012.

[Kra14] B. Kratz, F. Herold, M.Kurfiß, T. M. Buzug. Metal Artifact Reduction for Multi-Material Objects. In *Proceedings of the Conference on Industrial Computed Tomography*, Seiten 291–298. 2014.

[Kri09] H. Krieger. *Grundlagen der Strahlenphysik und des Strahlenschutzes.* 3. Auflage. Vieweg und Teubner, Wiesbaden, 2009.

[Kun03] S. Kunis. *Iterative Fourier-Rekonstruktion.* Diplomarbeit, Institut für Mathematik, Universität zu Lübeck, 2003.

[Kun07] S. Kunis, D. Potts. Stability Results for Scattered data Interpolation by Trigonometric Polynomials. *SIAM Journal on Scientific Computing*, 29(4):1403–1419, 2007.

[Lan84] K. Lange, R. Carson. EM Reconstruction Algorithms for Emission and Transmission Tomography. *Journal of Computer Assisted Tomography*, 8(2):306–316, 1984.

[Lee02] S. W. Lee, G. Cho, G. Wang. Artifacts associated with implementation of the Grangeat formula. *Medical Physics*, 29(12):2871–2880, 2002.

[Lei10] J. Leipsic, T. M. LaBounty, B. Heilbron, J. K. Min, G. B. Mancini, F. Y. Lin, C. Taylor, A. Dunning, J. P. Earls. Adaptive Statistical Iterative Reconstruction: Assessment of Image Noise and Image Quality in Coronary CT Angiography. *Cardiopulmonary Imaging*, 195(5):649–654, 2010.

[Lem06] C. Lemmens, D. Faul, J. Hamill, S. Stroobants, J. Nuyts. Suppression of Metal Streak Artifacts in CT using a MAP Reconstruction procedure. *Nuclear Science Symposium Conference Record*, 6:3431–3437, 2006.

[Lem09] C. Lemmens, D. Faul, J. Nuyts. Suppression of Metal Artifacts in CT Using a Reconstruction Procedure That Combines MAP and Projection Completion. *IEEE Transactions on Medical Imaging*, 28(2):250–260, 2009.

[Lev10] Y. M. Levakhina, B. Kratz, T. M. Buzug. Two-Step Metal Artifact Reduction Using 2D-NFFT and Spherically Symmetric Basis Functions. In *Nuclear Science Symposium and Medical Imaging Conference Record IEEE (NSS/MIC)*, Seiten 3343–3345. 2010.

[Lev11] Y. M. Levakhina, B. Kratz, R. L. Duschka, F. Vogt, J. Barkhausen, T. M. Buzug. Reconstruction for Musculoskeletal Tomosynthesis: a Comparative Study using Image Quality Assessment in Image and Projection Domain. In *Nuclear Science Symposium and Medical Imaging Conference Record IEEE (NSS/MIC)*, Seiten 2569–2571. 2011.

[Loe06] B. Loewenhardt. *Bildgebende Diagnostik.* 3. Auflage. wissenschaftlicher Selbstverlag, Fulda, 2006.

[Mah03] A. H. Mahnken, R. Raupach, J. E. Wildberger, B. Jung, N. Heussen, T. G. Flohr, R. W. Günther, S. Schaller. A New Algorithm for Metal Artifact Reduction in Computed Tomography: In Vitro and In Vivo Evaluation After Total Hip Replacement. *Investigative Radiology*, 38(12):769–775, 2003.

[Man02] B. Man, S. Basu. Distance-Driven Projection and Backprojection. In *Nuclear Science Symposium Conference Record, 2002 IEEE*, Band 3, Seiten 1477–1480. 2002.

[Mat04] S. Matej, A. Fessler, I. G. Kazantsev. Iterative tomographic image reconstruction using Fourier-based forward and back-projectors. *IEEE Transactions on Medical Imaging*, 23(4):401–412, 2004.

[McG00] K. P. McGee, A. M., J. P. Felmlee, S. J. Riederer, R. L. Ehman. Image Metric-Based Correction (Autocorrection) of Motion Effects: Analysis of Image Metrics. *Journal of Magnetic Resonance Imaging*, 11(2):174–181, 2000.

[Mei09a] M. Meilinger, C. Schmidgunst, O. Schütz, E. W. Lang. Metal Artifact Reduction in CBCT Using Forward Projected Reconstruction Information and Mutual Information Realignment. In *IFMBE*

Proceedings World Congress on Medical Physics and Biomedical Engineering, Band 25/2, Seiten 46–49. 2009.

[Mei09b] M. Meilinger, O. Schütz, C. Schmidgunst, E. W. Lang. Alignment correction during metal artifact reduction for CBCT using mutual information and edge filtering. In *Proceedings of the 6th International Symposium on Image and Signal Processing and Analysis*, Seiten 135–140. 2009.

[Mey09] E. Meyer, F. Bergner, R. Raupach, T. Flohr, M. Kachelrieß. Normalized Metal Artifact Reduction (NMAR) in Computed Tomography. In *Nuclear Science Symposium and Medical Imaging Conference Record IEEE (NSS/MIC)*, Seiten 3251–3255. 2009.

[Mey10] E. Meyer, R. Raupach, M. Lell, B. Schmidt, M. Kachelrieß. Normalized Metal Artifact Reduction (NMAR) in Computed Tomography. *Medical Physics*, 37(10):5482–5493, 2010.

[Mey11] E. Meyer, R. Raupach, B. Schmidt, A. H. Mahnken, M. Kachelrieß. Adaptive Normalized Metal Artifact Reduction (ANMAR) in Computed Tomography. In *Nuclear Science Symposium and Medical Imaging Conference Record IEEE (NSS/MIC)*, Seiten 2560–2565. 2011.

[Mey12a] E. Meyer, R. Raupach, M. Lell, B. Schmidt, M. Kachelrieß. Frequency split metal artifact reduction (FSMAR) in computed tomography. *Medical Physics*, 39(4):1904–1916, 2012.

[Mey12b] E. Meyer, R. Raupach, B. Schmidt, M. Lell, M. Kachelriess. Edge-preserving metal artifact reduction. In *Proceedings of the SPIE, Medical Imaging 2012: Physics of Medical Imaging*, Band 8313, Seiten 83133A–83133A-7. 2012.

[Mül08] J. Müller, T. M. Buzug. Intersection line Length Normalization in CT Projection Data. In *Bildverarbeitung für die Medizin*, Seiten 77–81. Springer–Verlag, Berlin, 2008.

[Mül09] J. Müller, T. M. Buzug. Spurious structures created by interpolation-based CT metal artifact reduction. In *Proceedings of the SPIE, Medical Imaging 2009: Physics of Medical Imaging*, Band 7258, Seiten 72581Y–72581Y–8. 2009.

[Mod04] J. Modersitzki. *Numerical methods for image registration*. Oxford University Press, 2004.

[Moi11] L. Moisan. Periodic plus smooth image decomposition. *Journal of Mathematical Imaging and Vision*, 39(2):161–179, 2011.

[Moo65] G. Moore. Cramming more componets onto integrated circuits. *Electronics*, 19:114–117, 1965.

[Moo13] G. Moore. An experimental survey of metal artefact reduction in computed tomography. *Journal of X-Ray Science and Technology*, 21(2):193–226, 2013.

[Nat85] F. Natterer. Fourier Reconstruction in Tomography. *Numerische Mathematik, Springer–Verlag*, 47(3):343–353, 1985.

[Nat01] F. Natterer, F. Wübbeling. *Mathematical Methods in Image Reconstruction*. SIAM, Philadelphia, 2001.

[Nie03] A. Nieslony, G. Steidl. Approximate Factorizations of Fourier Matrices with Nonequispaced Knots. *Linear Algebra and its Applications*, 366:337–351, 2003.

[NIS12] NIST. National Institute of Standards and Technology. Tables of X-Ray Mass Attenuation Coefficients and Mass Energy-Absorption Coefficients, 2012.

[Oeh07] M. Oehler, T. M. Buzug. Statistical image reconstruction for inconsistent CT projection data. *Methods of Information in Medicine*, 46(3):261–269, 2007.

[Oeh08] M. Oehler, B. Kratz, T. Knopp, J. Müller, T. M. Buzug. Evaluation of surrogate data quality in sinogram-based CT metal-artifact reduction. In *Proceedings of the SPIE, Symposium on Optical Engineering - Image Reconstruction from Incomplete Data Conference*, Band 7076, Seiten 707607–1–707607–10. 2008.

[Opp10] A. V. Oppenheim, R. W. Schafer. *Discrete-Time Signal Processing*. 3. Auflage. Pearson Higher Education, Upper Saddle River, 2010.

[Pla06] R. Plato. *Numerische Mathematik Kompakt*. 3. Auflage. Vieweg, Wiesbaden, 2006.

[Pol07a] G. G. Poludniowski. Calculation of x-ray spectra emerging from an x-ray tube. Part II. X-ray production and filtration in x-ray targets. *Medical Physics*, 34(6):2175–2186, 2007.

[Pol07b] G. G. Poludniowski, P. M. Evans. Calculation of x-ray spectra emerging from an x-ray tube. Part I. electron penetration characteristics in x-ray targets. *Medical Physics*, 34(6):2164–2174, 2007.

[Pol09] G. Poludniowski, G. Landry, F. De Blois, P. M. Evans, F. Verhaegen. SpekCalc: a program to calculate photon spectra from tungsten anode x-ray tubes. *Physics in Medicine and Biology*, 54(19):N433–N438, 2009.

[Pot00] D. Potts, G. Steidl. New Fourier reconstruction algorithms for computerized tomography. In *Proceedings of the SPIE: Wavelet Applications in Signal and Image Processing VIII*, Band 4119, Seiten 13–23. 2000.

[Pot01] D. Potts, G. Steidl, M. Tasche. Fast Fourier Ttransforms for Nonequispaced data: A Tutorial. *Modern Sampling Theory: Mathematics and Application, Birkhäuser, Boston*, Seiten 249–274, 2001.

[Pot03a] D. Potts. Fast Algorithms for Discrete Polynomial Transforms on arbitrary Grids. *Linear Algebra and its Applications*, 366:353–370, 2003.

[Pot03b] D. Potts. Schnelle Fourier-Transformationen für nichtäquidistante Daten und Anwendungen. Habilitation, Universität zu Lübeck, 2003.

[Pot08] D. Potts, M. Tasche. Numerical stability of nonequispaced fast Fourier transforms. *Journal of Computational and Applied Mathematics*, 222(2):655–674, 2008.

[Poy03] C. Poynton. *Digital Video and Hdtv: Algorithms and Interfaces*. Morgan Kaufmann, San Francisco, 2003.

[Pra07] W. K. Pratt. *Digital Image Processing*. 4. Auflage. John Wiley & Sons, Hoboken, 2007.

[Pre02] W. H. Press, S. A. Teukolsky, W. T. Vetterling. *Numerical Recipes in C++*. Cambridge University Press, Cambridge, 2002.

[Pre09] D. Prell, Y. Kyriakou, M. Beister, W. A. Kalender. A novel forward projection-based metal artifact reduction method for flat-detector computed tomography. *Physics in Medicine and Biology*, 54(21):6575–6591, 2009.

[Pre10a] D. Prell, W. A. Kalender, Y. Kyriakou. Development, implementation and evaluation of a dedicated metal artefact reduction method for interventional flat-detector CT. *The British Journal of Radiology*, 83(996):1052–1062, 2010.

[Pre10b] D. Prell, Y. Kyriakou, T. Struffert, A. Dörfler, W. Kalender. Metal Artifact Reduction for Clipping and Coiling in Interventional C-Arm CT. *American Journal of Neuroradiology*, 31(4):634–639, 2010.

[QRM] QRM. Quality Assurance in Radiology and Medicine. www.qrm.de (24.04.2014).

[Rad17] J. Radon. Berichte über die Verhandlungen der Königlich-Sächsischen Gesellschaft der Wissenschaften zu Leipzig. *Mathematisch-Physische Klasse*, 69:262–277, 1917.

[Rön95] W. C. Röntgen. Über eine neue Art von Strahlen. *Sitzungsberichte der Würzburger Physikalisch-Medizinische Gesellschaft*, 1895.

[Rob81] J. G. Robson, N. Graham. Probability summation and regional variation in contrast sensitivity across the visual field. *Vision Research*, 21(3):409–418, 1981.

[Rob82] R. A. Robb. The Dynamic Spatial Reconstructor: An X-Ray Video-Fluoroscopic CT Scanner for Dynamic Volume Imaging of Moving Organs. *IEEE Transactions on Medical Imaging*, 1(1):22–33, 1982.

[Roe03] J. C. Roeske, C. Lund, C. A. Pelizzari, X. P. A. J. Mundt. Reduction of Computed Tomography Metal Artifacts due to the Fletcher-Suit Applicator in Gynecology Patients Receiving Intracavitary Brachytherapy. *Brachytherapy*, 2(4):207–214, 2003.

[Saa03] Y. Saad. *Iterative Methods for Sparse Linear Systems, Second Edition*. 2. Auflage. Society for Industrial and Applied Mathematics, Philadelphia, 2003.

[Sca06] W. C. Scarfe, A. G. Farman, P. Sukovic. Clinical Applications of Cone-Beam Computed Tomography in Dental Practice. *Journal of the Canadian Dental Association*, 72(1):75–80, 2006.

[Sca08] W. C. Scarfe, A. G. Farman. What is Cone-Beam CT and How Does it Work? *The Dental Clinics of North America*, 52(4):707–730, 2008.

[Sch92] E. Schrüfer. *Signalverarbeitung: Numerische Verarbeitung digitaler Systeme.* 2. Auflage. Carl Hanser Verlag, München, 1992.

[Sch09] H. Schumacher, J. Modersitzki, B. Fischer. Combined reconstruction and motion correction in SPECT imaging. *IEEE Transactions on Nuclear Science*, 55(1):73–80, 2009.

[Sch10] R. F. Schmidt, F. Lang, G. Thews. *Physiologie des Menschen: mit Pathophysiologie.* 31. Auflage. Springer Medizin Verlag, Heidelberg, 2010.

[Seg08] W. P. Segars, M. Mahesh, T. J. Beck, E. C. Frey, B. M. W. Tsui. Realistic CT simulation using the 4D XCAT phantom. *Medical Physics*, 35(8):3800–3808, 2008.

[She82] L. A. Shepp, Y. Vardi. Maximum likelihood reconstruction for emission tomography. *IEEE Transactions on Medical Imaging*, 1(2):113–122, 1982.

[Sie10a] Siemens AG, Wittelsbacherplatz 2, 80333 München. *Safire: Sinogram Affirmed Iterative Reconstruction*, 2010.

[Sie10b] Siemens AG, Wittelsbacherplatz 2, 80333 München. *The World's First Adaptive Scanner: SOMATOM Definition AS*, 2010.

[Sti13] M. Stille, B. Kratz, J. Müller, N. Maaß, I. Schasiepen, M. Elter, I. Weyers, T. M. Buzug. Influence of metal segmentation on the quality of metal artifact reduction methods. In *Proceedings of the SPIE, Medical Imaging 2013: Physics of Medical Imaging*, Band 8668, Seiten 86683C–86683C–6. 2013.

[Sue02] P. Suetens. *Fundamentals of Medical Imaging.* Cambridge University Press, New York, 2002.

[Tof96] P. Toft. *The Radon Transform, Theory and Implementation.* Doktorarbeit, Technical University of Denmark, 1996.

[Tra86] A. Trautwein, U. Kreibig, E. Oberhausen. *Physik für Mediziner.* 4. Auflage. Walter De Gruyter & Co, Berlin, 1986.

[Tun10] U. Tuna, S. Peltonen, U. Ruotsalainen. Gap-Filling for the High-Resolution PET Sinograms With a Dedicated DCT-Domain Filter. *IEEE Transactions on Medical Imaging*, 29(3):830–839, 2010.

[Vel10] W. J. H. Veldkamp, R. M. S. Joemai, A. J. van der Molen, J. Geleijns. Development and Validation of Segmentation and Interpolation Techniques in Sinograms for Metal Artifact Suppression in CT. *Medical Physics*, 37(2):620–628, 2010.

[Wal92] G. K. Wallace. The JPEG still picture compression standard. *IEEE Transactions on Consumer Electronics*, 38(1):xviii–xxxiv, 1992.

[Wal02] W. Walter. *Analysis 2*. 5. Auflage. Springer–Verlag, Berlin, 2002.

[Wan84] Z. Wang. Fast algorithms for the discrete W transform and for the discrete Fourier transform. *IEEE Transactions on Acoustics, Speech and Signal Processing*, 32(4):803–816, 1984.

[Wan95] G. Wang, T. H. Lin, P. C. Cheng. Error Analysis on a Generalized Feldkamp's Cone-Beam Computed Tomography Algorithm. *Scanning*, 17(6):361–370, 1995.

[Wan02] Z. Wang, A. C. Bovik. A Universal Image Quality Index. *IEEE Signal Processing Letters*, 9(3):81–84, 2002.

[Wan04] Z. Wang, A. C. Bovik, H. R. Sheikh, E. P. Simoncelli. Image Quality Assessment: From Error Visibility to Structural Similarity. *IEEE Transactions on Image Processing*, 13(4):600–612, 2004.

[Wan06] Z. Wang, A. C. Bovik. *Modern Image Quality Assessment*. Morgan & Claypool Publishers, San Rafael, 2006.

[Wan09] Z. Wang, A. C. Bovik. Mean Squared Error: Love It or Leave It? *IEEE Signal Processing Magazine*, 26(1):98–117, 2009.

[Wat04] O. Watzke, W. A. Kalender. A pragmatic Approach to Metal Artifact Reduction in CT: Merging of Metal Artifact Reduced Images. *European Radiology Physics*, 14(5):849–856, 2004.

[Yu07] H. Yu, K. Zeng, D. K. Bharkhada, G. Wang, M. T. Madsen, O. Saba, B. Policeni, M. A. Howard, W. R. Smoke. A segmentation-based method for metal artifact reduction. *Academic Radiology*, 14(4):495–504, 2007.

Aktuelle Forschung Medizintechnik – Latest Research in Medical Engineering

Herausgeber: Prof. Dr. Thorsten M. Buzug

Institut für Medizintechnik, Universität zu Lübeck

Themen

Werke aus folgenden Themengebieten werden gerne in die Reihe aufgenommen: Biomedizinische Mikro- und Nanosysteme, Elektromedizin, biomedizinische Mess- und Sensortechnik, Monitoring, Lasertechnik, Robotik, minimalinvasive Chirurgie, integrierte OP-Systeme, bildgebende Verfahren, digitale Bildverarbeitung und Visualisierung, Kommunikations- und Informationssysteme, Telemedizin, eHealth und wissensbasierte Systeme, Biosignalverarbeitung, Modellierung und Simulation, Biomechanik, aktive und passive Implantate, Tissue Engineering, Neuroprothetik, Dosimetrie, Strahlenschutz, Strahlentherapie.

Autorinnen und Autoren

Autoren der Reihe sind in der Regel junge Promovierte und Habilitierte, die exzellente Abschlussarbeiten verfasst haben.

Leserschaft

Die Reihe wendet sich einerseits an Studierende, Promovenden und Habilitanden aus den Bereichen Medizintechnik, Medizinische Ingenieurwissenschaft, Medizinische Physik, Medizinische Informatik oder ähnlicher Richtungen. Andererseits stellt die Reihe aktuelle Arbeiten aus einem sich schnell entwickelnden Feld dar, so dass auch Wissenschaftlerinnen und Wissenschaftler sowie Entwicklerinnen und Entwickler an Universitäten, in außeruniversitären Forschungseinrichtungen und der Industrie von den ausgewählten Arbeiten in innovativen Gebieten der Medizintechnik profitieren werden.

Begutachtungsprozess

Die Qualitätssicherung erfolgt in drei Schritten. Zunächst werden nur Arbeiten angenommen die mindestens magna cum laude bewertet sind. Im zweiten Schritt wird ein Mitglied des Editorial Boards die Annahme oder Ablehnung des Werkes empfehlen. Im letzten Schritt wird der Reihenherausgeber über die Annahme oder Ablehnung entscheiden sowie Änderungen in der Druckfassung empfehlen. Die Koordination übernimmt der Reihenherausgeber.

Kontakt

Prof. Dr. Thorsten M. Buzug
Institut für Medizintechnik
Universität zu Lübeck
Ratzeburger Allee 160
23538 Lübeck, Germany

Tel.: +49 (0) 451 / 500-5400
Fax: +49 (0) 451 / 500-5403
E-Mail: buzug@imt.uni-luebeck.de
Web: http://www.imt.uni-luebeck.de

Stand: November 2014. Änderungen vorbehalten.
Erhältlich im Buchhandel oder beim Verlag.

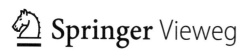

Abraham-Lincoln-Straße 46
D-65189 Wiesbaden
Tel. +49 (0)6221. 345 - 4301
www.springer-vieweg.de